高职高专物联网应用技术专业系列教材

物联网技术概论

主　编　杨　埙　罗　勇
副主编　刘昕露　唐中剑
主　审　曹　毅　彭　勇

西安电子科技大学出版社

内容简介

本书较全面地介绍了物联网的概念、特征、架构、关键技术、安全问题和典型应用。书中首先讲述了物联网的基本概念、体系结构、特征、关键技术及应用领域；其次介绍了节点感知识别技术，包括自动识别技术、条形码技术、嵌入式技术、无线传感器及无线传感器网络技术、RFID 技术；然后讲述了与物联网相关的通信与网络技术、短距离无线通信技术及其关键支撑技术等内容；接着介绍了物联网中的云计算、数据存储、数据挖掘与智能决策、网络管理等技术以及物联网安全技术；最后介绍了物联网的典型应用，使课程理论与实践紧密地结合起来。

本书可作为物联网工程专业及其相关专业的教材，也可作为希望了解物联网知识的企业管理者、科研人员及高校教师等的参考用书。

图书在版编目(CIP)数据

物联网技术概论 / 杨埙，罗勇主编.
—西安：西安电子科技大学出版社，2015.1(2020.10 重印)
ISBN 978-7-5606-3486-9

Ⅰ. ①物… Ⅱ. ①杨… ②罗… Ⅲ. ①互联网络—应用—高等职业教育—教材
②智能技术—应用—高等职业教育—教材 Ⅳ. ①TP393.4 ②TP18

中国版本图书馆 CIP 数据核字(2014)第 263873 号

策　　划　王　飞
责任编辑　王　斌　马武装
出版发行　西安电子科技大学出版社（西安市太白南路 2 号）
电　　话　(029)88242885　88201467　邮　　编　710071
网　　址　www.xduph.com　电子邮箱　xdupfxb001@163.com
经　　销　新华书店
印刷单位　陕西天意印务有限责任公司
版　　次　2015 年 1 月第 1 版　2020 年 10 月第 5 次印刷
开　　本　787 毫米×1092 毫米　1/16　印张 15
字　　数　350 千字
印　　数　12 001～15 000 册
定　　价　32.00 元
ISBN 978 - 7 - 5606 - 3486 - 9/TP
XDUP 3778001-5

高职高专物联网应用技术专业

系列教材编委员

前　言

当前，物联网被称为继计算机和互联网之后世界信息产业的第三次浪潮。预计物联网产业规模可达互联网的30倍，是一个万亿元级的产业。物联网概念从诞生伊始便受到各个国家政府官员和企业家的密切关注，并在相关领域被积极推进，例如，美国提出的“智慧地球”、我国提出的“感知中国”以及日本和韩国的“u-Japan”和“u-Korea”等。

物联网是在互联网的基础上，利用RFID、传感器和WSN等技术构建的一个覆盖世界上所有人与物的网络信息系统，可使人类的经济与社会生活、生产与个人活动都运行在智慧的物联网基础设施之上。物联网将有力地带动传统产业转型升级，引领战略性新兴产业的发展，实现经济结构的升级和调整，提高资源利用率和生产力水平，改善人与自然界的关系，引发社会生产和经济发展方式的深度变革。物联网具有巨大的增长潜能，是当前社会发展、经济增长和科技创新的战略制高点。物联网产业具有产业链长、涉及产业群多的特点，其应用范围几乎覆盖了各行各业。

本书致力于阐述面向应用的物联网体系结构及该体系结构下所包含的相关内容，全面介绍建造物联网的关键技术，希望能帮助读者建立起从原理到应用、从概念到技术的物联网知识体系。本书是教育部人文社会科学研究项目(12YJA880005)的研究成果之一。

根据信息生成、传输、处理和应用的原则，从关键技术的角度来看，一个完整的物联网系统一般来说包含三个层面：感知层、网络层和应用层。物联网各层之间既相对独立又联系紧密。本书按照上述三层模型展开讨论，力争使全书层次清晰、可读性好，为读者系统全面地展示物联网及其相关技术。全书共分6章，第1章概括性地介绍了物联网的基本概念、发展历史、特征、体系架构以及相关标准和标准化工作。第2～4章分别阐述了感知层、网络层和应用层，在对这三层的介绍中，将相关的关键技术纳入其中，力求内容完整、层次清楚。第5章介绍了物联网安全的相关知识。第6章从综合应用的角度介绍了物联网的五个典型应用。

本书第3章的1～3节、第5章由重庆城市管理职业学院的罗勇编写，第4章由重庆城市管理职业学院的刘昕露编写，其余章节由重庆城市管理职业学院的杨埙编写，统稿由重庆正大软件学院的唐中剑完成。本书由重庆城市管理职业学院的曹毅、彭勇担任主审。本书的编写还得到了重庆电子工程职业学院、重庆工商职业学院、重庆工程职业技术学院、重庆聚讯通讯有限责任公司、重庆艾申特电子科技有限公司、重庆能源职业技术学院、重庆航天职业技术学院的大力支持。本书采用了部分互联网以及报刊中的报道，在此一并向原作者和刊发机构致谢。

物联网所涉及的技术内容较多，其发展也非常迅速，由于作者水平有限，书中难免有疏漏之处，恳请广大读者批评指正。

编　者

2014年8月

目　　录

第1章　初识物联网

物联网已经悄悄地进入了我们的生活，并已“初露锋芒”。在物联网基础之上，人类可以更加精细和动态的方式管理生产和生活，提高资源利用率和生产力水平，改善人与自然之间的关系。那么究竟什么是物联网，物联网时代的到来对社会和老百姓的生活会带来哪些实质性的变化，物联网的发展方向是什么？在本章中将一一得到解答。

本章介绍了物联网的概念、物联网的发展史、物联网的特征和体系架构以及物联网的标准化情况。

1.1　物联网的概念

物联网是一个较新的概念，随着人们对其认识的不断深入，其内涵也在不断地发展、完善。目前业界对物联网这一概念的准确定义一直未达成统一的意见，主要存在几种相关概念，即物联网(Internet of Things，IoT)、无线传感网(Wireless Sensor Network，WSN)以及泛在网(Ubiquitous Network，UN)。

1.1.1　物联网

1. 物联网的定义

不同研究机构对物联网的定义侧重点不同，目前业界还没有一个对物联网的权威定义，只存在以下几个具有代表性的且被普遍认可的定义：

定义1：物联网是通过射频识别(RFID)、红外感应器、全球定位系统(GPS)、激光扫描器等信息传感设备，按约定的协议，把任何物品与互联网连接起来，进行信息交换和通信，以实现智能化识别、定位、跟踪、监控和管理的一种网络。

定义2：物联网是指由具有自我标识、感知和智能的物理设备基于通信技术相互连接形成的网络，这些物理设备可以在无需人工干预的条件下实现协同和互动，为人们提供智慧和集约的服务，具有全面感知、可靠传递、智能处理的特点。

定义3：物联网是指将无处不在(Ubiquitous)的末端设备(Devices)和设施(Facilities)，包括具备“内在智能”的传感器、移动终端、工业系统、楼控系统、家庭智能设施、视频监控系统等和“外在使能”(Enabled)的设备，如贴上RFID的各种资产(Assets)、携带无线终端的个人与车辆等“智能化物件或移动物”或“智能尘埃”(Mote)，通过各种无线和/或有线的长距离和/或短距离通信网络实现物物互联互通(M2M)、应用大集成(Grand Integration)以及基于云计算的SaaS营运等模式，在内网(Intranet)、专网(Extranet)和/或互联网(Internet)环境下，采用适当的信息安全保障机制，提供安全可控乃至个性化的实时在线监测、定位追溯、调度指挥、报警联动、预案管理、远程控制、远程维保、安全防范、在线升级、统计报表、决策支持、领导桌面(集中展示的 Cockpit Dashboard)等管理和服务功能，实现对“万物”的“高效、节能、安全、环保”的“管、控、营”一体化。

定义 4：2009 年 9 月，在北京举办的“物联网与企业环境中欧研讨会”上，欧盟委员会信息和社会媒体司 RFID 部门的负责人 Lorent Ferderix 博士给出了欧盟对物联网的定义：物联网是一个动态的全球网络基础设施，它基于标准和互操作通信协议，具有自组织能力，其中物理的和虚拟的“物”具有物理属性、身份标识、虚拟的特性和智能的接口，并与信息网络无缝整合。物联网将与媒体互联网、企业互联网和服务互联网一道，构成未来的互联网。

目前，国际上对物联网的定义还有很多。物联网还没有统一的定义，这一方面说明物联网的发展还处于探索阶段，不同背景的研究人员、设备厂商、网络运营商是从不同的角度去构想物联网的发展状况，对物联网的未来缺乏统一而全面的规划；另一方面说明了物联网不是一个简单的热点技术，而是现代信息技术发展到一定阶段后出现的一种聚合性应用与技术提升，也是一个融合了感知技术、通信与网络技术、智能计算技术的复杂信息系统。物联网对各种感知技术、现代网络技术和人工智能与自动化技术进行聚合与集成应用，使人与物智慧对话，创造出一个智慧的世界，人们对它的认识还需要一个过程。

物联网的概念可从广义和狭义两方面来理解：狭义来讲，物联网是物品之间通过传感器连接起来的局域网，不论其接入互联网与否，都属于物联网的范畴；广义来讲，物联网是一个未来发展的愿景，等同于“未来的互联网”或者“泛在网络”，能够实现人在任何时间、地点，使用任何网络与任何人与物的信息交换以及物与物之间的信息交换。

物联网的本质概括起来主要体现在三个方面：一是互联网特征，即对需要联网的物一定要能够在互联网上实现互联互通；二是识别与通信特征，即纳入物联网的“物”一定要具备自动识别和物与物通信(即 M2M，又称为机器通信)的功能；三是智能化特征，即网络系统应具有自动化、自我反馈与智能控制的特点。

2. 物联网之“物”的涵义

物联网中的“物”不是普通的物，这里的“物”要满足一定条件才能够被纳入“物联网”的范围：① 有相应信息的接收器；② 有数据传输通路；③ 有一定的存储功能；④ 有 CPU；⑤ 有操作系统；⑥ 有专门的应用程序；⑦ 有数据发送器；⑧ 遵循物联网的通信协议；⑨ 在世界网络中有可被识别的唯一编号。只有这样，才能构建出物物相联的“物联网”。

1.1.2 无线传感网

国外一些研究组织和机构不主张物联网的提法，他们更多提出的是无线传感器网络(简称无线传感网)。对于无线传感网的定义，目前也没有权威的版本。下面的四个版本从不同的角度对无线传感网做出了阐述：

定义 1：无线传感网是指由若干具有无线通信能力的传感器节点自组织构成的网络。

定义 2：无线传感网即泛在传感网(Ubiquitous Sensor Network)，它是由智能传感器节点组成的网络，可以以“任何地点、任何时间、任何人、任何物”的形式被部署。

定义 3：无线传感网以对物理世界的数据采集和信息处理为主要任务，以网络为信息传递载体，实现物与物、物与人之间的信息交互，提供信息服务的智能网络信息系统。

定义 4：无线传感网是指由部署在监测区域内大量的廉价微型传感器节点组成，通过无线通信方式形成的一个多跳的自组织的网络系统，目的是协作地感知、采集和处理网络覆盖区域中感知对象的信息，并发送给观察者。传感器、感知对象和观察者是构成无线传感网的三个要素。

由传感器、通信网络和信息处理系统为主构成的无线传感网，具有实时数据采集、监督控制和信息共享与存储管理等功能，它使目前的网络技术的功能得到了极大拓展，也使通过网络实时监控各种环境、设施及内部运行机理等成为可能。

Internet 构成了逻辑上的信息世界，改变了人与人之间的沟通方式。无线传感网就是将逻辑上的信息世界与客观上的物理世界融合在一起，改变人类与自然界的交互方式。《美国商业周刊》和《MIT 技术评论》在预测未来技术发展的报告中，都分别将无线传感网列为 21 世纪最有影响的 21 项技术和改变世界的十大技术之一。

1.1.3 泛在网

泛在网(Ubiquitous Network)是指无所不在的网络。最早提出“u”化战略的日本和韩国对泛在网给出的定义是：无所不在的网络社会将是由智能网络、先进的计算技术以及其他领先的数字技术基础设施而构成的技术社会形态。

泛在网是指面向泛在应用的各种异构网络的集合，也被称为“网络的网络”，如图 1-1 所示，它更强调跨网之间的互联互通及信息的聚合与应用。泛在网基于个人和社会的需求利用现有的和新的网络技术，实现人与人、人与物、物与物之间按需进行的信息获取、传递、存储、认知、决策、使用等服务。泛在网具备超强的环境感知、内容感知及智能性，为个人和社会提供泛在的、无所不包含的信息服务和应用。泛在网的概念反映了信息社会发展的远景和蓝图，具有比物联网更广泛的内涵。

图 1-1 泛在网的示意图

1.1.4 物联网、无线传感网、泛在网、互联网之间的关系

1. 物联网与无线传感网的关系

从字面上看，无线传感网强调通过传感器作为信息获取手段，不包含通过 RFID、二维码、摄像头等方式获取信息的感知能力。从 ITU(国际电信联盟)、ISO(国际标准化组织)等国际标准组织对无线传感网、物联网的定义和标准化范围来看，无线传感网和物联网其实是一个概念的两种不同表述，其实质都是依托于各种信息设备实现物理世界和信息世界的无缝融合。

2. 物联网与互联网的关系

互联网是人与人之间的联系，而物联网是人与物、物与物之间的联系。与现有的互联网相比，物联网更注重信息的传递，互联网的终端必须是计算机(个人电脑、PDA、智能手机)等，并没有感知信息的概念。物联网是互联网的延伸和扩展，使信息的交互不再局限于人与人或者人与机的范畴，而是开创了物与物、人与物这些新兴领域的沟通。

根据物联网与互联网的关系分类，可将物联网归纳为以下四种类型：

(1) 物联网是无线传感网而不接入互联网。

(2) 物联网是互联网的一部分。

(3) 物联网是互联网的补充网络。

(4) 物联网是未来的互联网。

3. 物联网与泛在网的关系

物联网、泛在网在概念上的出发点和侧重点不完全一致，但其目标都是突破人与人通信的模式，建立物与物、物与人之间的通信。而对物理世界的各种感知技术，即传感器技术、RFID 技术、二维码、摄像头等，是构成物联网、泛在网的必要条件。物联网、无线传感网、泛在网等各网络的关系如图 1-2 所示。

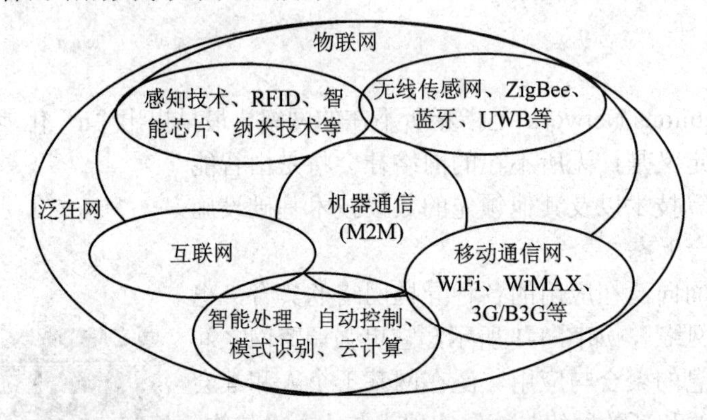

图 1-2　物联网、无线传感网、泛在网等各网络的关系

总之，不论是哪一种类型的概念，物联网都需要对物体具有全面感知能力，对信息具有可靠传送和智能处理能力，从而形成一个连接物体与物体的信息网络。

1.2　物联网发展及展望

物联网从何起源，物联网在世界各国的发展现状如何，物联网的未来又将朝着怎样的方向发展？在本节中，将对这些疑问一一进行解答。

1.2.1　物联网发展史

物联网的基本思想出现于 20 世纪 90 年代。物联网的实践最早可以追溯到 1990 年施乐公司的网络可乐贩售机——Networked Coke Machine。

1995 年，比尔・盖茨在《未来之路》一书中，畅想了微软以及整个科技产业未来的发展趋势，这不仅仅是预测，更是人类的梦想。他在书中写道："这些预测虽然现在看来不太可能实现，甚至有些荒谬，但是我保证这是一本严肃的书，而绝不是戏言。十年后我的观点将会得到证实。"在该书中，比尔・盖茨提到了"物联网"的构想，即互联网仅仅实现了计算机的联网，而未实现与万事万物的联网，但迫于当时网络终端技术的局限使得这一构想无法真正实现。

1999年，在美国召开的移动计算和网络国际会议首先提出了物联网(Internet of Things)这个概念，它是MIT Auto-ID中心的Ashton教授在研究RFID技术时最早提出来的，并给出了结合物品编码、RFID技术和互联网技术的解决方案。当时基于互联网、RFID技术、EPC标准，在计算机互联网的基础上，利用射频识别技术、无线数据通信技术等，构造了一个实现全球物品信息实时共享的实物互联网(简称物联网)，即“Internet of Things”，这也是2003年掀起第一轮物联网热潮的基础。

2003年，美国《技术评论》提出传感网络技术将会排在未来改变人们生活的十大技术之首。

2005年11月17日，在突尼斯举行的信息社会世界峰会(WSIS)上，国际电信联盟(ITU)发布了《ITU互联网报告2005：物联网》，引用了“物联网”的概念。物联网的定义和范围已经发生了变化，覆盖范围有了较大的拓展，不再只是指基于RFID技术的物联网。

2008年以后，为了促进科技发展，寻找经济新的增长点，各国政府开始重视下一代的技术规划，将目光放在了物联网上。在中国，2008年11月在北京大学举行的第二届“知识社会条件下的创新2.0”中国移动政务研讨会提出移动技术、物联网技术的发展代表着新一代信息技术的形成，并带动了经济社会形态、创新形态的变革，推动了面向知识社会的以用户体验为核心的下一代创新形态(创新2.0形态)的形成，创新与发展更加关注用户、注重以人为本。而创新2.0形态的形成又进一步推动新一代信息技术的健康发展。

2009年1月28日，奥巴马就任美国总统后，与美国工商业领袖举行了一次“圆桌会议”，IBM首席执行官彭明盛首次提出“智慧地球”(如图1-3所示)这一概念，建议新政府投资新一代的智慧型基础设施。当年，美国将新能源和物联网列为振兴经济的两大重点，“智慧地球”战略上升为美国的国家战略。

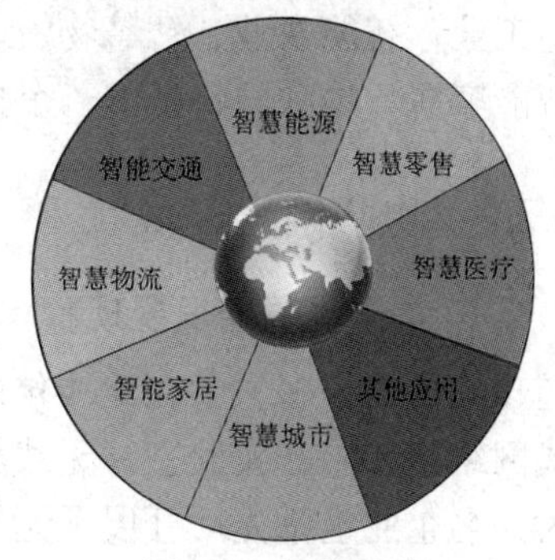

图1-3　智慧地球

2009年2月24日在2009 IBM论坛上，IBM大中华区首席执行官钱大群公布了名为“智慧地球”的最新战略。此概念一经提出，即得到美国各界的高度关注，并在世界范围内引起轰动。IBM认为，IT产业下一阶段的关键是把新一代IT技术充分运用在各行各业之中，具体地说，就是把感应器嵌入和装备到电网、铁路、桥梁、隧道、公路、建筑、供水系统、大坝、油气管道等各种物体中，并且将其普遍连接，形成物联网。在策略发布会上，IBM还提出，如果在基础建设的执行中，植入“智慧”的理念，不仅仅能够在短期内有力地刺激经济、促进就业，而且能够在短时间内打造出一个成熟的智慧基础设施平台。IBM希望“智慧地球”策略能掀起“互联网”浪潮之后的又一次科技产业革命。IBM前首席执行官郭士纳曾提出一个重要的观点，认为计算模式每隔15年发生一次变革。这一判断像摩尔定律一样准确，人们把它称为“15年周期定律”。1965年前后发生的变革以大型机为标志，1980年前后以个人计算机的普及为标志，而1995年前后则发生了互联网革命。每一次这样的技术变革都引起企业间、产业间甚至国家间竞争格局的重大动荡和变化。而互联网革命一定程度上是由美国“信息高速公路”战略所催熟的。20 世纪 90 年代，美国政府计划用 20 年时间，耗资 2000 亿～4000 亿美元，建设美国国家信息基础结构，创造了巨大的经济和社会效益。“智慧地球”战略被不少美国人认为与“信息高速公路”有许多相似之处，同样被他们认为是振兴经济、确立竞争优势的关键战略。该战略能否掀起如互联网革命一样的科技和经济浪潮，不仅为美国关注，更为世界所关注。

2009 年 8 月 7 日，温家宝总理到中科院无锡微纳传感网工程技术研发中心(简称无锡传感网中心)考察时说：“当计算机和互联网产业大规模发展时，我们因为没有掌握核心技术而走过一些弯路。在传感网发展中，要早一点谋划未来，早一点攻破核心技术。”提出要加快推进传感网发展，建立中国传感信息中心。由此，“感知中国”便浮出水面。自温总理提出“感知中国”以来，物联网被正式列为国家五大新兴战略性产业之一，写入我国的《政府工作报告》，物联网在中国受到了全社会极大的关注，其受关注程度是美国、欧盟以及其他各国不可比拟的。物联网的概念已经是一个“中国制造”的概念，它的覆盖范围与时俱进，已经超越了 1999 年 Ashton 教授和 2005 年 ITU 报告所指的范围，物联网已被贴上了“中国式”标签。

2010 年，发改委、工信部等部委会同有关部门，在新一代信息技术方面开展研究，以形成支持新一代信息技术的一些新的政策措施，从而推动我国经济的发展。

2012 年 2 月 14 日，工信部正式发布《物联网“十二五”发展规划》(简称《规划》)。“十二五”将重点培育 10 个产业聚集区和 100 个骨干企业，形成以产业聚集区为载体，以骨干企业为引领，专业特色鲜明、品牌形象突出、服务平台完备的现代产业集群。《规划》指出将在九大重点领域开展应用示范工程，力争实现规模化应用，九大重点领域分别是智能工业、智能农业、智慧物流、智能交通、智能电网、智能环保、智能安防、智慧医疗、智能家居。物联网将是下一个推动世界高速发展的“重要生产力”。

1.2.2 物联网发展现状

1. 美国物联网发展现状

美国的很多大学在无线传感网方面已开展了大量工作，如加州大学洛杉矶分校的嵌入式网络感知中心实验室、无线集成网络传感器实验室、网络嵌入系统实验室等。国外的各大知名企业也都先后开展了无线传感网的研究。IBM 提出的“智慧地球”概念已上升至美国的国家战略。

2. 欧盟物联网发展现状

2009 年，欧盟委员会向欧盟议会、欧盟理事会、欧洲经济和社会委员会及地区委员会递交了《欧盟物联网行动计划》，以确保欧洲在建构物联网的过程中起主导作用。

3. 日本物联网发展现状

自 20 世纪 90 年代中期以来，日本政府相继制定了“e-Japan”、“u-Japan”、“i-Japan”等多项国家信息技术发展战略，从大规模开展信息基础设施建设入手，稳步推进，不断拓展和深化信息技术的应用，以此带动本国社会、经济发展。其中，日本的“u-Japan”、“i-Japan”战略与当前提出的物联网概念有许多共同之处。

4. 韩国物联网发展现状

韩国是目前全球宽带普及率最高的国家，它的移动通信、信息家电、数字内容等居世界前列。面对全球信息产业新一轮“u”化战略的政策动向，韩国制定了“u-Korea”战略。在具体实施过程中，韩国信通部推出IT 839战略以具体呼应“u-Korea”。

5. 中国物联网发展现状

在物联网这个全新产业中，我国的技术研发和产业化水平已经处于世界前列，政府主导、产学研相结合共同推动发展的良好态势正在中国形成。无锡传感网中心是国内目前研究物联网的核心单位。物联网在中国高校的研究，当前的聚焦点在北京邮电大学和南京邮电大学。作为“感知中国”的中心，无锡市在2009年9月与北京邮电大学就无线传感网技术研究和产业发展签署合作协议，标志中国“物联网”进入实际建设阶段。中国政府将采取四大措施支持电信运营企业开展物联网技术创新与应用。财政部首批5亿元物联网专项基金申报工作已启动，共有600多家企业申报。

1.2.3　物联网应用及未来

物联网的应用前景非常广阔，涉及智能交通、环境保护、政府工作、公共安全、平安家居、智能消防、工业监测、环境监测、老人护理、个人健康、花卉栽培、水系监测、食品溯源、敌情侦查和情报搜集等多个领域。图1-4给出了物联网应用的十大重点领域。根据其实质用途，物联网可以归结为以下三种基本应用模式：

(1) 对象的智能标签。通过二维码、RFID等技术标识特定的对象，用于区分对象个体，例如，在生活中使用的各种智能卡和条码标签，其基本用途是用来获得对象的识别信息。此外，通过智能标签还可以用于获得对象物品所包含的扩展信息，如智能卡上的金额余额、二维码中所包含的网址和名称等。

(2) 环境监控和对象跟踪。利用多种类型的传感器和分布广泛的无线传感网，实现对某个对象实时状态的获取和特定对象行为的监控。例如，使用分布在市区的各个噪音探头来监测噪声污染；通过二氧化碳传感器监控大气中二氧化碳的浓度；通过GPS标签跟踪车辆位置；通过交通路口的摄像头捕捉实时交通流量等。

(3) 对象的智能控制。物联网基于云计算平台和智能网络，可以依据传感器网络用获取的数据进行决策，改变对象的行为或进行控制和反馈。例如，根据光线的强弱调整路灯的亮度、根据车辆的流量自动调整红绿灯的时间间隔等。

图1-4　物联网应用的十大重点领域

到2015年，我国要在核心技术研发与产业化、关键标准研究与制定、产业链条建立与完善、重大应用示范与推广等方面取得显著成效，初步形成创新驱动、应用牵引、协同发展、安全可控的物联网发展格局。攻克一批物联网核心关键技术，在感知、传输、处理、应用等技术领域取得500项以上重要研究成果。研究和制定200项以上国家和行业标准。推动建设一批示范企业、重点实验室、工程中心等创新载体，为形成持续创新能力奠定基础。形成较为完善的物联网产业链，培育和发展10个产业聚集区、100家以上骨干企业及一批“专、精、特、新”的中小企业，建设一批覆盖面广、支撑力强的公共服务平台，初步形成门类齐全、布局合理、结构优化的物联网产业体系。

根据ITU的描述，在物联网时代，人类在信息与通信世界里将获得一个新的沟通维度，从任何时间、任何地点的人与人之间的沟通连接扩展到人与物及物与物之间的沟通连接。

物联网前景非常广阔，它将极大地改变我们目前的生活方式。物联网把自然界拟人化了，万物成了人们的同类。在这个物物相联的世界中，物品(商品)能够彼此进行“交流”，而无需人为干预。可以说，物联网描绘的是充满智能的世界。

欧洲智能系统集成技术平台(EPoSS)在《Internet of Things in 2020》报告中分析预测，物联网的发展将经历四个阶段：即2010年之前RFID技术被广泛应用于物流、零售和制药领域；2010—2015年实现物物互联；2015—2020年实现物体进入半智能化；2020年之后实现物体进入全智能化。

美国权威咨询机构Forrester预测，到2020年，世界上物物互联的业务和人与人通信的业务相比，将达到30∶1，因此，“物联网”被称为是下一个万亿元级的通信业务。

1.3 物联网特征

物联网不是全新的网络和应用。物联网是在现有电信网、互联网、行业专用网的基础上，增强网络延伸、信息感知和信息处理能力，基于应用的需求构建的信息通信融合应用的基础设施。因此物联网不是新的网络和应用，而是多年来各行各业应用与信息通信技术融合发展的产物。与传统的互联网及通信网相比，物联网有其鲜明的特征。本节将介绍物联网的基本特征。

1.3.1 全面感知

物联网是各种感知技术的广泛应用。在物联网中，利用RFID、二维码、GPS、摄像头、传感器、传感器网络等感知、捕获、测量的技术手段，随时随地对物体进行信息采集和获取。以传感器为例，在物联网中部署了海量的多种类型传感器，每个传感器都是一个信息源，不同类别的传感器所捕获的信息内容和信息格式不同。传感器获得的数据具有实时性，按一定的频率周期性地采集环境信息，不断更新数据。在物联网中，各种感知技术的综合应用使物联网的接入对象更为广泛，获取信息更加丰富。

1.3.2 可靠传送

物联网是一种建立在互联网和通信网上的泛在网络。物联网技术的重要基础和核心仍旧是传统的互联网与通信网，通过各种有线和无线网络与互联网和通信网融合，将物体的信息接入网络并实时准确地进行传递，以随时随地进行可靠的信息交互和共享。例如，在物联网中的传感器定时采集各类环境信息，通过网络传输，送达监控中心或应用平台。物联网中的信息数量极其庞大，已构成海量信息，因此在传输过程中，为了保障数据的正确性和及时性，必须适应各种异构网络和协议。在物联网中，网络的可获得性必须更高，可靠性必须更强，互联互通必须更为广泛。

1.3.3 智能处理

物联网不仅仅提供了传感器的连接，其本身也具有智能处理的能力，能够对物体实施智能控制。物联网将传感器和智能处理相结合，利用云计算、模式识别、模糊识别等各种智能技术，对海量的跨地域、跨行业、跨部门的数据和信息进行分析处理，提升对物理世界、经济社会各种活动和变化的洞察力，实现智能化的决策和控制，扩充其应用领域。例如，从传感器获得的海量信息中分析、加工和处理出有意义的数据，以适应不同用户的不同需求，发现新的应用领域和应用模式。物联网的信息处理能力越强大，人类与周围世界的相处就越智能化。

1.4 物联网体系架构

从体系架构上来看，物联网可分为三层：感知层、网络层和应用层，如图 1-5 所示。感知层相当于人体的皮肤和五官；网络层相当于人体的神经中枢和大脑；应用层相当于人的社会分工。本节将对物联网体系架构做详细的分析，并对其中每一层的关键技术做出阐述。

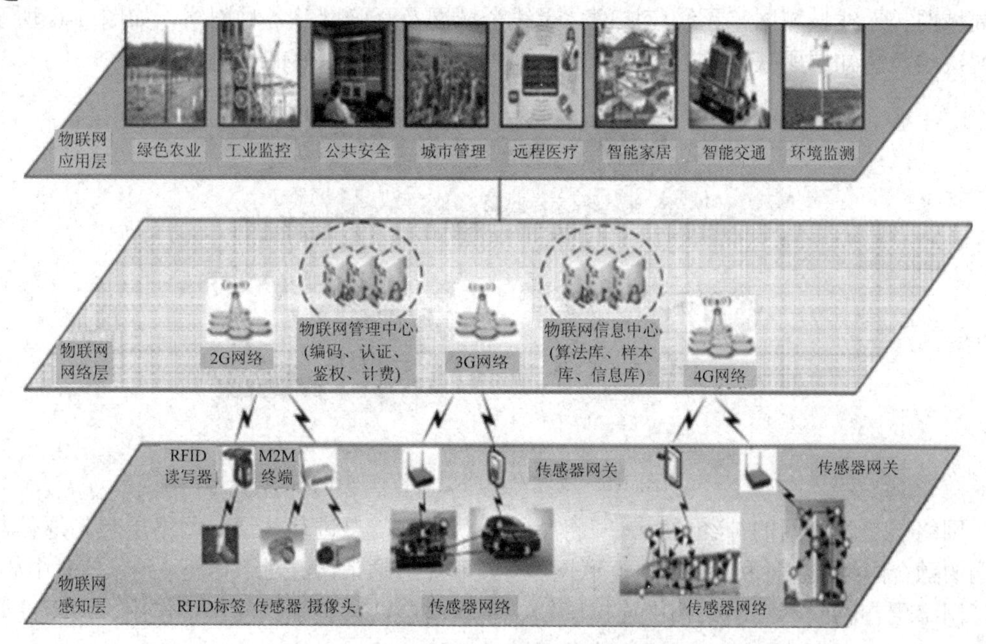

图 1-5 物联网体系架构

1.4.1 感知层

感知层处于三层架构的最底层，它是物联网发展和应用的基础，具有物联网全面感知的核心能力。作为物联网的最基本一层，感知层具有十分重要的作用。物联网在传统网络的基础上，从原有网络用户终端向“下”延伸和扩展，扩大通信的对象范围，即通信不仅仅局限于人与人之间的通信，还扩展到人与现实世界的各种物体之间的通信。物联网的感知层解决的就是人类世界和物理世界的数据获取问题。

感知层是物联网的皮肤和五官——识别物体和采集信息。安装在设备上的 RFID 标签和用来识别 RFID 信息的扫描仪、感应器都属于物联网的感知层，现在的高速公路不停车收费系统、超市仓储管理系统、二维码标签及其识读器、摄像头、GPS、传感器终端、传感器网络等，都是基于感知层技术的物联网应用。感知层的作用相当于人的眼、耳、鼻、喉和皮肤等，它是物联网获取识别物体信息、采集信息的来源，其主要功能是识别物体、采集信息和进行信息的短距离传输。在感知层中，信息获取与物品的标识符相关，与数据采集技术相关，而涉及的数据采集技术主要有自动识别技术和传感器技术。信息的短距离传输技术用于收集终端装置采集的信息(利用无线传感器网技术、蓝牙技术、红外技术等)，并负责将信息在终端装置和网关之间双向传送。由网关将收集到的感应信息通过网络层提交到后台处理，当后台对数据处理完毕，发送执行命令到相应的执行机构完成对被控/被测对象的控制参数调整或发出某种提示信号就可以实现对其的一个远程监控。

1.4.2 网络层

网络层主要承担着数据传输的功能，是物联网最重要的基础设施之一，在物联网中，要求网络层能够把感知层感知到的数据无障碍、高可靠、安全地进行传送。网络层包括无线局域网、无线城域网、无线广域网、无线个域网及互联网等各种网络，如图 1-6 所示。它解决的是感知层所获得的数据在一定范围内，尤其是远距离的传输问题。

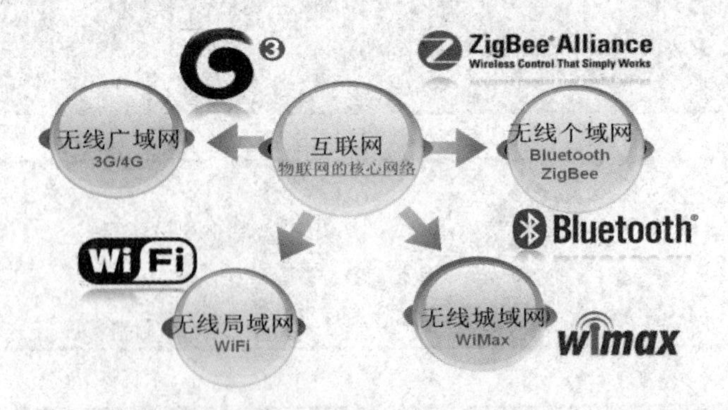

图 1-6　物联网网络层的各种网络

网络层是物联网的神经中枢——将感知层获取的信息进行传递。网络层包括通信与互联网的融合网络、各种私有网络、互联网、有线和无线通信网、网络管理系统、信息中心等。

网络层在物联网三层架构中连接感知层和应用层，具有强大的纽带作用，用于高效、稳定、及时、安全地传输上下层的数据。

物联网的网络层包括接入网和核心网。接入网是指骨干网络到用户终端之间的所有设备，其长度一般为几百米到几公里，因而被形象地称为“最后一公里”。传统的接入网主要以铜缆的形式为用户提供一般的语音业务和数据业务。随着网络的不断发展，出现了一系列新的接入网技术，包括无线接入技术、光纤接入技术、同轴接入技术、电力网接入技术等。物联网要满足未来不同的信息化应用，在接入层面需要考虑多种异构网络的融合与协同。核心网通常是指除接入网和用户驻地网之外的网络部分。核心网也是指基于IP的统一、高性能、可扩展的分组网络，它支持移动性以及异构接入，目前应用较广的核心网有互联网、移动通信网。互联网是物联网核心网络的重要组成部分；移动通信网络则以全面、实时、高速、高覆盖率、多元化处理多媒体数据等特点，为“物品触网”创造了有利条件。

1.4.3 应用层

应用层是物联网的“社会分工”——与行业需求结合，实现广泛智能化。物联网的行业特性主要体现在应用领域。应用层是物联网与行业专业技术的深度融合，是物联网和用户(包括人、组织和其他系统)的接口，与行业需求结合，实现行业智能化及物联网的智能应用。这类似于人类的社会分工，最终构成人类社会。目前在绿色农业、工业监控、公共安全、城市管理、远程医疗、智能家居、智能交通和环境监测等行业均有物联网应用的尝试。

感知层生成的大量信息经过网络层传输汇聚到应用层，应用层对这些信息进行分析和处理，做出正确的控制和决策，实现智能化的管理、应用和服务。应用层解决数据如何存储(数据库与海量存储技术)、检索(搜索引擎)、使用(数据挖掘与机器学习)和不被滥用(数据安全与隐私保护)等信息处理问题以及人机界面的问题。

应用层包括数据库、海量信息存储、数据中心、搜索引擎、数据挖掘等多种关键技术。

(1) 数据库：物联网数据特点是海量性、多态性、关联性及语义性。为了适应这种需求，在物联网中主要使用的是关系数据库和新兴数据库系统：关系数据库系统作为一项有着近半个世纪历史的数据处理技术，仍可在物联网中使用，为物联网的运行提供支撑；新兴数据库系统(NoSQL 数据库)针对非关系型、分布式的数据存储，并不要求数据库具有确定的模式，通过避免连接操作提升数据库性能。

(2) 海量信息存储：海量信息早期采用大型服务器存储，基本都是以服务器为中心的处理模式，使用直连存储(Direct Attached Storage，DAS)方式，存储设备(包括磁盘阵列、磁带库、光盘库等)作为服务器的外设使用。随着网络技术的发展，服务器之间交换数据或向磁盘库等存储设备备份时，都通过局域网进行，主要是应用网络附加存储(Network Attached Storage，NAS)技术来实现网络存储，但这将占用大量的网络开销，严重影响网络的整体性能。为了能够共享大容量、高速度存储设备，并且不占用局域网资源的海量信息传输和备份，就需要专用存储区域网络(Storage Area Network，SAN)来实现。

(3) 数据中心：数据中心不仅包括计算机系统和配套设备(如通信/存储设备)，还包括冗余的数据通信连接/环境控制设备/监控设备及安全装置，它是一大型的系统工程。通过高度的安全性和可靠性提供及时、持续的数据服务，为物联网应用提供良好的支持。典型的数据中心有 Google/Hadoop 数据中心等。

(4) 搜索引擎：Web 搜索引擎是一个能够在合理响应时间内，根据用户的查询关键词，返回一个包含相关信息的结果列表(Hits List)服务的综合体。传统的Web搜索引擎是基于查询关键词的，对于相同的关键词，会得到相同的查询结果。而物联网时代的搜索引擎必须是从智能物体的角度思考搜索引擎与物体之间的关系，主动识别物体并提取有用信息。从用户角度出发的多模态信息利用，使查询结果更精确、智能及定制化。

(5) 数据挖掘：物联网需要对海量的数据进行更透彻的感知，要求对海量数据进行多维度整合与分析，更深入的智能化需要具有普适性的数据搜索和服务，也需要从大量数据中获取潜在的、有用的且可被人理解的模式，其基本类型有关联分析、聚类分析、演化分析等。这些需求都使用了数据挖掘技术。例如，数据挖掘技术用于精准农业可以实时监测环境数据，发现影响产量的重要因素，获得产量最大化配置方式，而该技术用于市场营销则可以通过数据库行销和货篮分析等方式获取顾客购物取向和兴趣。

1.4.4 未来物联网架构

通过专业人员对物联网体系结构的长期讨论，目前可以明确以下几点：

(1) 未来的物联网需要一个开放的架构来最大限度地满足各种不同系统和分布式资源之间的互操作性需求。这些系统和资源既可能是来自于信息和服务的提供者，也可能来自于信息和服务的使用者或者客户。

(2) 未来的物联网架构需要有良好的、明确定义的、呈现为粒度形式的层次划分。物联网的架构技术应该促进用户丰富的选择权，而不应该将用户锁定到必须使用某一家或者某几家大的、处于垄断地位的解决方案服务提供商所发布的各种应用。

(3) 物联网的架构技术需要设计为可以抵御物理网络中各种中断以及干扰的形式，尽可能将这些情况所带来的影响降到最低。

(4) 未来的物联网架构需要考虑到这样一个事实：即以后网络中的很多节点和网络设备将是移动的。

(5) 从对于未来物联网的架构技术来说，需要了解以下几个方面：

① 对于身处未来物联网中的各种节点，它们中的大多数将需要有能力与其他节点一起动态、自主地组建各式各样的本地或者远程对等网络。

② 可以预料到，未来的物联网中产生的数据将是海量的。物联网的架构技术一定要同时支持移动的智能与自主的信息过滤、自主模式识别、自主机器学习以及自主判断决策能力，要让这些能力能够达到各种物联网子网络的边缘地带，而无需考虑数据是在附近产生的还是远程生成的。

③ 在未来物联网架构的设计过程中，一方面要使得基于事件的处理、路由、存储、检索以及引用能力成为可能；另一方面还要允许这些能力可以在离线的、非连接情况(例如，网络连接是在网络时断时续或者根本没有网络覆盖的地方)下进行操作。

1.5 物联网标准化

标准化工作对一项技术的发展有着很大的影响。缺乏标准将会使技术的发展处于混乱的状态，而盲目的自由竞争必然会形成资源的浪费，多种技术体制并存且互不兼容，必然给广大用户带来不便。标准制定的时机也很重要，标准制定和采用得过早，可能会制约技术的发展和进步；标准制定和采用得过晚，可能会限制技术的应用范围。传统的计算机和通信领域标准体系一般不涉及具体的应用标准，而物联网的各标准组织都比较重视应用方面的标准制定。本节将介绍物联网标准化特点、物联网标准化组织及标准制定情况。

1.5.1 物联网标准化的特点

物联网的应用和感知设备呈现跨行业的多样性。物联网应用涉及经济与社会发展的各个行业和领域，并与各自业务流程紧密结合，具有应用跨度大、需求长尾化、产业分散度高、产业链长和技术集成性高的特点。物联网的应用按照最终用户来进行分类，可以分为公共服务(服务于普通消费者，如智能家居、手机支付等)和行业服务(服务于各行各业，如智能电网、智慧物流等)。由于应用不同，其所需感知的内容也不同，因此对设备的性能和接口要求也不一样。物联网的应用提供者需要利用信息通信技术和网络为其提供服务，应用的提供者包含各行各业，其应用种类繁多，需求差异较大，而信息通信行业能够为这些行业提供信息通信基础网络设施，具有网络规模大、覆盖范围广的优势。

物联网的上述特点决定了物联网标准化的特点，即物联网的标准不是某一个、几个应用行业或仅仅信息通信行业所能够单独完成的，而需要各行各业与信息通信行业共同制定，才能既符合行业需求，也能将最好、最适合的信息通信技术应用于各个行业。因此物联网的标准既包含行业应用和特定行业需求的标准，如电力、交通、医疗等行业标准，同时也包含信息通信行业的标准，如感知、通信和信息处理等技术标准。

物联网是跨行业、跨领域、具有明显交叉学科特征、面向应用的信息基础设施，因此构建物联网的标准体系时，不仅要考虑已有行业制定的标准，而且要兼顾物联网服务体系的发展需要；不仅要避免不同行业标准组织的重复制定，还要做好各行业和部门间的协调合作，保证各自的标准相互衔接，满足跨行业、跨地区的应用需求。

物联网的标准体系构建需要经历三个阶段：阶段一，着重行业应用和公共服务标准的制定，每一类应用自成体系，其中包括行业本身的标准和本行业对通信技术的要求；阶段二，对阶段一各类应用的标准进行收集、分析，从而提取出共性标准，尤其是共性的通信类要求和接口标准；阶段三，用阶段二的共性标准指导行业应用和公共服务的实施，并不断完善阶段二的共性标准。其中物联网的总体标准将贯穿这三个阶段，并不断深化和完善。目前全球的物联网标准处于阶段二，即尚处于收集应用实例，分析现有需求和架构，提取共性需求、能力和架构的阶段。

1.5.2 物联网标准化组织及其工作

基于以上物联网标准化的特点，物联网的标准化工作在与之相关的全球的多个标准化组织竞相展开，包括国际性标准化组织(如ITU、ISO和IEC)、区域性标准化组织(如ETSI)、国家标准化组织(如CCSA、ATIS、TTA、TTC)、行业标准化组织、论坛(如IETF、IEEE、OMA)等，如图1-7所示。这些标准化组织各自在自己擅长的领域进行研究，所开发的标准有重叠也有分工，但它们之间的竞争大于合作，目前尚缺乏整体的协调、组织和配合。

图 1-7 物联网相关的国际标准化组织

在各标准化组织进行研究的同时，有些行业标准在国家或地区政府的推动下也在快速形成，这些行业应用的标准带动了相关标准化组织之间的分工和合作，为物联网标准做出了实质性的贡献。目前在行业应用标准化方面，智能电网、智能交通和智慧医疗等方面的进展比较快。下面介绍几个主要的标准化组织的研究进展情况：

(1) ITU-T 专门成立了物联网全球标准化工作组(IoT-GSI)，研究“物联网定义”和“物联网概述”两个国际建议，并在 2012 年 2 月通过。在“物联网概述”建议草案中给出了物联网的体系架构，如图 1-8 所示。

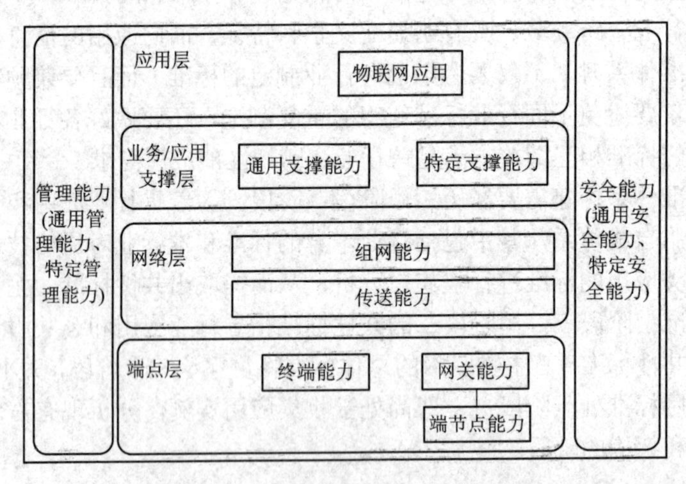

图 1-8 ITU-T 建议的物联网体系架构

从图 1-8 可见，在业务/应用支撑层、管理能力和安全能力方面都分为两个方面的能力，即通用能力和面向某类应用的特定能力，如智能电网和智能交通所需的能力可能不同。

(2) IEEE 主要研究 IEEE 802.15 低速近距离无线通信技术标准，并针对智能电网开展了大量工作。IEEE P2030 技术委员会成立于 2009 年 5 月，它分为电力、信息和通信三个工作组，旨在为理解和定义智能电网的互操作性提供技术基础和指南，针对 NIST 智能电网应用各个环节，帮助电力系统与应用和设备协同工作，确定模块和接口，为智能电网相关的标准制定奠定基础。IEEE P2030 技术委员会于 2010 年 4 月发布了 P2030 草案。

(3) ETSI 成立了 M2M 技术委员会，对 M2M 的需求、网络架构、智能电网、智慧医疗、城市自动化等方面进行了研究，并陆续出台了多个技术规范。

(4) IETF 制定以 IP 协议为基础的，适应感知延伸层特点的组网协议。目前 IETF 的工作主要集中于 6LoWPAN 和 ROLL 协议两个方面：6LoWPAN 协议以 IEEE 802.15.4 为基础，针对传感器节点的低开销、低复杂度、低功耗的要求，对现有协议 IPv6 系统进行改造，压缩包头信息，提高对感知延伸层应用的使用能力；而 ROLL 协议的目标是使公共的、可互操作的第三层路由能够穿越任何数量的基本链路层协议和物理媒体，例如，一个公共路由协议能够工作在各种网络，如 IEEE 802.15.4 无线传感网络、蓝牙个人区域网络以及未来低功耗的 IEEE 802.11 标准的 Wi-Fi 网络之内及之间。目前 6LoWPAN 协议已进入标准化的中期阶段，而 ROLL 协议仍处于草案阶段。

(5) 3GPP 结合移动通信网研究 M2M 的需求、架构以及对无线接入网优化的技术，其 SA 和 RAN 分别针对网络架构、核心网以及无线接入网开展了工作，目前网络架构的增强已经进入实质性工作阶段，而无线接入网的增强仍处于研究阶段。

(6) ZigBee 联盟的 Zigbee 协议基于 IEEE 802.15.4 的物理层和媒体访问控制(MAC)层技术，重点制定了网络层和应用层协议，它支持 Mesh 和簇状动态路由网络，在目前的无线传感器网络中得到广泛应用。

(7) 中国通信标准化协会(CCSA)于 2010 年 2 月专门成立了泛在网技术工作委员会(TC10)，其下设 4 个工作组，对物联网的共性总体标准、应用标准、网络标准和感知延伸等标准进行了全面的研究和行业标准的制定。表 1-1 列出了泛在网技术工作委员会的组织架构和工作范围。

表 1-1　CCSA TC10 的组织结构及工作范围

应用层	网络层	感知延伸层
应用工作组(WG2)： 对各种泛在网业务的应用及业务应中间件等内容进行研究及标准化	网络工作组(WG3)： 研发网络中业务能力层的相关标准，负责现有网络的优化、异构网络间的交互、协商工作等方面的研究及标准化	感知/延伸工作组(WG4)： 对信息采集、获取的前端及相应的网络技术进行研究及标准化。重点解决各种泛在感知节点，以多种信息获取技术(包括传感器、RFID、近距离通信等)、多样化的网络形态进行信息的获取及传递的问题
总体工作组(WG1)：通过对标准体系的研究，重点负责泛在网络所涉及的名词术语、总体需求、框架、码号寻址和解析、频谱资源、安全、服务质量、管理等方面的研究和标准化		

TC10 自成立以来，已共计完成行标、技术报告和研究课题立项有 31 项，内容涵盖了物联网标准体系中的三个层次以及相关的总体架构和公共技术。其中，涉及总体架构和公共技术的立项有 6 项，涉及物联网应用层的立项有 16 项，涉及物联网网络层的立项有 4 项，涉及物联网感知延伸层的立项有 5 项。同时 CCSA 与智能交通标准工作组签订了合作协议，对智能交通的标准进行合作。

(8) 中国物联网标准联合工作组成立于 2010 年 6 月 8 日，它包含全国 11 个部委及下属的若干个标准工作组。此联合工作组将紧紧围绕物联网发展需求，统筹规划，整合资源，坚持自主创新与开放兼容相结合的标准战略，加快推进物联网国家标准体系的建设和相关国家标准的制定，同时积极参与相关国际标准的制定，以掌握发展的主动权。

(9) 工信部电子标签工作组下设 7 个专题组，分别是总体组、标签与读写器组、频率与通信组、数据格式组、信息安全组、应用组和知识产权组。

(10) 全国信标委传感器网络标准工作组(WGSN)，它目前开展了 6 项标准制定工作，分别由标准体系与系统架构项目组、协同信息处理项目组、通信与信息交互项目组、标识项目组、安全项目组和接口项目组负责。

(11) 信息设备资源共享协同服务(闪联)标准工作组，主要负责制定信息设备智能互联与资源共享协议(即 IGRS)。

本章小结

本章主要介绍了物联网的相关概念、特点、发展与标准化工作及其体系架构。将物联网分为感知层、网络层、应用层这三层体系结构，便于更好地认识、理解和研究物联网，了解其每一层的关键技术、功能及相关标准。

习　题

1. 物联网是怎样定义的?
2. 说明物联网、无线传感网与泛在网的关系。
3. 说明物联网的体系架构及各层次的功能。
4. 说明物联网的技术体系架构及各层次的关键技术。
5. 说明物联网的主要应用领域及应用前景。

第2章　感知层技术

物体的标识及数据的感知和采集是物联网应用中重要的一环，前端数据质量的好坏直接影响到后端数据处理的精度和相应的控制概念能否正确实现。本章将介绍物联网的物体标识、节点感知和数据采集技术，内容涵盖了自动识别技术、条形码技术、嵌入式技术、传感器技术、无线传感器网络和RFID技术。

2.1　自动识别技术

在现实生活中，各种各样的活动或者事件都会产生这样或者那样的数据，这些数据包括人的、物质的和财务的，也包括采购的、生产的和销售的，这些数据的采集与分析对于生产或者生活决策来说是十分重要的。如果没有这些实际情况的数据支援，生产和生活决策就将成为一句空话，缺乏现实基础。

在早期的信息系统中，相当一部分数据的处理都是通过人工手工录入的，这样不仅数据量十分庞大，劳动强度大，而且数据误码率较高，也失去了实时的意义。为了解决这些问题，人们便研究和发展了各种各样的自动识别技术，将人们从繁重、重复的但又十分不精确的手工劳动中解放出来，提高了系统信息的实时性和准确性，从而为生产的实时调整、财务的及时总结以及决策的正确制定提供正确的参考依据。

在物联网时代，自动识别技术扮演的是一个信息载体和载体认识的角色，也就是物联网的感应技术的部分，它的成熟与发展决定着物联网应用的成熟与发展。

2.1.1　自动识别技术概述

1. 自动识别技术概念

自动识别(Automatic Equipment Identification，AEI)技术是指应用一定的识别装置，通过被识别物品和识别装置之间的接近活动，主动地获取被识别物品的相关信息，并向后台提供计算机处理系统来完成相关后续处理的一种技术，用来实现人们对各类物体或设备(人员、物品)在不同状态(移动、静止或恶劣环境)下的自动识别和管理。自动识别技术是信息数据自动识读、自动输入计算机的重要方法和手段，也是一种高度自动化的信息和数据采集技术，目前在国际上发展很快。

2. 自动识别技术的特点

自动识别技术的特点有：准确性即，自动进行数据采集，极大地降低人为错误；高效性，即数据采集较快速，信息交换可实时进行；兼容性，即以计算机技术为基础，可与信息管理系统无缝连接。

3. 自动识别技术的种类

自动识别技术近几十年在全球范围内得到了迅猛发展，初步形成了一个包括条码技术、磁卡技术、IC 卡技术、光学字符识别(OCR)技术、射频技术、声音识别技术及视觉识别技术等集计算机、光、磁、机电、通信技术为一体的高新技术学科。自动识别系统根据识别对象的特征可以分为两大类，分别是数据采集技术和特征提取技术。这两大类自动识别技术的基本功能都是完成物品的自动识别和数据的自动采集。

数据采集技术的基本特征是需要被识别物体具有特定的识别特征载体(如标签等，仅光学字符识别例外)；而特征提取技术则根据被识别物体的本身的行为特征(包括静态的、动态的和属性的特征)来完成数据的自动采集。

1) 数据采集技术

数据采集技术按照存储器介质的不同可分为光存储器类、磁存储器类和电存储器类：光存储器类包括条码(一维、二维)、矩阵码、光标阅读器、光学字符识别(OCR)；磁存储器类包括磁条、非接触磁卡、磁光存储、微波；电存储器类包括触摸式存储、RFID 射频识别(无芯片、有芯片)、存储卡(智能卡、非接触式智能卡)、视觉识别、能量扰动识别。

2) 特征提取技术

特征提取技术按照特征的性质可分为静态特征提取、动态特征提取及属性特征提取：静态特征提取包括指纹识别、虹膜识别、视网膜识别、面部识别等；动态特征提取包括签名识别、声音(语音)识别、键盘敲击识别、其他感觉特征等；属性特征提取包括化学感觉特征提取、物理感觉特征提取、生物抗体病毒特征提取、联合感觉系统等。

2.1.2 光学字符识别技术

光学字符识别(Optical Character Recognition，OCR)技术是基于图形识别的一种技术，其目的是要让计算机知道它到底看到了什么，尤其是文字资料。OCR 技术可使设备通过确定形状，检测亮、暗模式等光学机制来识别字符。OCR 的重要的应用领域有办公室自动化中的文字资料的自动输入、文献档案库的建立、文本图像的压缩存储和传输、书刊自动阅读器、盲人阅读器、书刊资料的再版输入、古籍整理、智能全文信息管理系统、汉英翻译系统、名片识别管理系统、车牌自动识别系统、网络出版、票据和发票识别系统、身份证识别管理系统、无纸化评卷、邮件自动处理、零售价格识读、订单数据输入、单证和支票识读、微电路和小件产品的状态特征识读及与自动获取文本过程相关的其他领域。

一个 OCR 系统，从影像到结果输出，需经过影像输入、影像前处理、文字特征抽取、比对识别，最后经人工校正将认错的文字更正，将结果输出。OCR 系统的工作流程如图 2-1 所示。

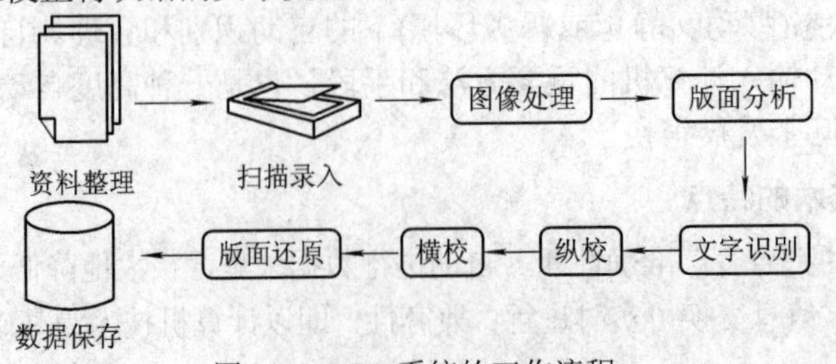

图 2-1 OCR 系统的工作流程

OCR系统的优点是人眼可识读、扫描，缺点是输入速度和可靠性不及条码，其数据格式有限，通常要使用接触式扫描器。

2.1.3 磁卡技术

磁卡(Magnetic Card)是一种卡片状的磁性记录介质，利用磁性载体记录字符与数字信息，适用于识别身份或其他用途。常用磁卡及磁卡刷卡器如图2-2所示。

(a) 磁卡

(b) 磁卡刷卡器

图2-2 常用磁卡及磁卡刷卡器

按照使用基材的不同，磁卡可分为PET卡、PVC卡和纸卡三种；按照磁层构造的不同，磁卡又可分为磁条卡和全涂磁卡两种。

通常，磁卡的一面印刷有说明提示性信息，如插卡方向；另一面则有磁层或磁条，具有2～3个磁道以记录有关信息数据。磁条是一层薄薄的由排列定向的铁性氧化粒子组成的磁性材料(也称为涂料)，用树脂黏合剂严密地黏合在一起，并黏合在诸如纸或塑料这样的非磁基材上。磁条从本质意义上讲与计算机用的磁带或磁盘是一样的，它可以用来记载字母、字符及数字信息。通过黏合或热合与塑料或纸牢固地整合在一起形成磁卡。磁条中所包含的信息一般比条形码大。磁条内可分为三个独立的磁道，分别称为TK1、TK2、TK3。TK1最多可写79个字母或字符；TK2最多可写40个字符；TK3最多可写107个字符。

磁卡技术具有的优点是：数据可被读/写，即具有现场改写数据的能力；数据存储量能满足大多数需求，便于使用，成本低廉，还具有一定的数据安全性；它能黏附在许多不同规格和形式的基材上。

磁卡技术的发展得到了很多世界知名公司，特别各国政府部门几十年的鼎力支持，使得磁卡的应用非常普及，遍及国民生活的方方面面，如信用卡、银行ATM卡、机票、公共汽车票、自动售货卡、会员卡、现金卡(如电话磁卡)、地铁AFC等。特别是银行系统几十年的普遍推广使用使得磁卡的普及率得到了很大的发展。银行磁卡如图2-3所示。但随着磁卡应用的不断扩大，有关磁卡技术，特别是安全技术已难以满足越来越多的对安全性要求较高的应用需求。

磁卡技术是接触性识读，它与条码有三点不同：一是其数据可部分进行读/写操作；二是给定面积编码容量比条码大；三是对于物品逐一标记的成本比条码高。接触性识读最大的缺点就是灵活性太差。磁卡的价格很便宜，但是很容易磨损。

磁卡受压、被折、长时间磕碰、暴晒、高温、磁条划伤弄脏或者受到外部磁场的影响，都会造成磁卡消磁、数据丢失而不能使用。

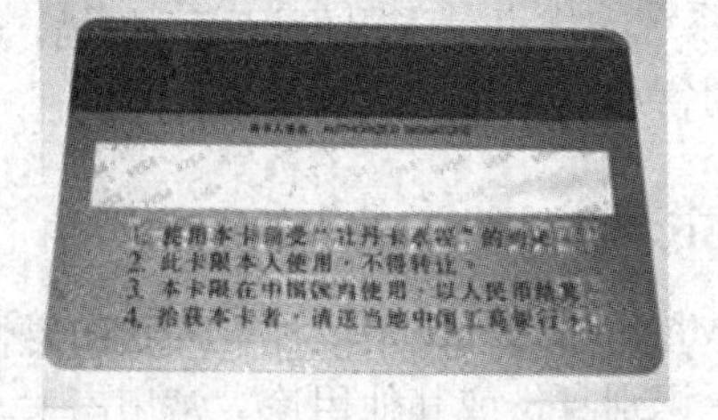

(a) 银行卡正面　　(b) 银行卡背面及其磁条

图 2-3　银行磁卡

2.1.4　IC 卡识别技术

IC 卡(Integrated Circuit Card，集成电路卡)，又称为智能卡(Smart Card)，它通过在集成电路芯片上写的数据来进行识别。IC 卡与 IC 卡读写器以及后台计算机管理系统组成了 IC 卡应用系统。

IC 卡是在 1970 年由法国人 Roland Moreno 发明的，他第一次将可编程设置的 IC 芯片放于卡片中，使卡片具有更多功能。

IC 卡的类型有：按照数据的读/写方式，IC 卡可分为接触式 IC 卡和非接触式 IC 卡，通常说的 IC 卡多数是指接触式 IC 卡；按照所封装的 IC 芯片的不同，IC 卡可分为存储器卡、逻辑加密卡、CPU 卡和超级智能卡四大类。超级智能卡在卡上具有 MPU(嵌入式微处理器)和存储器并装有键盘、液晶显示器和电源，有的卡上还具有指纹识别装置等。各类 IC 卡如图 2-4 所示。

图 2-4　各类 IC 卡

IC 卡是将一个微电子芯片嵌入符合 ISO 7816 标准的卡基中，做成卡片形式。IC 卡读写器是 IC 卡与应用系统间的桥梁，在 ISO 国际标准中称之为接口设备(Interface Device，IFD)。IFD 内 CPU 通过一个接口电路与 IC 卡相连并进行通信。IC 卡接口电路是 IC 卡读写器中至关重要的部分，根据实际应用系统的不同，可选择并行通信、半双工串行通信和 I^2C 通信等不同的 IC 卡读/写芯片。

IC 卡工作的基本原理是：射频读写器向 IC 卡发一组固定频率的电磁波，卡片内有一个 IC 串联谐振电路，其频率与读写器发射的频率相同，这样在电磁波激励下，LC 谐振电路产生共振，从而使电容内有了电荷；在这个电荷的另一端，接有一个单向导通的电子泵，将电容内的电荷送到另一个电容内存储，当所积累的电荷达到 2 V 时，此电容可作为电源为其他电路提供工作电压，将卡内数据发射出去或接受读写器的数据。

IC 卡的特点是：IC 卡相对于其他种类的卡具有存储容量大、体积小、重量轻、抗干扰能力强、便于携带、易于使用、安全性高、对网络要求不高等。

接触式IC卡与磁卡相比较，具有以下特点：

(1) 接触式IC卡的安全性高。它必须通过与读/写设备间特有的双向密钥认证。

(2) 接触式IC卡的存储容量大，便于应用，方便保管。它的存储容量小到几百个字符，大到上百万个字符。

(3) 接触式IC卡防磁且防一定强度的静电，抗干扰能力强，可靠性比磁卡高，使用寿命长，它的数据至少保持10年，读/写次数能够达到10万次以上。

(4) 接触式IC卡的价格稍高。

(5) 接触式IC卡的触点暴露在外面，有可能因人为的原因或静电而损坏。

非接触式IC卡又称为射频卡(RFID卡)，如图2-5所示，它采用射频技术与IC卡的读卡器进行相互通信，成功地解决了无源(卡中无电源)和免接触这一难题，是电子器件领域的一大突破。主要用于公交、轮渡、地铁的自动收费系统，也应用于门禁管理、身份证明和电子钱包。关于非接触式IC卡的更多内容，将在本章的“RFID技术”小节详细阐述。

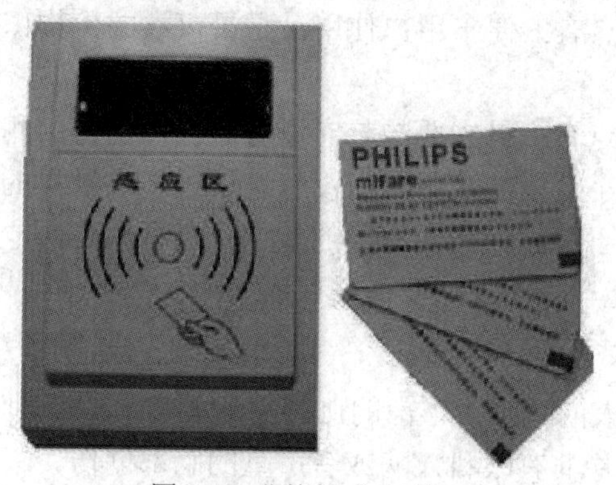

图2-5 非接触式IC卡

2.1.5 生物识别技术

生物识别技术是指利用可以测量的人体生物学或行为学特征来识别、核实个人身份的一种自动识别技术。能够用来鉴别身份的生物特征应该具有广泛性、唯一性、稳定性、可采集性等特点。生物识别大致可分为指纹识别、虹膜识别、视网膜识别、手掌几何学识别、语音识别、面部识别、签名识别、步态识别、静脉识别、基因识别等。

由于生物识别技术以人的现场参与(不可替代性)作为验证的前提和特点，且基本不受人为的验证干扰，较传统的钥匙、磁卡、门卫等安全验证模式有不可比拟的安全性优势。软件、硬件设施的普及率上升、价格下降等因素使其在金融、司法、海关、军事以及人们日常生活的各个领域中扮演越来越重要的角色。所有的生物识别都包括原始数据获取、抽取特征、比较和匹配等四个步骤。

1. 虹膜识别技术

人类眼睛的虹膜是由相当复杂的纤维组织构成，其细部结构在出生之前就以随机组合的方式决定下来了。虹膜识别技术是基于在自然光或红外光照射下，对虹膜上可见的外在特征进行计算机识别的一种生物识别技术。虹膜在眼球中的位置如图2-6所示，其中虹膜是围绕瞳孔呈现绚丽彩色的一层生理薄膜。虹膜是包裹在眼球上的彩色环状物，每一个虹膜都包含一个独一无二的基于像冠、水晶体、细丝、斑点、结构、凹点、射线、皱纹和条纹等特征的结构。

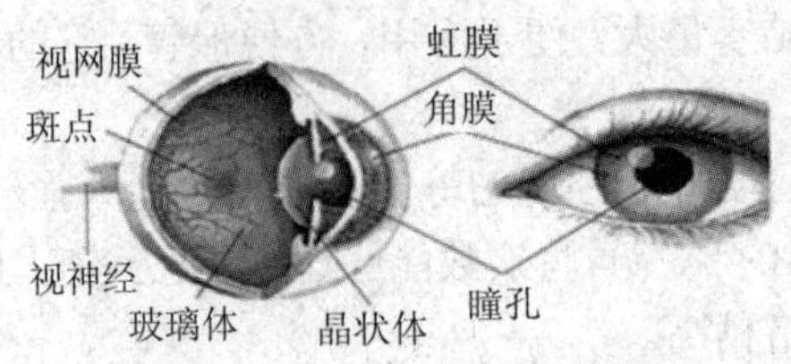

图 2-6　虹膜在眼球中的位置

虹膜识别技术将上述可见特征转化为 512 个字节的虹膜编码，该编码被存储下来以便后期识别所用。512 个字节对从虹膜获得的信息量来说是十分巨大的。从直径为 11 mm 左右的虹膜上，Daugman 算法用 3～4 个字节的数据来代表每平方毫米的虹膜信息，这样一个虹膜约有 266 个量化特征点，而一般的生物识别技术只有 13～60 个特征点。

虹膜识别技术的优点有：便于用户使用；是最可靠的生物识别技术之一；无需物理的接触。

虹膜识别技术的缺点有：最主要的是它没有进行过任何的测试，当前的虹膜识别系统只是用统计学原理进行小规模的试验，而没有进行过现实世界的唯一性认证的试验；很难将图像获取设备的尺寸小型化；需要昂贵的摄像头进行聚焦，一个这样的摄像头的最低价为 7000 美元；镜头可能产生图像畸变而使可靠性降低；黑眼睛极难读取；需要较好光源。

2. 视网膜识别技术

有研究证明，每个人的眼睛后半部的血管图形是唯一的，即使是孪生兄弟也各不相同。视网膜图形是稳定的，除非有眼科疾病或者严重的脑部创伤。

视网膜识别技术要求激光照射眼球的背面以获得视网膜特征。与虹膜识别技术相比，视网膜扫描是最精确可靠的生物识别技术之一。由于感觉上它高度介入人的身体，它也是最难被人接受的技术。

视网膜识别技术的优点有：视网膜是一种极其固定的生物特征，不磨损、不老化、不受疾病影响；使用者无需和设备直接接触；是一个最难欺骗的系统，因为视网膜不可见，所以不会被伪造。

视网膜识别技术的缺点有：同虹膜一样，它只是用统计学原理进行小规模的试验，而没有进行过现实世界的唯一性认证的试验；激光照射眼球的背面可能会影响使用者健康，这需要进一步的研究；对消费者而言，视网膜识别技术没有吸引力；很难进一步降低成本。

3. 签名识别技术

签名作为身份认证的手段已经用了几百年了，将签名数字化的过程包括将签名图像本身数字化以及记录整个签名的动作(包括每个字母以及字母之间不同的速度、笔序和压力等)。签名识别和语音识别一样，是一种行为测定学。

签名识别技术的优点有：容易被大众接受；是一种公认的身份识别技术。

签名识别技术的缺点有：随着人的经验的增长、性格的变化与生活方式的改变，签名也会随着而改变；在 Internet 上使用不便；用于签名的手写板结构复杂而且价格昂贵，因为和笔记本电脑的触摸板的分辨率差异很大，在技术上将两者结合起来较难；很难将尺寸小型化。

4. 面部识别技术

面部识别技术通过对面部特征和它们之间的关系来进行识别，其识别技术基于这些唯一的特征时非常复杂，需要人工智能和机器知识学习系统。用于捕捉面部图像的两项技术为标准视频技术和热成像技术，分述如下：

(1) 标准视频技术通过一个标准的摄像头获得面部的图像或者一系列图像后，记录一些核心点(如眼睛、鼻子和嘴等)以及它们之间的相对位置，然后形成模板。

(2) 热成像技术通过分析由面部的毛细血管的血液产生的热线来产生面部图像，与视频摄像头不同，热成像技术并不需要在较好的光源条件下，因此即使在黑暗情况下也可以使用。一个算法和一个神经网络系统加上一个转化机制就可将一幅面部图像变成数字信号，最终产生匹配或不匹配信号。

面部识别技术的优点有：面部识别是非接触的，用户不需要和设备直接的接触。

面部识别技术的缺点有：尽管可以使用桌面的视频摄像，但只有比较高级的摄像头才可以有效高速的捕捉面部图像；使用者面部的位置与周围的光环境都可能影响系统的精确性；大部分研究生物识别的人公认面部识别最不准确，也最容易被欺骗；面部识别技术的改进有赖于提取特征与比对技术的提高，采集图像的设备比技术昂贵得多；对于因人体面部的如头发、饰物、变老以及其他的变化需要通过人工智能补偿，机器学习功能必须不断地将以前得到的图像和现在得到的进行比对，以改进核心数据和弥补微小的差别；很难进一步降低设备成本。

5. 指纹识别技术

因为每个人的指纹纹路在图案、断点和交叉点上各不相同，所以指纹是唯一的且终生不变。依靠这种唯一性和稳定性可以把一个人同他的指纹对应起来，通过将他的指纹和预先保存的指纹进行比较，就可以验证他的真实身份，这就是指纹识别技术。

指纹具有以下三大固有特性：第一，确定性，每幅指纹的结构是恒定的，胎儿在4个月左右就形成指纹，以后就终生不变；第二，唯一性，两个完全一致的指纹出现的概率非常小，不超过 2^{-60}；第三，可分类性，可以按指纹的纹线走向进行分类。

随着现代电子集成制造技术、计算机技术的发展以及快速而可靠的算法研究，指纹自动识别技术于20世纪60年代开始兴起并得到了飞速发展。作为生物特征识别的一种，由于它具有其他特征识别所不可比拟的优点，使得自动指纹识别有着更为广泛的应用。相对于其他生物特征鉴定技术，如语音识别及视网膜识别等技术，自动指纹识别是一种更为理想的身份确认技术。

指纹识别技术的优点有：指纹是人体独一无二的特征，并且它们的复杂度足以提供用于鉴别的特征；如果要增加可靠性，只需登记更多的指纹、鉴别更多的手指，最多可多达10个，而每一个指纹都是独一无二的；扫描指纹的速度很快，使用非常方便；在读取指纹时，用户必须将手指与指纹采集头相互接触，这是读取人体生物特征最可靠的方法；指纹采集头可以更加小型化，并且价格会更加低廉。

指纹识别技术的缺点有：某些人或某些群体的指纹特征少，难成像；过去在犯罪记录中使用指纹，使得某些人害怕“将指纹记录在案”，实际上现在的指纹鉴别技术都可以不存储任何含有指纹图像的数据，而只是存储从指纹中得到的加密的指纹特征数据；每一次使用指纹时都会在指纹采集头上留下用户的指纹印痕，而这些指纹痕迹存在被用来复制指纹的可能性。

6. 声音识别技术

声音识别和签名识别相同，也是一种行为识别技术。声音识别设备不断地测量和记录声音波形变化，然后将现场采集到的声音同登记过的声音模板进行各种特征的匹配。声音识别的迅速发展以及高效可靠的应用软件的开发，使声音识别系统在很多方面得到了应用。声音识别系统可以用声音指令实现“不用手”的数据采集，其最大特点就是不用手和眼睛，这对那些在采集数据的同时还要完成手眼并用的工作场合尤为适用。

声音识别技术的迅速发展及其高效可靠的应用软件的开发，使声音识别系统在很多方面得到了应用。

例如，手机上的语音拨号是一典型的语音识别的例子。电话号码用语音准确呼出距实用还有一段相当长的距离。

声音识别技术的优点有：声音识别是一种非接触的识别技术，用户可以很自然地接受。

声音识别技术的缺点有：作为行为识别技术，声音变化的范围太大，很难精确的匹配；声音会随着音量、速度和音质的变化(如感冒时)而影响到采集与比对的结果；很容易用录在磁带上的声音来欺骗声音识别系统；高保真的麦克风很昂贵。

2.2　条形码技术

条形码是一种信息图形化表示方法，可以把信息制作成条形码，然后用相应的扫描设备把其中的信息输入到计算机中。条形码分为一维条码和二维条码。下面分别进行介绍。

2.2.1　一维条形码

条形码或条码(Bar Code)是将宽度不等的多个黑条和空白，按照一定编码规则排列，用以表达一组信息的图形标识符。常见的一维条形码是由黑条(简称条)和白条(简称空)排成平行线图案所组成的，如图 2-7 所示。

(a) EAN-13 码　(b) EAN-8 码　(c) ITF25 码

(d) Code93 码　(e) 库德巴码　(f) UPC-A 码

图 2-7　常见的一维条形码

一维条形码可标识物品的生产国、制造厂家、商品名称、生产日期、类别等信息。在商品流通、图书管理、邮政管理、银行系统等许多领域有广泛的应用。常用的条形码扫描枪如图 2-8 所示。

目前使用频率最高的几种码制有 EAN(European Article Number)码、UPC(Universal Product Code)码、39 码、交叉(ITF)25 码和 EAN128 码。UPC 条码主要用于北美地区。EAN 条码是国际通用符号体系，它是一种定长、无含义的条码，主要用于商品标识，其编码规则如图 2-9 所示。EAN128 条码是由国际物品编码协会(EAN International)和美国统一代码委员会(UCC)联合开发、共同采用的一种特定的条码符号。它是一种连续型、非定长有含义的高密度代码，用以表示生产日期、批号、数量、规格、保质期、收货地等更多的商品信息。另有一些码制主要是适应特殊需要的应用方面，如库德巴码用于血库、图书馆、包裹等的跟踪管理，ITF25 码用于包装、运输和国际航空系统为机票进行顺序编号，还有类似 39 码的 93 码，它的密度更高些，可代替 39 码。

图 2-8　常用的条形码扫描枪

国家标识符		公司标识符					制造商的商品标识符					校验值
4	0	1	2	3	4	5	0	8	1	5	0	9

图 2-9　EAN 条码的编码规则

2.2.2　二维条形码

通常一维条形码所能表示的字符集不过 10 个数字、26 个英文字母及一些特殊字符，条码字符集最大所能表示的字符个数为 128 个 ASCII 字符，信息量非常有限，为了提高一定面积上的条码信息密度和信息量，在一维条形码的基础上又发展出了一种新的条形码编码形式——二维条形码。常见的二维条形码如图 2-10 所示。

(a) Datamatrix 码

(b) QR 码

(c) Maxicode 码

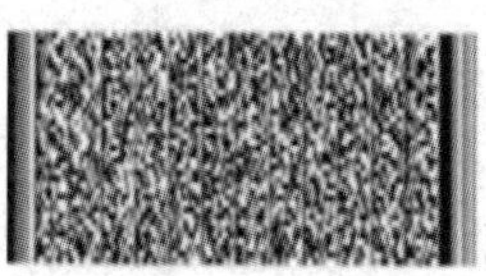

(d) PDF417 码

(e) Code 49 码

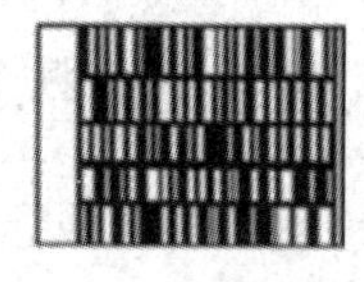

(f) Code 16K 码

图 2-10　常见的二维条形码

二维条形码是在二维空间水平和竖直方向存储信息的条形码。它的优点是信息容量大、译码可靠性高、纠错能力强、制作成本低、保密与防伪性能好。

从结构上讲，二维条形码分为两类：其中一类是由矩阵代码和点代码组成，其数据以二维空间的形态编码；另一类是包含重叠的或多行条码符号，其数据以成串的数据行显示。

以常用的二维条形码 PDF417 码为例，PDF 是便携式数据文件(Portable Data File)的缩写，简称为 PDF417 码，可以表示字母、数字、ASCII 字符与二进制数。该条码可以表示 1850 个字符/数字、1108 个字节的二进制数、2710 个被压缩的数字；重叠代码中包含了行与行尾标识符以及扫描软件，可以从标签的不同部分获得数据，只要所有的行都被扫到就可以组合成一个完整的数据输入，所以这种条码的数据可靠性很好。对 PDF417 码而言，标签上污损或毁掉的部分高达 50% 时，仍可以读取全部数据内容，因此具有很强的修正错误的能力。

PDF417 码是一种高密度、高信息含量的便携式数据文件，其特点为：信息容量大、编码应用范围广、保密防伪性能好、译码可靠性高、条码符号的形状可变。美国的一些州、加拿大部分省份已经在车辆年检、行车证年审及驾驶证年审等方面，将 PDF417 码选为机读标准。巴林、墨西哥、新西兰等国家将其应用于报关单、身份证、货物实时跟踪等方面。

矩阵代码如 Maxicode、Data Matrix、Code One、Vericode 和 DotCode A，矩阵代码标签可以做得很小，甚至可以做成硅晶片的标签，因此适用于小物件。

2009 年 12 月 10 日，铁道部对火车票进行了升级改版。新版火车票明显的变化是车票下方的一维条形码变成了二维条形码，如图 2-11 所示，火车票的防伪能力显著增强。

图 2-11　一维条形码与二维条形码火车票的比较

2.3 嵌入式技术

嵌入式计算机系统相关技术与传感器技术、网络技术以及软件技术一起，并称为物联网核心技术。“就如同 20 世纪 80 年代问世的 PC 机成为了 20 世纪 90 年代互联网的根基一样，嵌入式系统很可能成为今后物联网发展的关键，因为‘物联’的基础就是嵌入式系统的运算。”

2.3.1 嵌入式系统的概念

严格的嵌入式系统概念是：嵌入式系统是以应用为中心，以计算机技术为基础，并且软硬件可裁剪，适用于对功能、可靠性、成本、体积、功耗有严格要求的专用计算机应用系统。

嵌入式系统是面向用户、面向产品、面向应用的，它必须与具体应用相结合才会具有生命力、才更具有优势。因此可以这样理解上述三个面向的含义，即嵌入式系统是与应用紧密结合的，它具有很强的专用性，必须结合实际系统需求进行合理的裁减利用。嵌入式系统是将先进的计算机技术、半导体技术、电子技术与各个行业的具体应用相结合后的产物，这一点就决定了它必然是一个技术密集、资金密集、高度分散、不断创新的知识集成系统。嵌入式系统必须根据应用需求对软硬件进行裁剪，满足应用系统的功能、可靠性、成本、体积等要求。

2.3.2 嵌入式系统的组成

嵌入式系统一般由嵌入式处理器、存储器、输入/输出(I/O)以及软件(嵌入式操作系统及用户的应用程序)等四个部分组成，如图 2-12 所示，用于实现对其他设备的控制、监视或管理等功能。

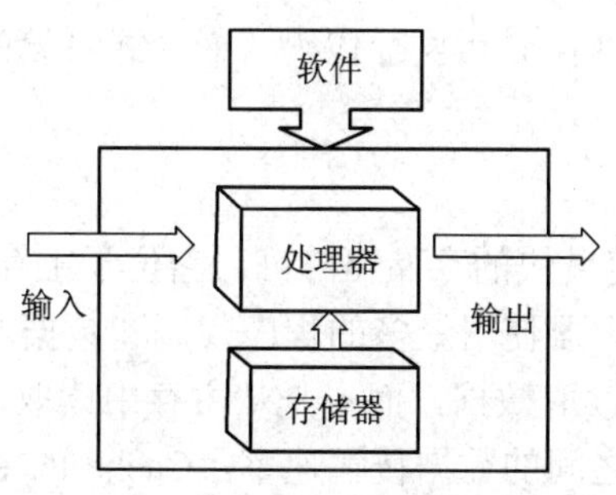

图 2-12 嵌入式系统的组成

1. 嵌入式处理器

嵌入式处理器是嵌入式系统硬件层的核心，也是控制、辅助系统运行的硬件单元，范围极其广阔，从最初的 4 位处理器(目前仍在大规模应用的 8 位单片机)到最新受到广泛青睐的 32 位、64 位嵌入式 CPU。嵌入式微处理器与通用 CPU 最大的不同在于嵌入式微处理器大多工作在为特定用户群所专用设计的系统中，它将通用 CPU 许多由板卡完成的任务集成在芯片内部，从而有利于嵌入式系统在设计时趋于小型化，同时还具有很高的效率和可靠性。嵌入式处理器可分为四类：嵌入式微处理器、嵌入式微控制器、嵌入式 DSP 处理器、嵌入式片上系统。下面将分别进行介绍。

(1) 嵌入式微处理器(Micro Processor Unit，MPU)是由通用计算机中的 CPU 演变而来的。

嵌入式微处理器的体系结构可以采用冯·诺依曼或哈佛体系结构；指令系统可以选用精简指令系统(Reduced Instruction Set Computer，RISC)和复杂指令系统 CISC(Complex Instruction Set Computer，CISC)。RISC 计算机在通道中只包含最有用的指令，确保数据通道快速执行每一条指令，从而提高了执行效率并使 CPU 硬件结构设计变得更为简单。

嵌入式微处理器有各种不同的体系，即使在同一体系中也可能具有不同的时钟频率和数据总线宽度，或者集成了不同的外设和接口。据不完全统计，目前全世界嵌入式微处理器已经超过 1000 多种，体系结构有 30 多个系列，其中主流的体系有 ARM、MIPS、PowerPC、X86 和 SH 等。但与全球 PC 市场不同的是，没有一种嵌入式微处理器可以主导市场，仅以 32 位的产品而言，就有 100 种以上的嵌入式微处理器。嵌入式微处理器的选择是根据具体的应用而决定的。

(2) 嵌入式微控制器(Micro Controller Unit, MCU)，也称为微控制器，其典型代表是单片机。把嵌入式应用所需要的微处理器、I/O 接口、A/D(模/数)转换接口、D/A(数/模)转换接口、串行接口以及 RAM、ROM 都集成到一个 VLSI 中，制造出面向 I/O 设计的微控制器，也称为单片机。

(3) 嵌入式 DSP 处理器(Embedded Digital Signal Processor, EDSP)是专门用于信号处理方面的处理器，其在系统结构和指令算法方面进行了特殊设计，具有很高的编译效率和指令的执行速度。

(4) 嵌入式片上系统(System On Chip，SoC)最大的特点是成功实现了软硬件无缝结合，直接在处理器片内嵌入操作系统的代码模块。

2. 存储器

嵌入式系统需要存储器来存放和执行代码。嵌入式系统的存储器包含 Cache、主存和辅助存储器。

1) Cache

Cache 是一种容量小、速度快的存储器阵列，它位于主存和嵌入式微处理器内核之间，存放的是最近一段时间微处理器使用最多的程序代码和数据。在需要进行数据读取操作时，微处理器尽可能从 Cache 中读取数据，而不是从主存中读取，这样就大大改善了系统的性能，提高了微处理器和主存之间的数据传输速率。Cache 的主要目标就是减小存储器(如主存和辅助存储器)给微处理器内核造成的存储器访问瓶颈，使处理速度更快，实时性更强。

在嵌入式系统中 Cache 全部集成在嵌入式微处理器内，可分为数据 Cache、指令 Cache 或混合 Cache。Cache 的大小依不同处理器而定，一般中高档的嵌入式微处理器才会把 Cache 集成进去。

2) 主存

主存是嵌入式微处理器能直接访问的寄存器，用来存放系统和用户的程序及数据。它可以位于微处理器的内部或外部，其容量为 256 KB～1 GB，根据具体的应用而定，一般片内存储器容量小、速度快，片外存储器容量大。

常作为主存的存储器有：

(1) ROM 类：NOR Flash、EPROM 和 PROM 等。

(2) RAM 类：SRAM、DRAM 和 SDRAM 等。

其中，NOR Flash 凭借其可擦写次数多、存储速度快、存储容量大、价格便宜等优点，在嵌入式领域内得到了广泛应用。

3) 辅助存储器

辅助存储器用来存放大数据量的程序代码或信息，它的容量大，但读取速度与主存相比就慢很多，用于长期保存用户的信息。嵌入式系统中常用的外存包括硬盘、NAND Flash、CF 卡、MMC 和 SD 卡等。

3. I/O 接口和通用设备接口

嵌入式系统硬件部分除了嵌入式处理器核心部分外，还包括丰富的外围接口，如 A/D、D/A、I/O 等。也正是基于这些丰富的外围接口才带来嵌入式系统越来越丰富的应用，外设通过和片外其他设备或传感器的连接来实现微处理器的输入/输出功能。每个外设通常都只有单一的功能，它可以在芯片外也可以内置在芯片中。外设的种类很多，有简单的串行通信设备，也有非常复杂的无线通信设备。

目前嵌入式系统中常用的通用设备接口有A/D、D/A，I/O接口有RS-232接口(串行通信接口)、Ethernet(以太网接口)、USB(通用串行总线接口)、音频接口、VGA视频输出接口、I^2C(现场总线)、SPI(串行外围设备接口)和IrDA(红外线接口)等。

4. 软件

嵌入式系统软件部分一般是由中间层、嵌入式操作系统和应用软件三部分组成。

1) 中间层

硬件层与软件层之间为中间层，也称为硬件抽象层(Hardware Abstract Layer，HAL)或板级支持包(Board Support Package，BSP)，它将系统上层软件与底层硬件分离开来，使系统的底层驱动程序与硬件无关，上层软件开发人员无需关心底层硬件的具体情况，根据BSP层提供的接口即可进行开发。该层一般包含相关底层硬件的初始化、数据的输入/输出操作和硬件设备的配置功能。BSP具有以下两个特点：

(1) 硬件相关性：因为嵌入式实时系统的硬件环境具有应用相关性，而作为上层软件与硬件平台之间的接口，BSP需要为操作系统提供操作和控制具体硬件的方法。

(2) 操作系统相关性：不同的操作系统具有各自的软件层次结构，因此，不同的操作系统具有特定的硬件接口形式。

实际上，BSP是一个介于操作系统和底层硬件之间的软件层次，包括了系统中大部分与硬件联系紧密的软件模块。设计一个完整的BSP需要完成两部分工作：嵌入式系统的硬件初始化以及BSP功能；设计硬件相关的设备驱动。

2) 嵌入式操作系统

嵌入式系统软件可以分成启动代码(Boot Loader)、操作系统内核与驱动(Kernel & Driver)、文件系统与应用程序(File System & Application)等几部分。文件系统则可以让嵌入式软件工程师灵活方便地管理系统。

嵌入式操作系统(Embedded Operation System，EOS)是一种用途广泛的系统，过去它主要应用于工业控制和国防系统领域。EOS负责嵌入系统的全部软、硬件资源的分配、任务调度，控制、协调并发活动。它必须体现其所在系统的特征，能够通过装卸某些模块来达到系统所要求的功能。随着Internet技术的发展、信息家电的普及应用及EOS的微型化和专业化，EOS开始从单一的弱功能向高度专业化的强功能方向发展。嵌入式操作系统在系统实时高效性、硬件的相关依赖性、软件固化以及应用的专用性等方面具有较为突出的特点。EOS是相对于一般操作系统而言的，它除具备了一般操作系统最基本的功能(如任务调度、同步机制、中断处理、文件功能等)外，还有以下一些特点：

(1) 可装卸性。开放性、可伸缩性的体系结构。

(2) 较强的实时性。EOS实时性一般较强，可用于各种设备控制当中。

(3) 统一的接口。提供各种设备驱动接口。

(4) 操作方便、简单，提供友好的GUI(图形界面)，易学易用。

(5) 提供强大的网络功能，支持TCP/IP协议及其他协议，提供TCP/UDP/IP/PPP协议支持及统一的MAC访问层接口，为各种移动计算设备预留接口。

(6) 较强的稳定性与较弱的交互性。嵌入式系统一旦开始运行就不需要用户过多的干预，这就要负责系统管理的EOS具有较强的稳定性。嵌入式操作系统的用户接口一般不提供操作命令，它通过系统调用命令向用户程序提供服务。

(7) 固化代码。在嵌入式系统中，嵌入式操作系统和应用软件被固化在嵌入式系统计算机的 ROM 中。辅助存储器在嵌入式系统中很少使用，因此，嵌入式操作系统的文件管理功能应该能够很容易地拆卸，而用各种内存文件系统。

(8) 更好的硬件适应性，也就是良好的移植性。

常见的嵌入式操作系统有：Linux、μClinux、WinCE、Palm OS、Symbian、eCos、μC/OS-Ⅱ、VxWorks、pSOS、Nucleus、ThreadX、Rtems、QNX、INTEGRITY、OSE、C Executive。

嵌入式操作系统从应用角度可分为通用型嵌入式操作系统和专用型嵌入式操作系统。常见的通用型嵌入式操作系统有 Linux、VxWorks、Windows CE.NET 等。常用的专用型嵌入式操作系统有 Smart Phone、Pocket PC、Symbian 等。按实时性可分为两类：实时嵌入式操作系统主要面向控制、通信等领域。如 WindRiver 公司的 VxWorks、ISI 的 pSOS、QNX 系统软件公司的 QNX、ATI 的 Nucleus 等。非实时嵌入式操作系统主要面向消费类电子产品。这类产品包括 PDA、移动电话、机顶盒、电子书、WebPhone 等。

3) 应用软件

应用软件是真正针对需求的、由嵌入式软件工程师完全自主开发的软件。

2.3.3 嵌入式系统的特征

嵌入式系统有以下几个重要特征：

(1) 系统内核小。由于嵌入式系统一般应用于小型电子装置，系统资源相对有限，因此其内核较之传统的操作系统要小得多。例如，Enea 公司的 OSE 分布式系统，内核只有 5K，与 Windows 的内核没有可比性。

(2) 专用性强。嵌入式系统的个性化很强，其中的系统软件(OS)和硬件的结合非常紧密，一般要针对硬件进行系统的移植，即使在同一品牌、同一系列的产品中也需要根据系统硬件的变化和增减不断进行修改。同时针对不同的任务，往往需要对系统进行较大更改，程序的编译下载要和系统相结合，这种修改和通用软件的“升级”是完全两个概念。

(3) 系统精简。嵌入式系统一般没有系统软件和应用软件的明显区分，不要求其功能设计及实现上过于复杂，这样既有利于控制系统成本，同时也利于实现系统安全。

(4) 高实时性的系统软件是嵌入式软件的基本要求。而且软件要求固态存储，以提高速度；软件代码要求高质量和高可靠性。

(5) 嵌入式软件开发要想走向标准化，就必须使用多任务的操作系统。嵌入式系统的应用程序可以在没有操作系统的情况下直接在芯片上运行；但是为了合理地调度多任务、利用系统资源、系统函数以及和专家库函数接口，用户必须自行选配 RTOS(Real Time Operating System)开发平台，这样才能保证程序执行的实时性、可靠性，并减少开发时间，保障软件质量。

(6) 嵌入式系统开发需要开发工具和环境。由于其本身不具备自主开发能力，即使设计完成以后用户通常也是不能对其中的程序功能进行修改的，必须有一套开发工具和环境才能进行开发，这些工具和环境一般是基于通用计算机上的软、硬件设备以及各种逻辑分析仪、混合信号示波器等。开发时往往有主机和目标机的概念，主机用于程序的开发，目标机作为最后的执行机，开发时需要交替结合进行。

(7) 嵌入式系统与具体应用有机结合在一起，升级换代也是同步进行。因此，嵌入式系统产品一旦进入市场，具有较长的生命周期。

(8) 为了提高运行速度和系统可靠性，嵌入式系统中的软件一般都固化在存储器芯片中。

2.3.4 嵌入式系统的应用领域

嵌入式系统具有非常广阔的应用前景，其应用领域可以包括：

(1) 工业控制。基于嵌入式芯片的工业自动化设备将获得长足的发展，目前已经有大量的8位、16位、32位嵌入式微控制器在应用中，如工业过程控制、数字机床、电力系统、电网安全、电网设备监测、石油化工系统。就传统的工业控制产品而言，低端型采用的往往是8位单片机，随着技术的发展，32位、64位的处理器逐渐成为工业控制设备的核心。

(2) 交通管理。在车辆导航、流量控制、信息监测与汽车服务方面，嵌入式系统已经获得了广泛的应用，内嵌GPS模块、GSM模块的移动定位终端已经在各种运输行业获得了成功的使用。目前GPS设备已经从尖端产品进入了普通百姓的家庭。

(3) 信息家电。信息家电被称为嵌入式系统最大的应用领域，冰箱、空调等的网络化、智能化将引领人们的生活步入一个崭新的空间。即使用户不在家里，也可以通过电话线、网络进行远程控制。在这些设备中，嵌入式系统大有用武之地。

(4) 家庭智能管理系统。水、电、煤气表的远程自动抄表，安全防火、防盗系统，其中嵌有的专用控制芯片将代替传统的人工检查，并实现更高、更准确和更安全的性能。目前在服务领域，如远程点菜器等已经体现了嵌入式系统的优势。

(5) POS网络及电子商务。公共交通无接触智能卡(Contactless Smart Card，CSC)发行系统、公共电话卡发行系统、自动售货机及各种智能ATM终端将全面走入人们的生活，到时手持一张卡就可以行遍天下。

(6) 环境工程与自然环境。嵌入式系统应用于水文资料实时监测、防洪体系及水土质量监测、堤坝安全监测、地震监测网、实时气象信息网、水源和空气污染监测。在很多环境恶劣、地况复杂的地区，嵌入式系统将实现无人监测。

(7) 机器人。嵌入式芯片的发展将使机器人在微型化，高智能方面优势更加明显，同时会大幅度降低机器人的价格，使其在工业领域和服务领域获得更广泛的应用。

(8) 其他领域。自动柜员机(ATM)；航空电子，如惯性导航系统、飞行控制硬件和软件以及其他飞机和导弹中的集成系统；移动电话和电信交换机；计算机网络设备，如路由器、时间服务器和防火墙；办公设备，如打印机、复印机、传真机、多功能打印机(MFP)；磁盘驱动器(软盘驱动器和硬盘驱动器)；汽车发动机控制器和防锁死刹车系统；家庭自动化产品，如恒温器、冷气机、洒水装置和安全监视系统；手持计算器；家用电器，如微波炉、洗衣机、电视机、DVD播放器和录制器；医疗设备，如X光机、核磁共振成像仪；测试设备，如数字存储示波器、逻辑分析仪、频谱分析仪；多功能手表；多媒体电器，如因特网无线接收机、电视机顶盒、数字卫星接收器；个人数码助理(PDA)，也就是带有个人信息管理和其他应用程序的小型手持计算机；带有其他功能移动电话，如蜂窝式移动电话、个人数码助理(PDA)和Java的移动数字助理(MIDP)；用于工业自动化和监测的可编程逻辑控制器(PLC)；固定游戏机和便携式游戏机；可穿戴计算机。

2.3.5 嵌入式系统的发展史

20世纪60年代，嵌入式这个概念就已经存在了。在通信方面，嵌入式系统在20世纪60年代就用于电子机械电话交换的控制，当时被称为“存储式程序控制系统”。

20世纪70年代出现微处理器。20世纪80年代，总线技术飞速发展，把微处理器、I/O接口、A/D、D/A转换、串行接口以及RAM、ROM等部件统统集成到一个VLSI中，从而制造出面向I/O设计的微控制器，也俗称单片机。

20世纪90年代，在分布控制、柔性制造、数字化通信和信息家电等巨大需求的牵引下，嵌入式系统进一步加速发展。

21世纪进入全面的网络时代，使嵌入式计算机系统应用到各类网络中去也必然是嵌入式系统发展的重要方向。

2.4 传感器技术

在物联网时代，首先要解决的就是要获取准确可靠的信息，而传感器是获取自然和生产领域中信息的主要途径与手段，传感器早已渗透到诸如工业生产、宇宙开发、海洋探测、环境保护、资源调查、医学诊断、生物工程、文物保护等极其广泛的领域。可以毫不夸张地说，从茫茫的太空，到浩瀚的海洋，以至各种复杂的工程系统，几乎每一个现代化项目，都离不开各种各样的传感器。

2.4.1 传感器的定义

传感器(Transducer/Sensor)是一种检测装置，能感受到被测量件，并按一定规律变换成为电信号或其他所需形式的可用信号输出，以满足信息的传输、处理、存储、显示、记录和控制等要求。它是实现自动检测和自动控制的首要环节。

“传感器”在《韦氏新国际词典》中被定义为：“从一个系统接受功率，通常以另一种形式将功率送到第二个系统中的器件”。根据这个定义，传感器的作用是将一种能量转换成另一种能量形式，所以不少学者也将传感器称为“换能器(Transducer)”。

传感器是人类五官的延长，又被称为“电五官”。传感器的功能常与人类五大感觉器官相比拟：光敏传感器——视觉；声敏传感器——听觉；气敏传感器——嗅觉；化学传感器——味觉；压敏、温敏、流体传感器——触觉。各类传感器的实物如图2-13所示。

图2-13 各类传感器的实物

2.4.2　传感器的组成

传感器一般由敏感元件、转换元件、转换电路等三部分组成(如图 2-14 所示)，其分述如下：

(1) 敏感元件：它是感受被测量，并输出与被测量成确定关系的某一物理量(如位移、形变等)的元件。

(2) 转换元件：敏感元件的输出就是它的输入，它把输入转换成电路参数(如电容、电感、电阻、电压等)，如把由敏感元件输入的位移量转换成电感的变化。转换元件是传感器的核心元件。

(3) 转换电路：上述转换元件电路参数接入转换电路，就转换成电量输出。

被测量 → 敏感元件 → 转换元件 → 转换电路 → 电量

图 2-14　传感器的组成

实际的传感器有简有繁。最简单的传感器由一个敏感元件组成，它将感受的被测量直接输出，如热电偶。有的传感器仅有敏感元件与转换元件，在结构上它们常组装在一起。带转换电路的传感器，其转换电路可以与敏感元件、转换元件组装在一起，也可根据需要将其装在电路箱中，不管它置于何处，只要它是起转换输出信号的作用，仍为传感器的组成部分，但它之后的放大、处理、显示等电路，则不应包括在传感器范围之内。有些传感器，转换元件不止一个，要经过若干次转换，较为复杂，大多数是开环系统，也有些是带反馈的闭环系统。

2.4.3　传感器的分类

按用途分类，传感器可分为压敏和力敏传感器、位置传感器、液位传感器、能耗传感器、速度传感器、加速度传感器、射线辐射传感器、热敏传感器。

按原理分类，传感器可分为振动传感器、湿敏传感器、磁敏传感器、气敏传感器、真空度传感器、生物传感器等。

按输出信号分类，传感器可分为模拟传感器、数字传感器、膺数字传感器和开关传感器：模拟传感器将被测量的非电学量转换成模拟电信号；数字传感器将被测量的非电学量转换成数字输出信号(包括直接和间接转换)；膺数字传感器将被测量的信号量转换成频率信号或短周期信号的输出(包括直接或间接转换)；开关传感器是指当一个被测量的信号达到某个特定的阈值时，传感器相应地输出一个设定的低电平或高电平信号。

按制造工艺分类，传感器可分为集成传感器、薄膜传感器、厚膜传感器和陶瓷传感器其分述如下：

① 集成传感器用标准的生产硅基半导体集成电路的工艺技术制造，通常还将用于初步处理被测信号的部分电路也集成在同一芯片上。

② 薄膜传感器是通过沉积在介质衬底(基板)上的相应敏感材料的薄膜形成的。使用混合工艺时，同样可将部分电路制造在此基板上。

③ 厚膜传感器是利用相应材料的浆料，涂覆在陶瓷基片上制成的，基片通常是由 Al_2O_3

制成的，然后进行热处理，使厚膜成形。

④ 陶瓷传感器采用标准的陶瓷工艺或其某种变种工艺(溶胶、凝胶等)生产。

完成适当的预备性操作之后，将已成形的元件在高温中进行烧结。厚膜和陶瓷传感器这两种工艺之间有许多共同特性，在某些方面，可以认为厚膜工艺是陶瓷工艺的一种变型。每种工艺技术都有自己的优点和不足。由于研究、开发和生产所需的资本投入较低以及传感器参数的高稳定性等原因，采用陶瓷和厚膜传感器比较合理。

按测量目分类，传感器可分为物理型传感器、化学型传感器和生物型传感器：物理型传感器是利用被测量物质的某些物理性质发生明显变化的特性制成的；化学型传感器是利用能把化学物质的成分、浓度等化学量转化成电学量的敏感元件制成的；生物型传感器是利用各种生物或生物物质的特性做成的，用以检测与识别生物体内化学成分的传感器。

按作用形式分类，传感器可分为主动型传感器和被动型传感器。主动型传感器又分为作用型和反作用型，此种传感器对被测对象能发出一定探测信号，能检测探测信号在被测对象中所产生的变化或者由探测信号在被测对象中产生某种效应而形成信号。检测探测信号变化的方式称为作用型；检测产生响应而形成信号的方式称为反作用型。雷达与无线电频率范围探测器是作用型实例，而光声效应分析装置与激光分析器是反作用型实例。被动型传感器只是接收被测对象本身产生的信号，如红外辐射温度计、红外摄像装置等。

2.4.4 传感器的主要特性

传感器的特性是对输入与输出对应关系的描述。如果把传感器看成是输入信号 x 和输出信号 y 的变换器，则信号 y 是 x 的函数。当输入信号不随时间而变化时其特性称为静态特性，当输入信号随时间而变化的特性称为动态特性。信号随时间变化很缓慢的过程称为拟静态过程，这种信号变换的规律可用静态特性来代替。

1. 传感器静态特性

传感器的静态特性是指对静态的输入信号，传感器的输出量与输入量之间所具有相互关系。因为这时输入量和输出量都和时间无关，所以它们之间的关系，即传感器的静态特性可用一个不含时间变量的代数方程或以输入量作为横坐标，把与其对应的输出量作为纵坐标而画出的特性曲线来描述。表征传感器静态特性的主要参数有线性度、灵敏度、迟滞、重复性、漂移等。

(1) 线性度：是指传感器输出量与输入量之间的实际关系曲线偏离拟合直线的程度，定义为在满量程范围内实际特性曲线和拟合直线之间的最大偏差值与满量程输出值之比。

(2) 灵敏度：是指传感器输出量的增量与引起该增量的相应输入量的增量之比。灵敏度是传感器静态特性的一个重要指标。

(3) 迟滞：传感器在输入量由小到大(正行程)及输入量由大到小(反行程)变化期间其输入与输出特性曲线不重合的现象称为迟滞。对于同一大小的输入信号，传感器的正反行程输出信号大小不相等，这个差值称为迟滞差值。

(4) 重复性：是指传感器在输入量按同一方向进行全量程连续多次变化时所得的特性曲线不一致的程度。

(5) 漂移：是指在传感器输入量不变的情况下输出量随时间变化的现象。产生漂移的原因有两个方面：一是传感器自身结构参数；二是周围环境(如温度、湿度等)。

(6) 分辨力：当传感器的输入量从非零值缓慢增加时，在超过某一增量后输出量发生可观测的变化，这个输入增量称为传感器的分辨力，即最小输入增量。

(7) 阈值：当传感器的输入从零值开始缓慢增加时，在达到某一值后输出发生可观测的变化，这个输入值称为传感器的阈值电压。

2. 传感器动态特性

在实际工作中，传感器的动态特性常用它对某些标准输入信号的响应来表示。这是因为传感器对标准输入信号的响应容易用实验方法求得，并且它对标准输入信号的响应与它对任意输入信号的响应之间存在一定的关系，往往知道了前者就能推定后者。为了便于分析和处理传感器的动态特性，必须建立数学模型，用数学中的逻辑推理和运算方法来研究传感器的动态响应。最广泛使用的数学模型是线性常系数微分方程，最常用的标准输入信号有阶跃信号和正弦信号两种，因此传感器的动态特性也常用阶跃响应和频率响应来表示。

2.4.5 典型传感器的工作原理

1. 热电阻传感器原理

电阻式传感器是指将被测量，如位移、形变、力、加速度、湿度、温度等这些物理量转换成电阻值这样的一种器件。主要有电阻应变式、压阻式、热电阻、热敏、气敏、湿敏等电阻式传感器件。

热电阻传感器主要是利用电阻值随温度变化而变化这一特性来测量温度及与温度有关的参数。在温度测量精度要求比较高的场合，这种传感器比较适用。热电阻大都由纯金属材料制成，目前应用最多的热电阻材料为铂、铜、镍等，它们具有电阻温度系数大、线性好、性能稳定、使用温度范围宽、加工容易等特点。用于测量 −200℃～+500℃范围内的温度。此外，现在已开始采用镍、锰和铑等材料制造热电阻。

下面举例说明铂电阻(又称为铂热电阻)温度传感器的测量原理和特性，恒压型铂电阻测温电路的原理图如图 2-15 所示。

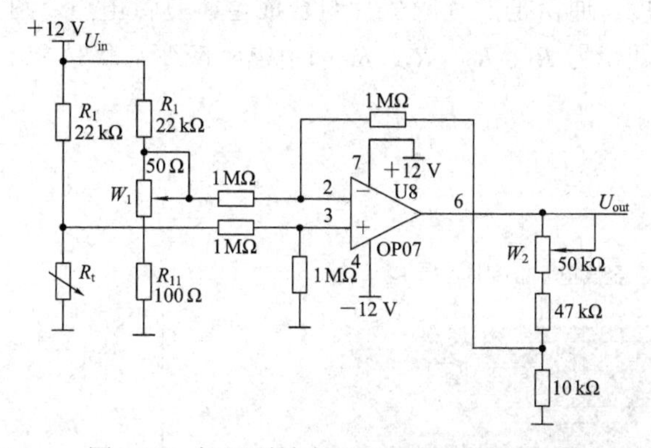

图 2-15 恒压型铂电阻测温电路的原理图

铂热电阻是利用铂丝的电阻值随着温度的变化而变化这一基本原理设计和制作的，按0℃时的电阻值的大小分为 10 Ω(分度号为 Pt10)铂热电阻和 100 Ω(分度号为 Pt100)铂热电阻等，测温范围均为 −200～850℃。10 Ω 铂热电阻的感温元件是用较粗的铂丝绕制而成的，耐温性能明显优于 100 Ω 的铂热电阻，主要用于 650℃以上的温区：100 Ω 铂热电阻主要用于测量 650℃以下的温区。100 Ω 铂热电阻的分辨率比 10 Ω 铂热电阻的分辨率大 10 倍，对二次仪表的要求相应低一个数量级，因此在 650℃以下温区测温应尽量选用 100 Ω 的铂热电阻。铂电阻温度传感器具有线性阻值与温度成正比、测量精确度高、稳定性好、封装尺寸小的特性。

以 HEL-776 型号的铂热电阻为例，在 0℃时的电阻值为 100 Ω。铂热电阻的阻止与温度成正比，在 −200～850℃之间，铂热电阻特性呈线性。其测温电路的原理图如图 2-15 所示。该电路也是常用的测温电路之一。电位器 W_1 用于电桥零点调整，电位器 W_2 用于放大倍数调整。ΔR 为铂电阻 R_t 的变化量。若 U_{in} 为恒定输入电压 +12 V，则该电路的输出电压 U_{out} 为

$$U_{out} = \frac{R_1 \Delta R}{(R_1 + R_0 + \Delta R)(R_1 + R_0)} U_{in}$$

2. 电阻应变式称重传感器原理

称重传感器是一种能够将重力转变为电信号的力-电转换装置，是电子衡器的一个关键部件。能够实现力-电转换的传感器有多种，常见的有电阻应变式、电磁力式和电容式等。电磁力式主要用于电子天平，电容式主要用于部分电子吊秤，而绝大多数电子衡器产品所用的还是电阻应变式称重传感器。电阻应变式称重传感器结构较简单，准确度高，适用面广，且能够在相对比较差的环境下使用。因此电阻应变式称重传感器在电子衡器中得到了广泛运用。

电阻应变片是一种将被测件上的应变量转换成一种电信号的敏感器件。电阻应变片应用最多的是金属电阻应变片和半导体应变片两种。金属电阻应变片又有丝状应变片和金属箔状应变片两种，而金属箔状的应变片应用较多。图 2-16 为电阻应变片的结构示意图，它由基体材料、金属应变丝或应变箔片、绝缘保护片和引出线等部分组成。

当基体受力发生形变时，电阻应变也一起产生形变，使应变片的阻值发生改变，从而使加在电阻上的电压发生变化。这种应变片在受力时产生的阻值变化通常较小，一般这种应变片都组成应变电桥，并通过后续的仪表放大器进行放大。

为了提高测量精度，通常把四片应变片组合成全桥测量电路，图 2-17 为电阻应变片全桥测量电路的模型，四个臂 R_1、R_2、R_3、R_4 都用电阻应变片代替。

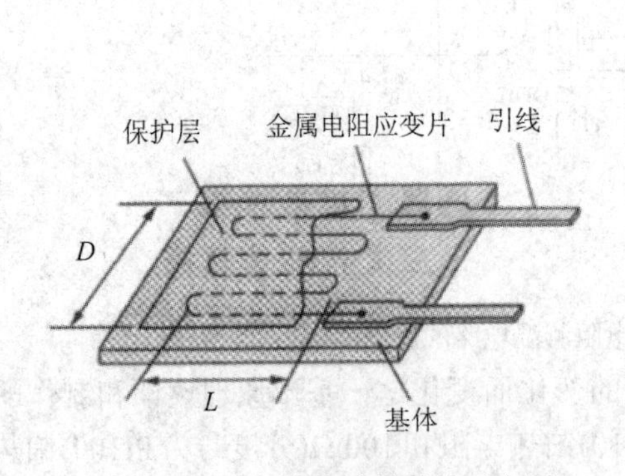

图 2-16　电阻应变片的结构示意图

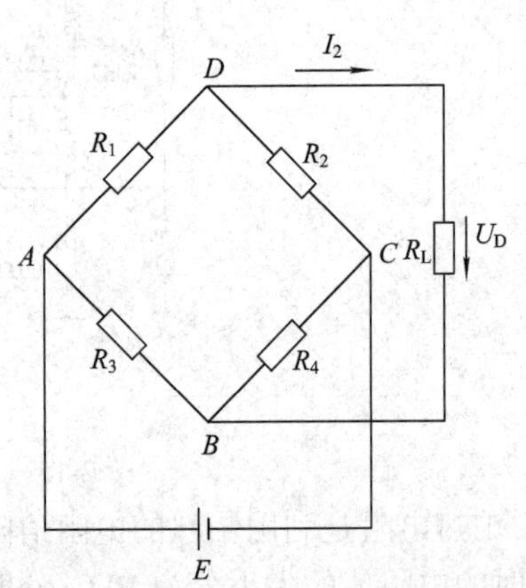

图 2-17　电阻应变片全桥测量电路的模型

在实际的生产应用中，通常将四片电阻应变片通过特殊的材制紧密地黏合在能产生力学应变的基体上。

3. 压阻式传感器原理

压阻式传感器的原理根据的是半导体材料的压阻效应(压阻效应是指半导体材料在受到压力作用时不仅产生一定量的变形，而且其电阻率会发生显著的变化，从而导致其电阻产生改变的物理现象)。硅压力传感器就是利用具有压阻效应的半导体材料制成的敏感元件，将半导体材料的敏感芯片封装在不锈钢波纹膜片的壳体中，在不锈钢波纹膜片与半导体芯片之间填充满硅油。芯片引线穿过不锈钢外壳处采取特殊的密封措施，以保证硅油不向外泄漏和外面的压力介质不渗透到里面去。扩散硅压阻式压力传感器主要由半导体芯片、硅油、外壳和引线等四部分组成。当传感器处在压力介质中时，介质的压力作用于不锈钢波纹膜片上，使里面的硅油受压，进而将外面的压力传递给半导体芯片，引起其电阻值发生改变，通过引线及相应的测量电路就可以将其转换成电压或电流输出，实现非电量的电测化。不锈钢波纹膜片壳体不仅起到感受外部压力的作用，而且对半导体芯片能起到很好的保护作用。因此，这种压力传感器能在具有腐蚀性的介质中使用。

下面以FSS1500NST型硅压力传感器(如图2-18所示)为例来说明硅压力传感器的特性。FSS1500NST 型硅压力传感器属于压阻式压力传感器，它具有极低的价格和较高的精度以及较好的线性特性。

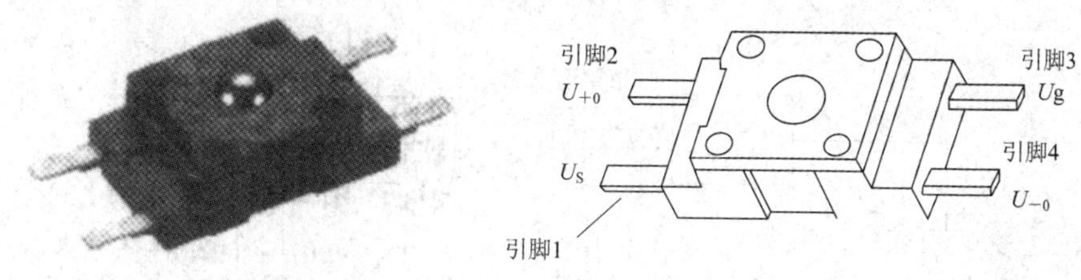

图2-18　FSS1500NST型硅压力传感器

FSS1500NST 型硅压力传感器的特点如下：

(1) 采用表面安装技术。

(2) 最高回流温度为260℃。

(3) 性能稳定，封装合适。

(4) 测量精度高。

(5) 极低的偏差。

(6) 重复性好，使用寿命长，存放温度在25℃时，可重复使用2000万次。

(7) 输出信号线性度好。

(8) 高的ESD(静电放电)电压，数值为8 kV。

(9) 具有信号调节功能。

4. 激光传感器原理

激光传感器是一种利用激光技术进行测量的传感器，它由激光器、激光检测器和测量电路组成，是新型测量仪表。它的优点是能实现无接触远距离测量，速度快，精度高，量程大，抗光、电干扰能力强等。

激光传感器工作时，先由激光发射二极管对准目标发射激光脉冲。经目标反射后激光向各方向散射。部分散射光返回到传感器接收器，被光学系统接收后成像到雪崩光电二极管上。雪崩光电二极管是一种内部具有放大功能的光学传感器，因此它能检测极其微弱的光信号，并将其转化为相应的电信号。

利用激光的高方向性、高单色性和高亮度等特点可实现无接触远距离测量。激光传感器常用于长度、距离、振动、速度、方位等物理量的测量，还可用于大气污染物的监测等。激光传感器一个广泛的应用就是在激光测距仪上。

激光测距仪无论在军事应用方面，还是在科学技术和生产建设方而，都起着重要作用。激光测距技术与一般光学测距技术相比，具有操作方便、系统简单及白天夜晚都可以工作的优点。与雷达相比，激光测距具有良好的抗干扰性和较高的精度，而且激光具有良好的抵抗电磁波干扰的能力，尤其在探测距离较长时，激光测距的优越性更为明显。

激光测距技术是指利用射向目标的激光脉冲或连续波激光束测量目标距离的测量技术。激光测距技术按照测程可以分为绝对距离测量法和微位移测量法。按照测距方法细分，绝对距离测距法主要分为脉冲式激光测距和相位式激光测距；微位移测量法主要分为三角法激光测距和干涉法激光测距。脉冲激光测距是通过对激光传播往返时间差的测量来完成的，测量时由脉冲激光器向目标发射脉冲光束，经目标反射返回测距仪，其原理框图如图 2-19 所示，由激光来回用时 t 来确定目标的距离 D，即

$$D=\frac{1}{2}ct$$

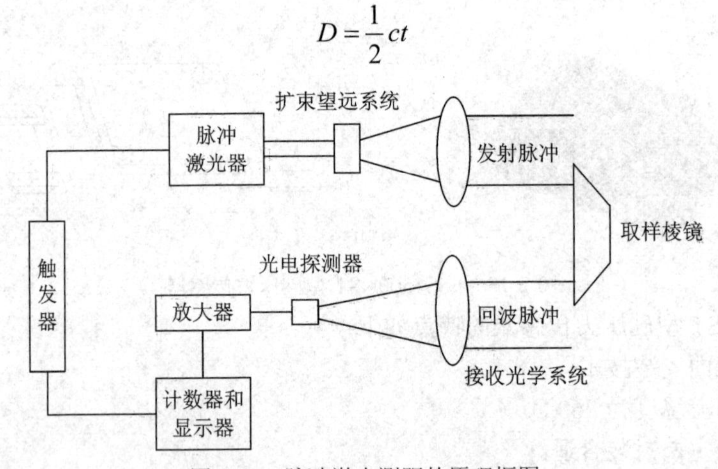

图 2-19　脉冲激光测距的原理框图

脉冲激光测距仪一般由脉冲激光器、接收光学系统、控制电路、计时基准脉冲振荡器、计数器和显示器等部分组成，其工作过程为：按下复位按钮→复位电路给出复位信号使仪器复原→待仪器处于准备测量状态→触发脉冲激光发射机→输出脉冲激光。

5. 霍尔传感器原理

霍尔传感器是根据霍尔效应制作的一种磁场传感器，广泛地应用于工业自动化技术、检测技术及信息处理等方面。霍尔效应是研究半导体材料性能的基本原理。通过霍尔效应实验测定的霍尔系数，能够判断半导体材料的导电类型、载流子浓度及载流子迁移率等重要参数。

6. 智能传感器原理

智能传感器是通过模拟人的感官和大脑的协调动作，结合长期以来测试技术的研究和

实际经验而提出来的一个相对独立的智能单元，它的出现对原来硬件性能苛刻要求有所减轻，而依靠软件帮助可以使传感器的性能大幅度提高。智能传感器的功能如下：

(1) 信息存储和传输功能。随着全智能集散控制系统(Smart Distributed System)的飞速发展，对智能传感器要求具备通信功能，这也是智能传感器关键标志之一。智能传感器通过测试数据传输或接收指令来实现各项功能。如增益的设置、补偿参数的设置、内检参数设置、测试数据输出等。

(2) 自补偿和计算功能。多年从事传感器研制的工程技术人员一直为传感器的温度漂移和非线性输出做了大量的补偿工作，但都没有从根本上解决问题。而智能传感器的自补偿和计算功能为传感器的温度漂移和非线性补偿开辟了新的道路。这样，放宽传感器加工精密度要求，只要能保证传感器的重复性好，利用微处理器对测试的信号通过软件计算，采用多次拟合和差值计算方法对漂移和非线性进行补偿，从而能获得较精确的测量结果。

(3) 自检、自校、自诊断功能。普通传感器需要定期检验和标定，以保证它在正常使用时足够的准确度，这些工作一般要求将传感器从使用现场拆卸送到实验室或检验部门进行。对于在线测量传感器出现异常则不能及时诊断。采用智能传感器情况则大有改观，首先自诊断功能在电源接通时进行自检，诊断测试以确定组件有无故障。其次根据使用时间可以在线进行校正，微处理器利用存在 EPROM 内部的计量特性数据进行对比校对。

(4) 复合敏感功能。观察周围的自然现象，常见的信号有声、光、电、热、力、化学等。敏感元件测量一般通过两种方式：直接和间接的测量。而智能传感器具有复合功能，能够同时测量多种物理量和化学量，给出能够较全面反映物质运动规律的信息。

7. 光敏传感器原理

光敏传感器是最常见的传感器之一，它的种类繁多，主要包括光电管、光电倍增管、光敏电阻、光敏三极管、太阳能电池、红外线传感器、紫外线传感器、光纤式光电传感器、色彩传感器、CCD 和 CMOS 图像传感器等。它的敏感波长在可见光波长附近，包括红外线波长和紫外线波长。光敏传感器不只局限于对光的探测，它还可以作为探测元件组成其他传感器，对许多非电量进行检测，只要将这些非电量转换为光信号的变化即可。光敏传感器是目前产量最多、应用最广的传感器之一，它在自动控制和非电量电测技术引中占有非常重要的地位。最简单的光敏传感器是光敏电阻，当光子冲击接合处就会产生电流。

8. 生物传感器原理

生物传感器的产生是用生物活性材料(如酶、蛋白质、DNA、抗体、抗原、生物膜等)与物理化学换能器有机结合的一门交叉学科，它是发展生物技术必不可少的一种先进的检测方法与监控方法，也是物质分子水平的快速、微量分析方法。各种生物传感器有以下共同的结构：包括一种或数种相关生物活性材料(生物膜)及能把生物活性表达的信号转换为电信号的物理或化学换能器(传感器)，二者组合在一起，用现代微电子和自动化仪表技术进行生物信号的再加工，构成各种可以使用的生物传感器分析装置、仪器和系统。生物传感器的分类如下：

(1) 按照其感受器中所采用的生命物质分类，生物传感器可分为微生物传感器、免疫传感器、组织传感器、细胞传感器、酶传感器和 DNA 传感器等。

(2) 按照传感器器件检测的原理分类，生物传感器可分为热敏生物传感器、场效应管生物传感器、压电生物传感器、光学生物传感器、声波道生物传感器、酶电极生物传感器和介体生物传感器等。

(3) 按照生物敏感物质相互作用的类型分类，生物传感器可分为亲和型和代谢型两种。

9. 视觉传感器原理

视觉传感器具有从一整幅图像捕获光线的数以千计的像素。图像的清晰和细腻程度通常用分辨率来衡量，以像素数量表示。

在捕获图像之后，视觉传感器将其与内存中存储的基准图像进行比较，以做分析。例如，若视觉传感器被设定为辨别正确地插有 8 颗螺栓的机器部件，则传感器知道应该拒收只有 7 颗螺栓的部件或者螺栓未对准的部件。此外，无论该机器部件位于视场中的哪个位置，也无论该部件是否在 360° 范围内旋转，视觉传感器都能做出判断。

视觉传感器的低成本和易用性已吸引机器设计师和工艺工程师将其集成入各类曾经依赖人工、多个光电传感器或根本不检验的应用。视觉传感器的工业应用包括检验、计量、测量、定向、瑕疵检测和分拣。例如，在汽车组装厂，检验由机器人涂抹到车门边框的胶珠是否连续、是否有正确的宽度；在瓶装厂，校验瓶盖是否正确密封、灌装液位是否正确，以及在封盖之前没有异物掉入瓶中；在包装生产线上，确保在正确的位置粘贴正确的包装标签；在药品包装生产线上，检验阿司匹林药片的泡罩式包装中是否有破损或缺失的药片；在金属冲压公司，以每分钟超过 150 片的速度检验冲压部件，比人工检验快 13 倍以上。

10. 位移传感器原理

位移传感器又称为线性传感器，它将位移转换为电量。位移传感器是一种属于金属感应的线性器件，传感器的作用是把各种被测物理量(如压力、流量、加速度等)先变换为位移，然后再将位移变换成电量。它可分为电感式位移传感器、电容式位移传感器、光电式位移传感器、超声波式位移传感器和霍尔式位移传感器。

11. 压力传感器原理

压力传感器是工业实践中最为常用的一种传感器，其广泛应用于各种工业自控环境，涉及水利水电、铁路交通、智能建筑、生产自控、航空航天、军工、石化、油井、电力、船舶、机床、管道等众多行业。

12. 超声波测距离传感器原理

超声波测距离传感器采用超声波回波测距原理，运用精确的时差测量技术，检测传感器与目标物之间的距离，采用小角度，小盲区超声波传感器，具有测量准确、无接触、防水、防腐蚀、低成本等优点，可应于液位、物位检测，特有的液位、料位检测方式，可保证在液面有泡沫或大的晃动，不易检测到回波的情况下有稳定的输出，应用行业包括液位、物位、料位检测，工业过程控制等。

13. 酸、碱、盐浓度传感器原理

酸、碱、盐浓度传感器通过测量溶液电导值来确定浓度。它可以在线连续检测工业过程中酸、碱、盐在水溶液中的浓度含量。这种传感器主要应用于锅炉给水处理、化工溶液的配制以及环保等工业生产过程。

酸、碱、盐浓度传感器的工作原理是：在一定的范围内，酸碱溶液的浓度与其电导率的大小成比例。因而，只要测出溶液电导率的大小变可得知酸碱溶液浓度的高低。当被测溶液流入专用电导池时，如果忽略电极极化和分布电容，则可以等效为一个纯电阻。在有恒压交变电流流过时，其输出电流与电导率是线性关系，而电导率又与溶液中酸、碱浓度成比例关系。因此只要测出溶液电流，便可算出酸、碱、盐溶液的浓度。

酸、碱、盐浓度传感器主要由电导池、电子模块、显示表头和壳体组成。电子模块电路则由激励电源、电导放大器、相敏整流器、解调器、温度补偿、过载保护和电流转换等单元组成。

2.4.6 传感器技术及产业特点

传感器技术历经了多年的发展，其技术的发展大体可分三代：第一代是结构型传感器，它利用结构参量变化来感受和转化信号；第二代是20世纪70年代发展起来的固体型传感器，这种传感器由半导体、电介质、磁性材料等固体元件构成，是利用材料某些特性制成，例如，利用热电效应、霍尔效应、光敏效应，分别制成热电偶传感器、霍尔传感器、光敏传感器；第三代传感器是现今刚刚发展起来的智能型传感器，它是微型计算机技术与检测技术相结合的产物，使传感器具有一定的人工智能。

中国的传感器产业正处于由传统型向新型传感器发展的关键阶段，它体现了新型传感器向微型化、多功能化、数字化、智能化、系统化和网络化发展的总趋势。传感器技术及其产业的特点可以归纳为：基础、应用两头依附；技术、投资两个密集；产品、产业两大分散。

1. 基础、应用两头依附

基础依附是指传感器技术的发展依附于敏感机理、敏感材料、工艺设备和计测技术这四块基石。敏感机理千差万别，敏感材料多种多样，工艺设备各不相同，计测技术大相径庭，没有上述四块基石的支撑，传感器技术难以为继。

应用依附是指传感器技术基本上属于应用技术，其市场开发多依赖于检测装置和自动控制系统的应用，才能真正体现出它的高附加效益并形成现实市场。即发展传感器技术要以市场为导向，实行需求牵引。

2. 技术投资两个密集

技术密集是指传感器在研制和制造过程中技术的多样性、边缘性、综合性和技艺性。它是多种高技术的集合产物。由于技术密集也自然要求人才密集。

投资密集是指研究开发和生产某一种传感器产品要求一定的投资力度，尤其是在工程化研究以及建立规模经济生产线时，更要求较大的投资。

3. 产品、产业两大分散

产品结构和产业结构的两大分散是指传感器产品门类品种繁多(共10大类、42小类近6000个品种)，其应用渗透到各个产业部门，它的发展既有各产业发展的推动力，又强烈地依赖于各产业的支撑作用。只有按照市场需求，不断调整产业结构和产品结构，才能实现传感器产业的全面、协调、可持续发展。

传感器不仅促进了传统产业的改造和更新换代，还可建立新型工业，已成为21世纪新的经济增长点。

2.5 无线传感器网络

2.5.1 无线传感器网络的发展

无线传感器网络(WSN)的基本思想起源于20世纪70年代，开始主要是军事国防项目，随着半导体技术、微系统技术、通信技术、计算机技术的飞速发展，20世纪90年代末在美国发展了现代意义的无线传感器网络技术。其后，该技术相继被一些重要机构预测为将改变世界的重要新技术，相关研究工作在世界各主要发达国家轰轰烈烈地开展起来。无线传感器网络已从最初的概念雏形初步发展到如今较为成熟的软硬件体系。无线传感器网络技术的发展大致可分为四个阶段，如表2-1所示。

表2-1 无线传感器网络技术的发展阶段

无线传感器网络发展阶段	时间	主要特点
第一代	20世纪70年代	点对点传输，其有简单信息获取能力强
第二代	20世纪80年代	获取多种信息的综合能力
第三代	20世纪90年代后期	智能传感器采用现场总线连接传感器构成局域网络
第四代	21世纪至今	以无线传感器网络为标准，处于理论研究和应用开发阶段

早在冷战时期，美国就开始将WSN技术应用于军事领域。例如，布设在一些战略要地的海底、用于检测前苏联核潜艇行踪的海底声响监测系统(Sound Surveillance System,SOSUS)和用于防空的空中预警与控制系统(Airborne Warning and Control System，AWACS)，这种原始的传感器网络通常只能捕获单一信号，在传感器节点之间进行简单的点对点通信。为使传感器网络能在军事和民用领域被广泛应用，1980年美国国防高级研究计划署(Defense Advanced Research Project Agency，DARPA)提出了分布式传感器网络(Distributed Sensor Networks, DSN)项目，该项目开始了现代传感器网络研究的先河。1998年DARPA又投入巨资启动了Sens IT项目，目标是实现“超视距”的战场监测。这两个项目的根本目的是研究传感器网络的基础理论和实现方法，并在此基础上研制具有实用目的的传感器网络。

美国军方启动的一些具有代表性的项目，主要包括：1999—2001年间由DARPA资助，加州大学伯克利分校承担的Smart Dust(智能尘埃)项目；1999—2004年间美国海军研究办公室的Sea Web计划等。当前，在美国国防部高级规划署、美国自然科学基金委员会和其他军事部门的资助下，美国科学家正在对无线传感器网络所涉及的各个方面进行深入的研究。

在民用领域，从1993年开始美国许多知名高校、研究机构相继展开了对WSN的基础理论和关键技术的研究，其中具有代表性有加州大学伯克利分校和Intel公司联合成立的智能尘埃(Smart Dust)实验室：加州大学伯克利分校研制的传感器节点Mica、MicaZ、Mica2Dot已被广泛地用于无线传感器网络的研究和开发；加州大学洛杉矶分校(UCLA)的WINS实验室对如何为嵌入式系统提供分布式网络和互联访问能力进行了大量研究，提供了在同一个系统中综合微型传感器技术、低功耗信号处理、低功耗计算、低功耗低成本无线网络等技术的解决方案；莱斯大学研制的 Gnomes 传感器网络由低成本的定制节点组成，每个节点包含一个德州仪器(TI)的微控制器、一个传感器和一个蓝牙通信模块；2004 年在美国国家自然科学基金和国家健康协会的资助下，哈佛大学启动了 Code Bule 平台研究计划，目的是把 WSN 技术应用于医疗事业领域：包括医疗救急、灾害事故的快速反应、病人康复护理等方面。

日本总务省在 2004 年 3 月成立了“泛在传感器网络”调查研究会，主要的目的是对其研究开发课题、社会的认知性、推进政策等进行探讨。NEC、OKI 等公司已经推出了相关产品，并进行了一些应用试验。欧洲国家的一些大学和研究机构也纷纷开展了该领域的研究工作。学术界的研究主要集中在传感器网络技术和通信协议的研究上，也开展了一些感知数据查询处理技术的研究，取得了一些初步结果。

我国对无线传感器网络的发展非常重视。从 2002 年开始，国家自然科学基金、中国下一代互联网(CNGD)示范工程、国家“863”计划等已经陆续资助了多项与无线传感器网络相关的课题。另外，国内许多科研院所和重点高校近年来也都积极展开了该领域的研究工作。2004 年中国国家自然科学基金委员会将无线传感器网络列为重点研究项目。2005 年我国开始传感网的标准化研究工作。2006 年的《国家中长期科学与技术发展规划纲要(2006—2020)》列入了“传感器网络及智能信息处理”部分。对 WSN 的研究工作在我国虽然起步较晚，但在国家的高度重视和扶持下，已经取得了令人瞩目的成就。

2.5.2　无线传感器网络的结构

1. 无线传感器网络的组成

无线传感器网络集中了传感器技术、嵌入式计算技术和无线通信技术，能协作地感知、收集和测控各种环境下的感知对象，通过对感知信息的协作式数据处理，获得感知对象的准确信息，然后通过 Ad-Hoc(点对点)方式传送给需要这些信息的用户。协作地感知、采集、处理、发布感知信息是无线传感器网络的基本功能。

由对无线传感器网络的描述可知，无线传感器网络包含有传感器、感知对象和观察者三个基本要素。一般情况下，无线传感器网络由传感器节点、汇聚节点、互联网和远程用户管理节点组成。典型的无线传感器网络结构如图 2-20 所示。

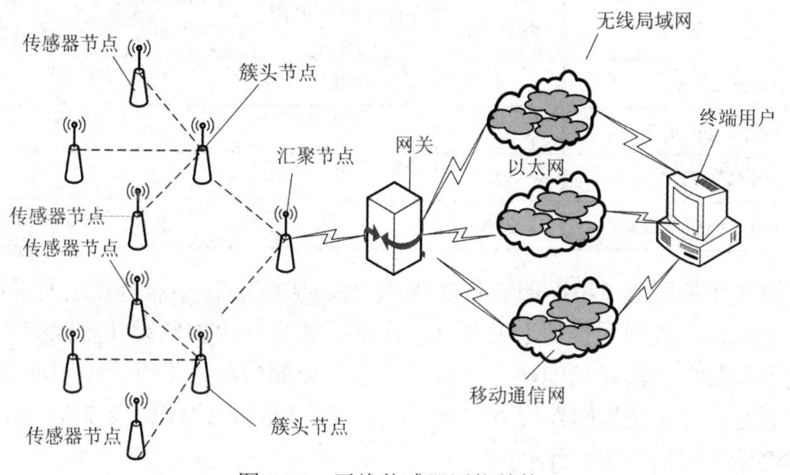

图 2-20　无线传感器网络结构

无线传感器网络是由大量体积小、成本低、具有无线通信和数据处理能力的传感器节点组成的。无线传感器节点一般由传感器、微处理器、无线收发器和电源组成，有的还包括定位装置和移动装置。

无线传感器网络由许多密集分布的无线传感器节点组成，每个节点的功能都是相同的，它们通过无线通信的方式自适应地组成一个无线网络。各个无线传感器节点将自己所探测到的有用信息，通过多跳中转的方式向指挥中心(主机)报告。传感器节点配备有满足不同应用需求的传感器，如温度传感器、湿度传感器、光照度传感器、红外线感应器、位移传感器、压力传感器等。

2. 节点单元硬件总体结构

无线传感器网络节点主要完成信息采集、数据处理以及数据回传等功能，其硬件平台主要包括微控制器、通信模块、传感器和供电单元等几部分。其节点硬件系统框图如图 2-21 所示。

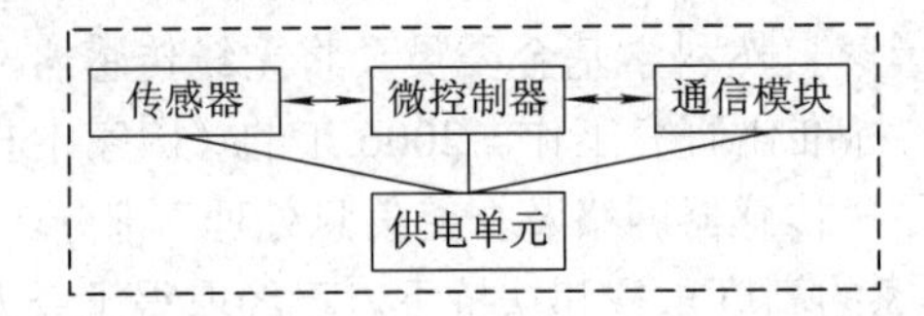

图 2-21　无线传感器网格节点硬件系统框图

微控制器单元是无线传感器网络节点的核心部分，主要完成三部分的工作：第一是接收来自传感器的监测数据，对数据进行处理和计算，并通过通信模块发送出去；第二是读取通信模块接收到的数据及控制信息，进行数据处理，并对硬件平台或控制目标进行控制；第三是对通信协议进行处理，完成在无线传感器网络通信过程中的 MAC(媒体访问控制)、路由协议处理等。无线传感器网络节点微控制器的选择，需要针对传感器节点应用需求综合考虑其在处理能力、存储空间、能耗、外围接口等多方面因素。不同的硬件平台所使用的微处理器也不相同。典型的微处理器比较如表 2-2 所示。

表 2-2　典型的微处理器比较

厂商	芯片型号	RAM 容量/KB	Flash 容量/KB	正常工作电流 /mA	睡眠模式下的电流/mA
Atmel	Atmega128	4	128	5.5	1
TI	MSP430F14*16 位	2	60	1.5	1
	MSP430F16*16 位	10	48	2	1
Intel	XScale PXA27X	256	1024	39	574

通信模块是传感器节点组网的必备功能，它使得独立的传感器节点之间可以相互连接，并能借助多跳功能将数据回传到汇聚节点。在进行通信模块硬件设计时应综合考虑通信模块的处理能力和数据传输时的能耗，在满足通信功能的情况下尽可能地降低通信能耗，延长节点工作时间。在无线传感器网络中典型的无线通信技术比较如表 2-3 所示，常用的通信芯片及其性能比较如表 2-4 所示。

表 2-3 无线传感器网络中典型的无线通信技术比较

无线技术	频率/GHz	距离/m	功耗	传输速率/(kb/s)
Bluetooth	2.4	10	低	10000
IEEE 802.11b	2.4	100	高	11000
ZigBee	2.4	10～75	低	250
IrDA	红外	1	低	16000
UWB	3.1～10.6	10	低	100000

表 2-4 无线传感器网络中常用通信芯片比较

厂商	设备	发布年份	唤醒时间/ms	接收灵敏度/dBm	发射功耗/mW	接收功耗/mW	发送功耗/mW	睡眠功耗/μW
Atmel	RF230	2006	1.1	−101	+3	15.5	16.5	0.02
Ember	EM260	2006	1	−99	+2.5	28	28	1.0
Freescale	MC13192	2004	7～20	−92	+4	37	30	1.0
	MC13202	2007	7～20	−92	+4	37	30	1.0
	MC13212	2005	7～20	−92	+3	37	30	1.0
Jennic	JN5121	2005	2.5	−93	+1	38	28	5.0
	JN5139	2007	2.5	−95.5	+0.5	37	37	2.8
TI	CC2420	2003	0.58	−95	0	18.8	17.4	1
	CC2430	2005	0.65	−92	0	17.2	17.4	0.5
	CC2520	2008	0.50	−98	+5	18.5	25.8	0.03

传感器模块是无线传感器网络中负责采集监测环境或对象的相关信息的单元，与具体的应用需要紧密关联，不同的应用所涉及的监测信息也不相同。常用的传感器模块有温度传感器、湿度传感器、振动传感器、磁场传感器、光照度传感器、气压传感器等。

供电单元是无线传感器网络的能量来源，供电技术的好坏决定了网络工作时间的长短和系统运行成本。在供电单元的选择上，主要有高能量电池、燃料电池和能量转换电池等几种。但是当传感节点被放置在室内固定位置时，可以采用交流供电，此时节点功耗问题并不会影响系统成本和节点使用寿命。

针对不同的应用需求，有不同的无线传感器网络硬件平台。典型的无线传感器网络硬件平台如表 2-5 所示。

表 2-5 典型的无线传感器网络硬件平台

节点名称	处理器(公司)	无线芯片(技术)	电池类型	发布年份
Rence	ATmega163(Atmel)	TF1000(RF)	AA	1999
Mica	ATmega128L(Atmel)	TF1000(RF)	AA	2001
Mica2/Mica2Dot	ATmega128L(Atmel)	CC2420(ZigBee)	AA/Lithium	2002
MicaZ	ATmega128L(Atmel)	CC2420(ZigBee)	AA	2003
Telos	MSP430F149(TI)	CC2420(ZigBee)	AA	2004
TelosB	MSP430F1611(TI)	CC2420(ZigBee)	AA	2004
Zabranet	MSP430F149(TI)	9Xstream(RF)	Batteries	2004

3. 节点软件程序设计

在完成了节点的硬件电路设计之后，就要对各个硬件模块编写驱动程序，使各个硬件模块在软件控制下按设计要求工作起来，以此检验硬件设计是否可行。

1) TinyOS 操作系统

无线传感器网络节点是资源受限的嵌入式系统，尤其是其电能、内存和接口资源等。这决定了现有的一些嵌入式操作系统不能很好地适用于无线传感器网络节点，故无线传感器网络需要拥有适合于无线传感器网络应用的操作系统。

TinyOS 是由美国加州大学伯克利分校专门针对无线传感器网络开发的专业嵌入式操作系统，它以其组件化编程、事件驱动的执行模型、微型的内核以及良好的可移植性等特点受到广大无线传感器网络应用开发研究人员的欢迎，是目前 WSN 领域主流的操作系统。

基于 TinyOS 的设计开发主要有以下特点：基于组件的编程模型；基于事件触发的并发执行模型；基于主动消息的通信模型。

TinyOS 采用 nesC 语言实现，nesC 语言在 C 语言基础上进行了扩展，将组件化思想与事件驱动的并发执行模型结合起来，提高了应用开发的方便性和执行的有效性。

在无线传感器网络中，单个传感器节点的硬件资源有限，如果采用传统的进程调度方式，硬件就无法提供足够的支持；同时由于传感器节点的并发操作可能比较频繁，而且并发执行流程又很短，会使得传统的进程/线程调度无法适应。采用比一般线程更为简单的轻量级线程和两层调度(Two Level Schedule)的方式，可有效利用传感器节点的有限资源。在这种模式下，一般的轻量级线程(Task，即 TinyOS 中的任务)按照 FIFO 方式进行调度，轻量级线程之间不允许抢占；而硬件处理线程(Event，即 TinyOS 中的事件)，即中断处理线程，可以打断用户的轻量级线程和低优先级的中断处理线程，对硬件中断进行快速响应。当然，对于共享资源需要通过原子操作或同步原语进行访问保护。

在通信协议方面，由于传感器节点的 CPU 和能量等资源有限，且构成无线传感器网络的节点个数可能成百上千，导致通信的并行度很高，所以采用传统的通信协议无法适应这样的环境。通过深入研究，TinyOS 的通信层采用主动消息通信协议。主动消息通信是一种基于事件驱动的高性能并行通信方式，以前主要用于计算机并行计算领域。在基于事件驱动的操作系统中，单个执行上下文可以被不同的执行逻辑所共享。TinyOS 是一个基于事件驱动的深度嵌入式操作系统，所以 TinyOS 中的系统模块可以快速响应基于主动消息协议的通信层传来的通信事件，有效地提高 CPU 的工作效率。

主动消息通信和二级调度策略的结合还有助于提高能量使用效率。节能操作的一个关键问题就是确定何时无线传感器网络节点进入省电模式，从而让整个系统进入某种省电模式(如休眠等状态)。TinyOS 的事件驱动机制迫使应用程序在完成通信工作后，隐式声明工作完成。而且在 TinyOS 的调度下，所有与通信事件相关联的任务在事件产生时可以迅速进行处理。在处理完毕且没有其他事件的情况下，CPU 将进入睡眠状态，等待下一个事件被激活。

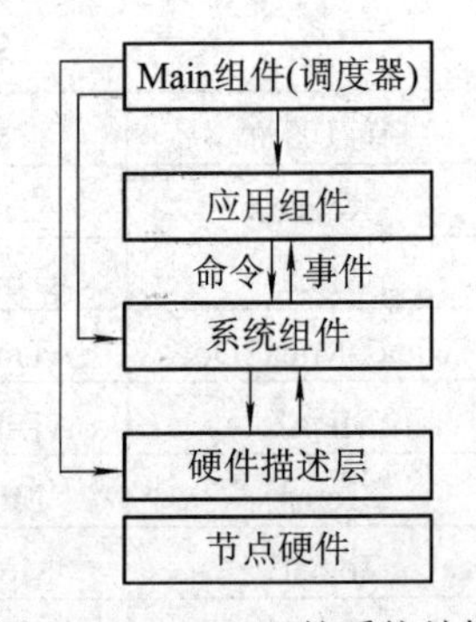

图 2-22 TinyOS 的系统结构

TinyOS 的系统结构如图 2-22 所示，其包括的组件分述如下：

(1) Main 组件：包括与 Main()相关联的所有代码，用来初始化硬件、启动任务调度器以及执行应用组件的初始化函数。

(2) 应用组件：该层组件是应用所定义的，用于实现具体应用的功能。

(3) 系统组件：该层组件用来为应用层组件提供服务。

(4) 硬件描述层(HPL)：该层组件是底层硬件的包装，屏蔽了底层硬件的特性，方便程序移植。

(5) 节点硬件：TinyOS 支持的硬件平台依赖于节点类型。Mica、MicaZ 是基于 Atmega128 的硬件平台，而 Telos、TelosB 是基于 MSP430 的硬件平台，可以在 TinyOS 的 TOS/Platform 文件夹下创建不同的平台。

TinyOS 的特定应用一般由以下几部分实现，即 Main 组件、一个可选择的系统组件集合以及为应用定义的组件。TmyOS 应用的体系结构使得用户不必关心硬件描述层具体实现细节和节点硬件提供的功能，只需用户会使用系统组件层提供的服务来满足应用的需求。硬件描述层的独立抽象，增强了 TmyOS 程序的可移植性，使应用程序可以移植到不同的平台上。

2) 软件调试开发环境构建

TinyOS 开发环境既可以工作在 Linux 环境下，也可以工作在 Windows 环境下。其开发环境主要由 TinyOS 应用程序编译器、IAR 在线下载调试工具和 JTAG 仿真器组成。TinyOS 开发环境的结构如图 2-23 所示。在该开发环境下，可以将 nesC 语言编写的应用程序编译成可执行文件，并通过 IAR 和 JTAG 仿真器下载到节点中进行调试。

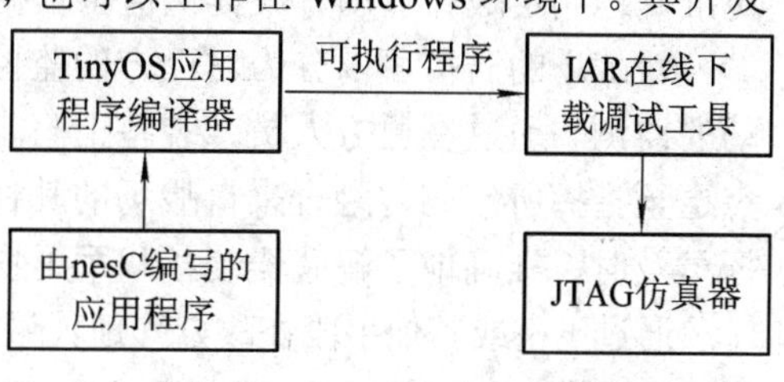

图 2-23 TinyOS 开发环境的结构

2.5.3 无线传感器网络的特点

无线传感器网络是一种集信息采集、数据传输、信息处理于一体的综合智能信息系统。具有广泛的应用前景，与传统网络相比，无线传感器网络具有以下一些显著的特点：

(1) 节点数量大、密度高，采用空间位置寻址。

(2) 节点的能量、计算能力和存储容量有限。

(3) 拓扑结构易变化，具有自组织能力。

(4) 具有自动管理和高度协作性。

(5) 节点具有数据融合能力。

(6) 是以数据为中心的网络。

(7) 存在诸多安全威胁。

2.5.4 无线传感器网络的应用

无线传感器网络的应用与具体的应用环境密切相关，因此针对不同的应用领域，存在性能不同的无线传感器网络系统。

1. 军事领域应用

在军事应用领域，利用无线传感器网络能够实现监测敌军区域内的兵力和装备、实时监视战场状况、定位目标物、监测核攻击或者生物化学攻击等。在信息化战争中，战场信息的及时获取和反应对于整个战局的影响至关重要。由于 WSN 具有生存能力强、探测精度高、成本低等特点，所以非常适合应用于恶劣的战场环境中，执行战场侦察与监控、目标定位、战争效能评估、核生化监测以及国土安全保护、边境监视等任务。

1) 战场侦察与监控

战场侦察与监控的基本思想是指在战场上布设大量的 WSN，以收集和中继信息，并对大量的原始数据进行过滤，然后把重要信息传送到数据融合中心，将大量信息集成为一幅战场全景图，以满足作战力量“知己知彼”的要求，大大提升指挥员对战场态势的感知水平。

典型的 WSN 应用方式是指用飞行器将大量微纳传感器节点散布于战场地域，并自组成网，将战场信息边收集、边传输、边融合。系统软件通过解读传感器节点传输的数据内容，将它们与诸如公路、建筑、天气、单元位置等相关信息以及其他 WSN 的信息相互融合，向战场指挥员提供一个动态的、实时或近实时更新的战场信息数据库，为各作战平台更准确地制定战斗行动方案提供情报依据和服务，使情报侦察与获取能力产生质的飞跃。

对战场的监控可以分为对己方的监控和对敌方的监测，包括军事行动侦察与非军事行动的监测。通过在己方人员、装备上附带各种传感器，并将传感器采集的信息通过汇聚节点送至指挥所，同时融合来自战场的其他信息，可以形成己方完备的战场态势图，帮助指挥员及时、准确地了解武器装备和军用物资的部署和供给情况。

通过飞机或其他手段在敌方阵地大量部署各种传感器，对潜在的地面目标进行探测与识别，可以使己方以远程、精确、低代价、隐蔽的方式近距离地观察敌方布防，迅速、全方位地收集利于作战的信息，并根据战况快速调整和部署新的 WSN，及时发现敌方企图和对我方的威胁程度。通过在关键区域和可能路线的布控 WSN，可以实现对敌方全天候的严密监控。

2) 目标定位

在 WSN 中，感知目标信息的节点将感知信息广播(无线传送)到管理节点，再由管理节点融合感知信息，对目标位置进行判断，这一过程称为目标定位。目标定位是 WSN 的重要应用之一，为火力控制和制导系统提供精确的目标定位信息，从而实现对预定目标的精确打击。

由于 WSN 具有扩展性强、实时性和隐蔽性好等特点，因此它非常适合对运动目标进行跟踪定位，为指挥中心提供被跟踪对象的实时位置信息。WSN 的目标定位应用方式可以分为侦测、定位、报告三个阶段。在侦测阶段，每个传感器节点随机“启动”以探测可能的目标，并在目标出现后计算自身到目标的距离，同时向网络广播包括节点位置及与目标距离等内容的信息。在定位阶段，各节点根据接收到的目标方位与自身位置信息，通过三边测量或三角测量等方法，获得目标的位置信息，然后进入报告阶段。在报告阶段，WSN 会向距离目标较近的传感器节点广播消息，使之启动并加入跟踪过程，同时 WSN 将目标信息通过汇聚节点传输到管理节点或指挥所，以实现对目标的精确定位。

2003 年美国国防高级研究计划局主导的嵌入式网络和系统技术(Network Embed and

System Technology)项目成功验证了 WSN 技术的准确定位能力。该项目采用多个廉价音频传感器节点协同定位敌方狙击手，并标识在所有参战人员的个人计算机中，三维空间的定位精度可达 1.5 m，定位延迟可达 2 s，甚至能显示出敌方狙击手采用跪姿和站姿射击的差异，使指挥员和战斗员的作战态势感知能力产生了质的飞跃。

3) 毁伤效果评估

战场目标毁伤效果评估是对火力打击后目标毁伤情况的科学评价，是后续作战行动决策的重要依据。当前应用较多的目标毁伤效果评估系统主要依托无人机、侦察卫星等手段，但这些手段均受到飞行距离近、过顶时间短、敌方打击威胁或天气等因素的制约，无法全天候对打击的目标进行抵近侦查，并对毁伤效果做出正确评估。

在 WSN 中，价格低、生存能力强的传感器节点可以通过飞机或火力打击时的导弹、精确制导炸弹附带散布于攻击目标周围。在火力打击之后，传感器节点通过对目标的可见光、无线电通信、人员部署等信息进行收集、传递，并经过管理节点进行相关指标分析，可以使作战指挥员及时准确地进行战场目标毁伤效果评估：一方面可以使指挥员能够掌握火力打击任务的完成情况，适时调整火力打击计划和火力打击重点，为实施正确的决策提供科学依据；另一方面可以最大限度地优化打击火力配置，集中优势火力对关键目标进行打击，从而大大提高作战资源利用率。

4) 核生化监测

将微小的传感器节点部署到战场环境中形成自主工作的 WSN 系统，并让其负责采集有关核生化数据的信息，形成低成本、高可靠的核生化攻击预警系统。这一系统可以在不耗费人员战斗力的条件下，及时而准确地发现己方阵地上的核生化污染，为参战人员提供宝贵的快速反应时间，从而尽可能地减少人员伤亡和装备损失。

在核生化战争中，对爆炸中心附近及时、准确地采集数据非常重要。能否在最短的时间内监测到爆炸中心的相关参数，判断爆炸类型，并对产生的破坏情况进行估算，是快速采取应对措施的关键，这些工作常常需要专业人员携带装备进入污染区进行探测。而通过无人机、火箭弹等方式向爆炸中心附近布撒 WSN 传感器节点，依靠自主工作的 WSN 系统进行数据采集，则在遭受核生化袭击后无需派遣人员即可快速获取爆炸现场精确的探测数据，从而避免在进行核反应探测数据时直接暴露在核辐射环境中而受到核辐射的威胁。

2. 环境监测应用

无线传感器网络应用于环境监测，能够完成传统系统无法完成的任务。环境监测应用领域包括植物生长环境、动物的活动环境、生化监测、精准农业监测、森林火灾监测、洪水监测等。

美国加州大学伯克利分校利用传感器网络监控大鸭岛(Great Duck Island)的生态环境，在岛上部署 30 个传感器节点，传感器节点采用该大学的 Mica Mote 节点，包括监测环境所需的温度、光强、湿度、大气压力等多种传感器。系统采用分簇的网络结构，将传感器节点采集的环境参数传输到簇头(网关)，然后通过传输网络、基站、Internet 将数据传送到数据库中。用户或管理员可以通过 Internet 远程访问监测区域。

美国加州大学伯克利分校在南加利福尼亚一座名为 San Jacinto 的山建立了可扩展的无线传感器网络系统，主要监测局部环境条件下小气候和植物甚至动物的生态模式。监测区域(25 hm^2)分为 100 多个小区域，每个小区域包含各种类型的传感器节点，该区域的网关负责传输数据到基站，系统有多个网关，经由传输网络到互联网。

美国加州大学伯克利分校利用在红杉树上部署于一颗高 70 m 的无线传感器系统来监测其生存环境，节点间距为 2 m，监测周围的空气温度、湿度、太阳光强(光合作用)等变化。

利用无线传感器网络系统监测牧场中牛的活动，目的是防止两头牛相互争斗。该系统中的节点是动态的，因此要求系统采用无线通信模式和高数据速率。

在印度西部多山区域监测泥石流部署的无线传感器网络系统，目的是在灾难发生前预测泥石流的发生。采用大规模、低成本的节点构成网络，每隔预定的时间发送一次山体状况的最新数据。

Intel 公司利用 Crossbow 公司的 Mote 系列节点在美国俄勒冈州的一个葡萄园中部署了监测其环境微小变化的无线传感器网络。

3. 建筑结构监测

无线传感器网络用于监测建筑物的使用状况，它不仅成本低廉，而且能解决传统监测布线复杂、线路老化、易受损坏等问题。

美国斯坦福大学提出了基于无线传感器网络的建筑物监测系统，采用基于分簇结构的两层网络系统。其传感器节点由 EVK915 模块和 ADXL210 加速度传感器构成，簇首节点由 Proxim Rangel LAN2 无线调制器和 EVK915 连接而成。

美国南加州大学有一种监测建筑物的无线传感器网络系统——NETSHM，该系统除了能够监测建筑物的使用状况外，还能够定位出建筑物受损伤的位置。它部署于美国洛杉矶的四季(The Four Seasons)大楼内，采用分簇结构和 Mica 系列节点。

4. 医疗卫生应用

美国加利福尼亚大学提出了基于无线传感器网络的人体健康监测平台，其为佩戴的传感器节点，传感器类型包括压力、皮肤反应、伸缩、压电薄膜、温度等传感器。该平台的节点采用美国加州大学伯克利分校研制、Crossbow 公司生产的 Dot-Mote 节点，通过放在口袋里的 PC 可以方便直观地查看人体当前的情况。

美国纽约州立大学石溪分校针对当前社会老龄化的问题，提出了监测老年人生理状况的无线传感器网络系统——Health Tracker 2000。这套系统除了监测用户的生理信息外，还可以在用户生命发生危险的情况下及时通报其身体情况和位置信息。该节点采用 Crossbow 公司的 Mica Z 和 Mica Z Dot 系列节点，采用温度、脉搏、呼吸、血氧水平等类型的传感器。

5. 智能交通应用

图 2-24 为我国上海市重点科技研发计划中的智能交通监测系统框图。该系统采用声音、图像、视频、温度、湿度等传感器(Sensor)，节点部署于十字路口周围，部署于车辆上的节点还包括 GPS 设备。该系统重点强调了系统的安全性问题，包括耗能、网络动态安全、网络规模、数据管理融合、数据传输模式等。

1995 年，美国交通部提出了到 2025 年全面投入使用的“国家智能交通系统项目规划”。该计划利用大规模无线传感器网络，配合 GPS 设备等资源，除了使所有车辆都能保持在高效低耗的最佳运行状态、自动保持车距外，还能推荐最佳行使路线，并可对潜在的故障发出警告。

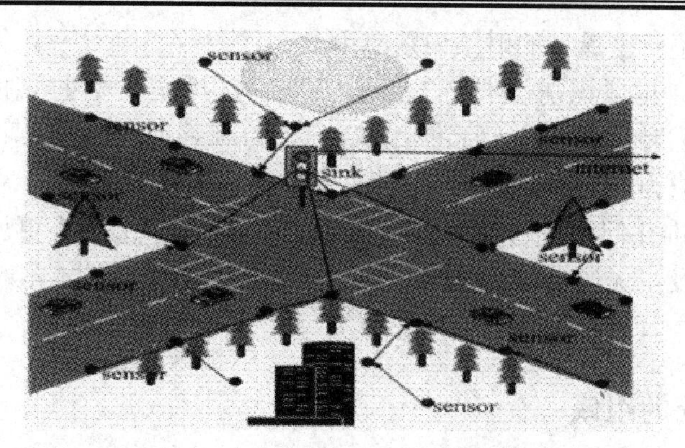

图 2-24　智能交通监测系统框图

中国科学院沈阳自动化所提出了基于无线传感器网络的高速公路交通监控系统，其节点采用图像传感器，在能见度低、路面结冰等情况下，能够实现对高速路段的有效监控。

除了上述提到的应用领域外，无线传感器网络还可以应用于工业生产、智能家居、仓库物流管理、空间海洋探索等领域。

2.6　RFID 技术

2.6.1　RFID 的概念

RFID 技术即射频识别(Radio Frequency Identification)技术，又称为电子标签或无线射频识别技术，是自动识别技术的一种，也是一种通信技术，它通过射频信号自动识别目标对象并获取相关数据，识别工作无需人工干预，识别系统与特定目标之间无需建立接触，是一种非接触式的自动识别技术。

从概念上来讲，射频识别类似于条码扫描，对于条码技术而言，它是将已编码的条形码附着于目标物并使用专用的扫描读写器利用光信号将信息由条形磁条传送到扫描读写器；而射频识别则使用专用的RFID读写器(也称为读取器)及专门的可附着于目标物的RFID标签，利用频率信号将信息由 RFID 标签传送至 RFID 读写器。

2.6.2　RFID 的发展史

1940—1950 年：雷达的改进和应用催生了射频识别技术，1948 年奠定了射频识别技术的理论基础。20 世纪 40 年代晚期，一位名叫哈里•斯托克曼(Harry Stockman)的科学家发表了一篇关于无线射频识别的科学论文(指 1948 年美国科学家哈里•斯托克曼在 Proceedings of the IRE 上发表的“利用反射功率的通信”(Communication by Means of Reflected Power)一文)。据称，这篇论文是和在第二次世界大战中英国皇家空军用来进行敌友飞机识别的“敌友飞机无线电识别系统(IFF)”相关的。

1950—1960 年：早期射频识别技术的探索阶段，主要处于实验室研究阶段。

1960—1970 年：射频识别技术的理论得到了发展，开始了一些应用尝试。

1970—1980 年：射频识别技术与产品研发处于一个大发展时期，各种射频识别技术测试得到加速。出现了一些最早的射频识别应用。

1980—1990 年：射频识别技术及产品进入商业应用阶段，各种规模应用开始出现。

1990—2000 年：射频识别技术标准化问题日趋得到重视，射频识别产品得到广泛采用，射频识别产品逐渐成为人们生活中的一部分。

2000 年后：标准化问题日趋为人们所重视，射频识别产品种类更加丰富，有源电子标签、无源电子标签及半无源电子标签均得到了发展，电子标签成本不断降低，规模应用行业扩大。

2.6.3 RFID 系统的组成

RFID 系统由应答器(或标签)、读写器、天线、应用软件系统组成，如图 2-25 所示。一个 RFID 系统可包含一个读写器和一个至多个应答器。

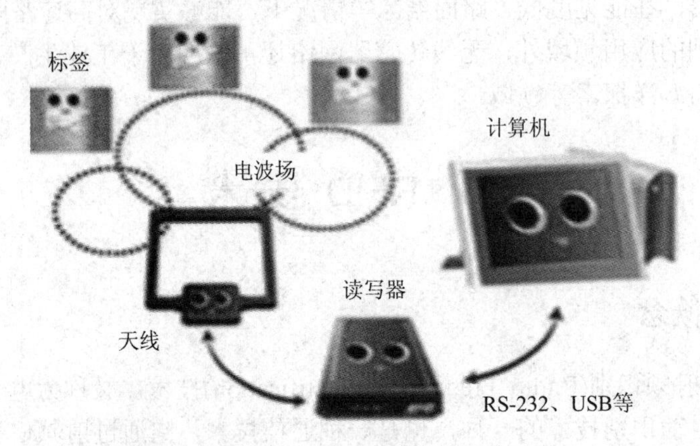

图 2-25 RFID 系统的组成

RFID 系统的各部分组成分述如下：

(1) 应答器：它由天线、耦合元件及芯片组成。最初在技术领域，应答器是指能够传输信息回复信息的电子模块。近些年，由于射频技术发展迅猛，应答器有了新的说法和含义，又被称为智能标签、电子标签或标签，每个标签具有唯一的电子编码，附着在物体上标识目标对象。标签在进入 RFID 读写器扫描场以后，接收到读写器发出的射频信号，凭借感应电流获得的能量发送出存储在芯片中的电子编码(被动式标签)或者主动发送某一频率的信号(主动式标签)。射频识别电子标签如图 2-26 所示。

图 2-26 射频识别电子标签

(2) 读写器(Reader)：它是一个捕捉和处理 RFID 标签数据的设备，可以是单独的个体，也可以嵌入到其他系统之中。读写器是构成 RFID 系统的重要部件之一，由于它能够将数据写到 RFID 标签中，因此被称为读写器，但早期由于其工作模式一般是主动向标签询问标识信息，功能单一，在许多文献中被称为阅读器、查询器(Interrogator)等。典型的读写器包含有高频模块(发送器和接收器)、控制单元以及读写器天线。读写器是读取和写入标签信息的设备，可设计为手持式读写器或固定式读写器。图 2-27 显示不同类型的读写器。读写器可以通过标准网口、RS-232 串口或 USB 接口与主机相连，读写器通过天线与 RFID 标签通信。有时为了方便，读写器、天线以及智能终端设备集成在一起可以成为可移动的手持式读写器。

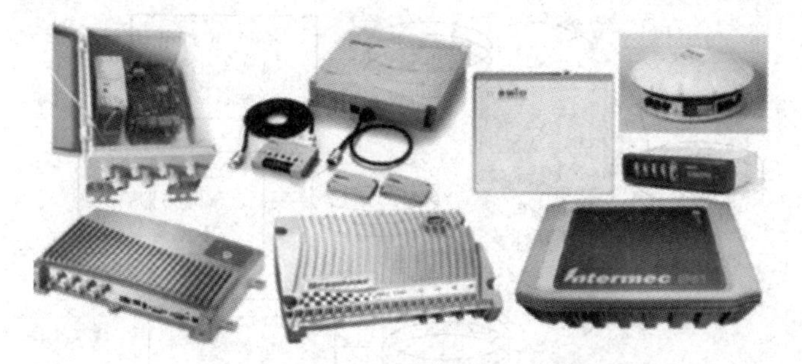

图 2-27　各类读写器

读写器根据使用的结构和技术不同可以是读装置或者读/写装置，它是 RFID 系统信息控制和处理中心。读写器和应答器之间一般采用半双工通信方式进行信息交换，同时读写器通过耦合给无源应答器提供能量和时序。在实际应用中，可进一步通过 Ethernet 或 WLAN 等实现对物体识别信息的采集、处理及远程传送等管理功能。应答器是 RFID 系统的信息载体，目前应答器大多是由耦合原件(如线圈、微带天线等)和微芯片组成无源单元。

(3) 天线：用于在标签和读写器之间传递射频信号，它同读写器相连。各类天线如图 2-28 所示。读写器可以连接一个或多个天线，但每次使用时只能激活一个天线。RFID 系统的工作频率可从低频到微波频段，这使得天线与标签芯片之间的匹配问题变得很复杂。

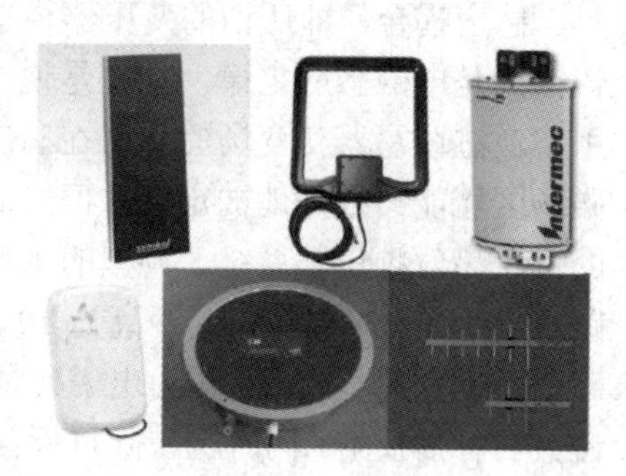

图 2-28　各类天线

(4) 应用软件系统：它是针对不同行业的特定需求开发的应用软件，主要是把收集的数据进一步处理，并为人们所使用，其可以有效地控制读写器对电子标签信息的读/写操作，并且对收集到的目标信息进行集中的统计与处理。对于独立的应用，读写器可以完成应用的需求，例如，公交车上的读写器可以实现对公交卡的验读和收费。但是对于由多读写器构成网络架构的信息系统，应用软件系统(或后端)是必不可少的。也就是说，针对 RFID 的具体应用，需要将多个读写器获取的数据有效地整合起来，提供查询、历史档案等相关处理和服务。更进一步，通过对数据的加工、分析和挖掘，为正确决策提供依据，这也就是信息管理系统和决策系统。RFID 应用系统软件可以集成到现有的电子商务和电子政务平台中，与 ERP、CRM 以及 SCM 等系统结合及提高各行业的生产效率。

2.6.4　RFID 的工作原理

RFID 技术的基本工作原理并不复杂，如图 2-29 所示。当标签进入磁场后，接收读写器发出的射频信号，凭借感应电流所获得的能量发送出存储在芯片中的产品信息(Passive

Tag，无源标签或被动标签)，或者由标签主动发送某一频率的信号(Active Tag，有源标签或主动标签)，经读写器读取信息并解码后，送至中央信息系统，系统根据逻辑运算识别该标签的身份，针对不同的设定做出相应的处理和控制，最终发出信号控制读写器完成不同的读/写操作。对于无源标签(被动标签)来讲，当标签离开射频识别场时，标签由于没有能量的激活而处于休眠状态；对于半有源标签来讲，射频场只起到了激活的作用；有源标签(主动标签)始终处于激活状态，处于主动工作状态。

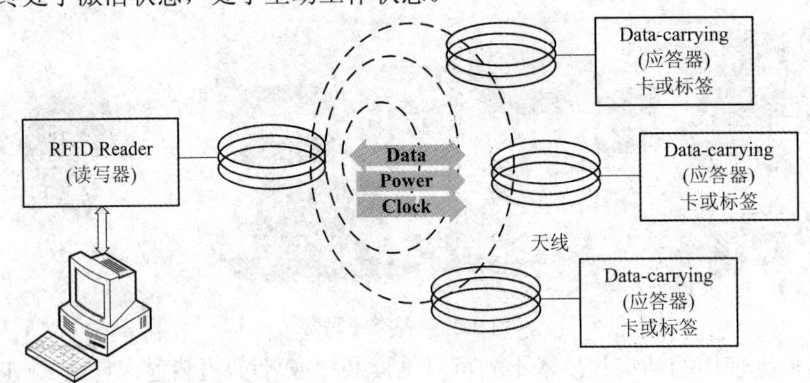

图 2-29　RFID 技术的基本工作原理

以 RFID 卡片读写器及电子标签之间的通信及能量感应方式来看，RFID 的工作原理大致可以分为感应耦合(Inductive Coupling)和后向散射耦合(Backscatter Coupling)两种。一般低频 RFID 大都采用第一种感应方式，而较高频大多采用第二种感应方式。

感应耦合，即所谓的变压器模型，如图 2-30 所示。通过空间高频交变磁场实现耦合，依据的是电磁感应定律，也就是说，在读写器线圈和感应器线圈之间存在着变压器耦合作用，通过读写器交变场的作用在感应器天线中感应的电压被整流，可作为供电电压使用。磁场区域能够很好地被定义，但是场强下降得太快。感应耦合方式一般适合于中低频工作的近距离射频识别系统。典型的工作频率包括 125 kHz、225 kHz 和 13.56 MHz。识别作用距离小于 1 m，典型作用距离为 10 cm～20 cm。

反向散射耦合，又称为电磁传播或雷达原理模型，如图 2-31 所示。发射出去的电磁波，碰到目标后反射，同时携带回目标信息，依据的是电磁波的空间传播规律，如图 2-31 所示。由于目标的反射性能通常随频率的升高而增强，因此电磁反向散射耦合方式一般适合于超高频、微波工作的远距离射频识别系统。典型的工作频率包括 433 MHz、915 MHz、2.45 GHz、5.8 GHz。识别作用距离大于 1 m，典型作用距离为 3 m～10 m。

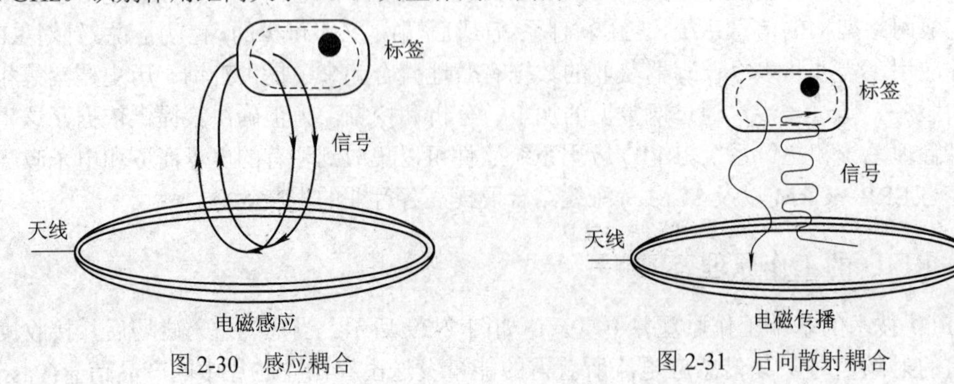

图 2-30　感应耦合　　　　图 2-31　后向散射耦合

与条形码、磁卡、IC卡相比较，RFID卡在信息量、读/写性能、读取方式、智能化、抗干扰能力、使用寿命方面都具备不可替代的优势，但制造成本比条形码和IC卡稍高。RFID卡与其他识别方式的比较如表2-6所示。

表2-6 RFID卡与其他识别方式的比较

	信息载体	信息量	读/写性能	读取方式	保密性	智能化	抗干扰能力	寿命	成本
条形码/二维码	纸、塑料薄膜、金属表面	小	只读	CCD或激光束扫描	差	无	差	较短	最低
磁卡	磁条	中	读/写	扫描	中等	无	中	长	低
IC卡	EEPROM	大	读/写	接触	好	有	好	长	高
RFID卡	EEPROM	大	读/写	无线通信	最好	有	很好	最长	较高

2.6.5 RFID的分类

RFID的分类如表2-7所示。

表2-7 RFID的分类

按照能量的供给方式	有源、无源和半有源系统
按照RFID标签信息传播方式	主动式、被动式和半主动式
按照RFID标签的工作频率	低频(30 kHz～300 kHz)、高频(3 MHz～30 MHz)、超高频(300 MHz～3 GHz)和微波(2145 GHz以上)
按照RFID系统的工作距离	电磁感应耦合适合中低频近距离场合，电磁反向散射耦合适合超高频、微波等远距离系统
根据RFID标签的存储器类型	只读型、读/写型、一次可写型

1. 按照RFID标签的工作频率分类

1) 低频RFID

RFID技术首先在低频得到广泛的应用和推广，有以下一些特性：

(1) 工作频率一般为120 kHz～134 kHz。

(2) 除了金属材料影响外，一般低频能够穿过任意材料的物品而不降低它的读取距离。

(3) 工作在低频的读写器在全球没有任何特殊的许可限制。

(4) 可采用不同的封装形式。好的封装形式价格贵，但使用寿命长，可达10年以上。

(5) 虽然该频率的磁场区域下降很快，但是能够产生相对均匀的读/写区域。

(6) 相对于其他频段的RFID产品，该频段数据传输速率比较慢。

(7) 标签的价格相对于其他频段来说要高。

2) 高频RFID

高频率的感应器不再需要线圈进行绕制，可以通过腐蚀或者印刷的方式制作天线。标签一般通过负载调制的方式进行工作。也就是通过标签上的负载电阻的接通和断开促使读写器天线上的电压发生变化，实现用远距离标签对天线电压进行振幅调制。如果人们通过数据控制负载电压的接通和断开，那么这些数据就能够从标签传输到读写器。

值得关注的是，在 13.56 MHz 频段中主要有 ISO 14443 和 ISO 15693 两个标准来组成，ISO 14443 俗称现在的 Mifare 1 系列产品，识别距离近但其价格低、保密性好，常作为公交卡、门禁卡来使用。ISO 15693 的最大优点在于它的识别效率，通过较大功率的读写器可将识别距离扩展至 1.5 m 以上，由于波长的穿透性好在处理密集标签时有优于超高频的读取效果。

高频 RFID 有以下一些特性：

(1) 除了金属材料外，该频率的波长可以穿过大多数的材料，但是往往会降低读取距离。标签需要离开金属 4 mm 以上的距离，其抗金属效果在几个频段中才较为优良。

(2) 该频段在全球都得到认可并没有特殊的限制。

(3) 虽然该频率的磁场区域下降很快，但是能够产生相对均匀的读/写区域。

(4) 该系统具有防冲撞特性，可以同时读取多个电子标签。

(5) 数据传输速率比低频要快，价格不是很贵。

3) 超高频 RFID

超高频系统通过电场来传输能量，其电场的能量下降的不是很快，但是读取的区域不是很好进行定义。该频段读取距离比较远，无源距离可达 10 m 左右，主要是通过电容耦合的方式进行实现的。超高频 RFID 有以下一些特性：

(1) 对于该频段，全球的定义不是很相同——欧洲和部分亚洲国家定义的频率为 868 MHz；北美定义的频段为 902 MHz～905 MHz 之间；在日本建议的频段为 950 MHz～956 MHz 之间。该频段的波长大概为 30 cm 左右。

(2) 目前，该频段功率输出目前没有统一的定义(美国定义为 4 W，欧洲定义为 500 mW，可能欧洲限制会上升到 2W EIRP)。

(3) 超高频频段的电波不能通过许多材料，特别是金属、液体、灰尘、雾等悬浮颗粒物质，可以说环境对超高频段的影响很大。

(4) 电子标签的天线一般是长条和标签状。天线有线性和圆极化两种设计，以满足不同应用的需求。

(5) 该频段有好的读取距离，但是对读取区域很难进行定义。

(6) 有很高的数据传输速率，在很短的时间可以读取大量的电子标签。

未来，超高频的产品会得到大量的应用。例如，沃尔玛(Wal-Mart)超市、麦德龙超市和美国国防部都会在它们的供应链上应用 RFID 技术。

2. 按能量的供给方式分类

1) 无源 RFID 标签

无源 RFID 标签发展最早，也是目前发展最成熟，市场应用最广的产品。例如，公交卡、食堂餐卡、银行卡、宾馆门禁卡、二代身份证等，这个在日常生活中随处可见，属于近距离接触式识别类。其产品的主要工作频率包括低频 125 kHz、高频 13.56 MHz、超高频 433 MHz 和超高频 915 MHz。

无源 RFID 标签又被称为被动式 RFID 标签，被动式标签没有内部供电电源。其内部集成电路通过接收到的电磁波进行驱动，这些电磁波是由 RFID 读写器发出的。当标签接收到足够强度的信号时，可以向读写器发出数据。这些数据不仅包括ID号(全球唯一标识ID)，还可以包括预先存储于标签内部的EEPROM中的数据。

2) 有源RFID标签

有源RFID标签是最近几年才慢慢发展起来的，其远距离自动识别的特性，决定了其巨大的应用空间和市场潜质。目前，在远距离自动识别领域，如智能监狱、智能医院、智能停车场、智能交通、智慧城市、智慧地球及物联网等领域有重大应用。有源RFID在这个领域异军突起，属于远距离自动识别类。标签主要工作频率包括超高频915 MHz和微波2.45 GHz。

有源RFID标签又称为主动式RFID标签。与被动式和半被动式不同的是，主动式标签本身具有内部电源供应器，用以供应内部IC所需电源以产生对外的信号。一般来说，主动式标签拥有较长的读取距离和较大的记忆体容量，可以用来储存读取器所传送来的一些附加信息。

有源RFID标签和无源RFID标签，其不同的特性，决定了不同的应用领域和不同的应用模式，也有各自的优势所在。

3) 半有源RFID标签

半有源RFID标签，又称为半主动式RFID标签，结合了有源RFID标签及无源RFID标签的优势。一般而言，被动式标签的天线有两个任务：第一，接收读取器所发出的电磁波，以驱动标签IC；第二，标签回传信号时，需要靠天线的阻抗进行切换，才能产生0与1的变化。如果想要有最好的回传效率，天线阻抗就必须设计有“开路与短路”切换，但这样又会使信号完全反射，无法被标签IC接收，半主动式标签就是为了解决这样的问题而设计的。半主动式类似于被动式，不过它多了一个小型电池，电力恰好可以驱动标签IC，使得IC处于工作的状态。这样的好处在于，天线可以不用管接收电磁波的任务，充分作为回传信号之用。相比被动式，半主动式有更快的反应速度和更好的效率。

半有源RFID技术是一项易于操控、简单实用且特别适合用于自动化控制的灵活性应用技术，其识别工作无需人工干预。它既可支持只读工作模式也可支持读/写工作模式，且无需接触或瞄准；可在各种恶劣环境下自由工作，短距离射频产品不怕油渍、灰尘污染等恶劣的环境，可以替代条码，如适用于在工厂的流水线上跟踪物体；长距射频产品多用于交通行业，识别距离可达几十米，如自动收费或识别车辆身份等。

2.6.6 RFID的技术标准

由于RFID技术的应用牵涉到众多行业，因此其相关的标准非常复杂。从类别看，RFID标准可以分为四类：技术标准(如RFID技术、IC卡标准等)、数据内容与编码标准(如编码格式、语法标准等)、性能与一致性标准(如测试规范等)、应用标准(如船运标签、产品包装标准等)。具体来讲，RFID技术相关的标准涉及电气特性、通信频率、数据格式和元数据、通信协议、安全、测试、应用等方面。

与RFID技术和应用相关的国际标准化机构主要有：国际标准化组织(ISO)、国际电工委员会(IEC)、国际电信联盟(ITU)、世界邮联(UPU)，此外还有其他的区域性标准化机构(如EPC Global、UID Center、CEN)、国家标准化机构(如BSI、ANSI、DIN)和产业联盟(如ATA、AIAG、EIA)等也制定了与RFID相关的区域、国家、产业联盟标准，并通过不同的渠道提升为国际标准。表2-8列出了目前RFID系统主要频段标准与特性。

表 2-8　RFID 主要标准与特性

频段	低频	高频	超高频	微波
工作频率/Hz	125 k～134 k	13.56 M	868 M～9l5 M	2.45 G～5.8 G
读取距离/m	<1	<1	3～10	>3
速度	慢	中等	快	很快
穿透能力	穿透大部分物体	勉强穿透金属和液体	穿透能力较弱	穿透能力最弱
方向性	无	无	部分	有
现有 ISO 标准	11784/85、14223	14443、18000-3、15693	18000-6	18000-4/555

总体来看，目前 RFID 技术存在三个主要的技术标准体系：总部设在美国麻省理工学院(MIT)的自动识别中心(Auto-ID Center)、日本的泛在 ID 中心(Ubiquitous ID Center，UIC)和 ISO 标准体系。

1. EPC Global

EPC Global 是由美国统一代码协会(UCC)和国际物品编码协会(EAN)于 2003 年 9 月共同成立的非营利性组织，其前身是 1999 年 10 月 1 日在美国麻省理工学院成立的非营利性组织 Auto-ID 中心。Auto-ID 中心以创建物联网为使命，与众多成员企业共同制定一个统一的开放技术标准。旗下有美国沃尔玛(Wal-Mart)、英国塔斯科(Tesco)等 100 多家欧美零售流通企业，同时有 IBM、微软、飞利浦、Auto-ID Lab 等公司提供技术研究支持，目前 EPC Global 已在加拿大、日本、中国等国建立了分支机构，专门负责 EPC 码段在这些国家的分配与管理、EPC 相关技术标准的制订、EPC 相关技术在本国宣传普及以及推广应用等工作。

EPC Global 物联网体系架构由 EPC 编码、EPC 标签及读写器、EPC 中间件、ONS 服务器和 EPCIS 服务器等部分构成。

EPC 赋予物品唯一的电子编码，其位长通常为 64 bit 或 128 bit，也可扩展为 256 bit。对不同的应用规定有不同的编码格式，主要存放企业代码、商品代码和序列号。最新的 Gent 标准的 EPC 编码可兼容多种编码。

2. Ubiquitous ID

日本在电子标签方面的发展，始于 20 世纪 80 年代中期的实时嵌入式系统 TRON，T-Engine 是其中核心的体系架构。

在 T-Engine 论坛的领导下，泛在 ID 中心于 2003 年 3 月成立，并得到日本政府经产和总务省以及大企业的支持，目前包括微软、索尼、三菱、日立、日电、东芝、夏普、富士通、NTT DoCoMo、KDDI、J-Phone、伊藤忠、大日本印刷、凸版印刷、理光等重量级企业。泛在 ID 中心的泛在识别技术体系架构由泛在识别码(μCode)、信息系统服务器、泛在通信器和 μCode 解析服务器四部分构成.

μCode 采用 128 bit 记录信息，提供了 340 × 1036 编码空间，并可以以 128 bit 为单元进一步扩展至 256 bit、384 bit 或 512 bit。μCode 能包容现有编码体系的元编码设计，以兼容多种编码，包括 JAN、UPC、ISBN、IPv6 地址，甚至电话号码。μCode 具有多种形式，包括条码、射频标签、智能卡、有源芯片等。泛在 ID 中心把标签进行分类，设立了 9 个级别的不同认证标准。

信息系统服务器存储并提供与μCode相关的各种信息，μCode解析服务器确定与μCode相关的信息存放在哪个信息系统服务器上。μCode 解析服务器的通信协议为 μCodeRP 和 eTP，其中 eTP 是基于 eTron(PKI)的密码认证通信协议。

泛在通信器主要由IC标签、标签读写器和无线广域通信设备等部分构成，用来把读到的 μCode 送至 μCode 解析服务器，并从信息系统服务器获得有关信息。

3. ISO标准体系

国际标准化组织(ISO)以及其他国际标准化机构如国际电工委员会(IEC)、国际电信联盟(ITU)等是 RFID 技术的国际标准的主要制定机构。大部分 RFID 标准都是 ISO(或与 IEC 联合组成)的技术委员会(TC)或分技术委员会(SC)制定的。

2.6.7 RFID的典型应用

1. 小区安防

在小区的各个通道和人员可能经过的通道中安装若干个读写器，并且将它们通过通信线路与地面监控中心的计算机进行数据交换。同时在每个进入小区的人员及车辆上安置有RFID身份卡，当人员和车辆进入小区后，只要通过或接近放置在通道内的任何一个读写器，读写器即会感应到信号并同时将信号立即上传到监控中心的计算机上，计算机就可判断出具体信息(如是谁、在哪个位置、具体时间等)，管理者也可以根据大屏幕上或电脑上的分布示意图点击小区内的任一位置，计算机即会把这一区域的人员情况统计并显示出来。基于 RFID 技术的小区人员和车辆管理系统如图 2-32 所示。同时，一旦小区内发生事故(如火灾、抢劫等)，该系统可根据计算机中的人员定位分布信息马上查出事故地点周围的人员和车辆情况，然后可再用探测器在事故处进一步确定人员和车辆的准确位置，以便帮助公安部门准确快速的方式营救出遇险人员和破案。

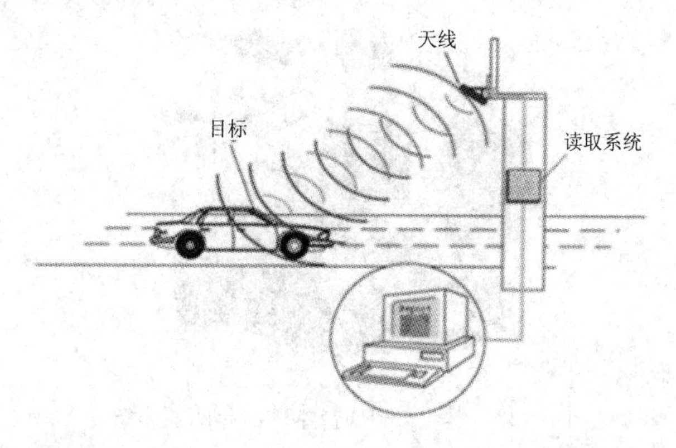

图 2-32 基于 RFID 技术的小区人员和车辆管理系统

2. 上海世博会门票的应用

RFID 技术在大型会展中应用已经得到验证。2005 年的爱知世博会的门票系统就采用了 RFID 技术，做到了大批参观者的快速入场。2006 年的世界杯主办方也采用了嵌入 RFID 芯片的门票，起到了防伪的作用。这引起了大型会展的主办方的关注。在 2008 年的北京奥运会上，RFID 技术已得到了广泛应用。

2010年世博会在上海举办，对主办者、参展者、参观者、志愿者等各类人群有大量的信息服务需求，包括人流疏导、交通管理、信息查询等，RFID系统正是满足这些需求的有效手段之一。世博会的主办者关心门票的防伪。参展者比较关心究竟有哪些参观者参观过自己的展台、参观者关心内容和产品是什么以及参观者的个人信息。参观者想迅速获得自己所要的信息，找到所关心的展示内容。

而志愿者需要了解全局，去帮助需要帮助的人。这些需求通过 RFID 技术能够轻而易举地实现。参观者凭借嵌入 RFID 标签的门票入场，并且随身携带。每个展台附近都部署有 RFID 读写器，这样对参展者来说，参观者在展会中走过哪些地方、在哪里驻足时间较长及参观者的基本信息等都被一一记录，当参观者走近时，可以更精确地提供服务。同时，主办者可以在会展上部署带有 RFID 读写器的多媒体查询终端，参观者可以通过终端知道自己当前的位置及所在展区的信息，还能通过查询终端追踪到走失的同伴信息。

3. 汽车防盗

RFID 技术可以保护和跟踪财产。例如，将应答器贴在物品(如计算机、文件、复印机或其他实验室用品)上，使得公司可以自动跟踪、管理这些有价值的财产，如可以跟踪发现一个物品从某一建筑里离开或是用报警的方式限制物品离开某地，结合 GPS 设备，利用应答器还可以对货柜车、货舱等进行有效跟踪。

汽车防盗是 RFID 技术的较新应用。现已开发出足够小的应答器，且能够将其封装到汽车钥匙里。该钥匙中含有特定的应答器，而在汽车上装有读写器。把钥匙插入到点火器中时，读写器能够辨识钥匙的身份。如果读写器接收不到射频卡(电子标签)发送来的特定信号，汽车的引擎将不会发动，使用这种电子验证的方法，汽车中的中央计算机也就能容易地防止短路点火。目前，很多品牌的汽车已经应用基于 RFID 技术的汽车防盗系统，如图 2-33 所示。

图 2-33　基于 RFID 技术的汽车防盗系统

在另一种汽车防盗系统中，司机自己带有一个应答器，其作用范围在司机座椅的 44 cm～45 cm 以内，而读写器安装在座椅的背部，当读写器读取到有效的 ID 号时，系统将发出信号，然后汽车引擎才能启动；该防盗系统还有另一个强大功能，即如果司机离开汽车，并且车门敞开、引擎也没有关闭，那么这时读写器就需要读取另一个有效的 ID 号，假如司机将该应答器带离汽车，则读写器不能读到有效 ID 号，引擎便会自动关闭并触发报警装置。这种应答器也可用于家庭和办公室。

RFID技术还可应用于寻找丢失的汽车。在城市的各个主要街道装载RFID系统，只要车辆带有应答器，当其路过时，该汽车的ID号和当时的时间都将被自动记录下来，并被送至城市交通管理中心的计算机。除此之外，警察还可驾驶若干带有读写器的流动巡逻车，以便更加方便地监控车辆的行踪。

4. 零售流通支付

在目前的一般消费市场上已经有大量RFID技术的应用了，其中最具代表性的就是公交一卡通。公交一卡通可以用做地铁、公车、部分停车场的收费机制，预计以后它还可以有更多的应用。但公交一卡通其实并未将RFID技术的便利性发挥到极致，未来RFID技术可能得到发展的应用场合还有很多。

如果每个商品上都贴有RFID标签，只要将整个购物车推过一道装有感应器的门，即可瞬间完成结账，既方便又有效率。RFID技术应用于手机支付的示例如图2-34所示。

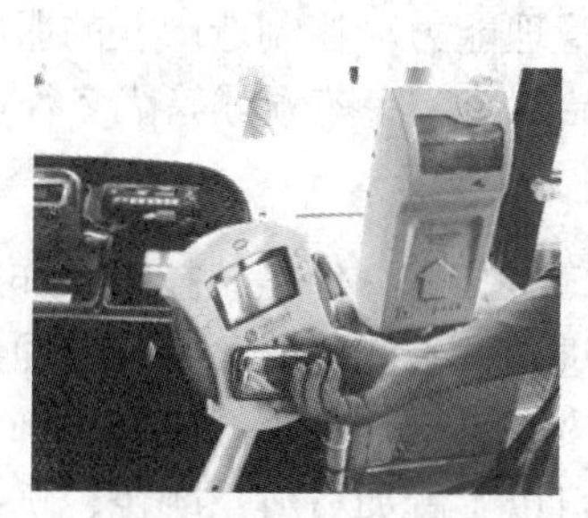
(a) 手机公交支付

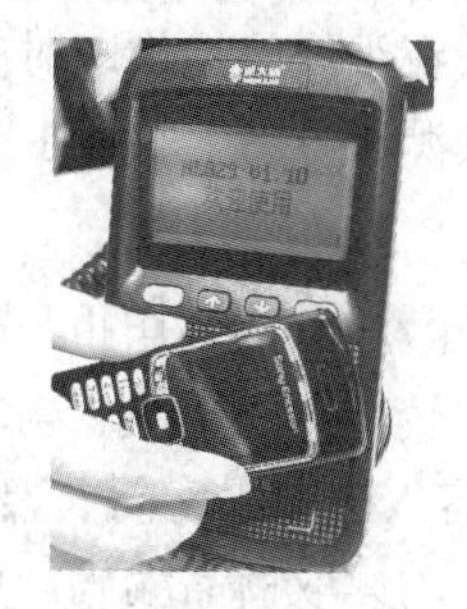
(b) 手机超市支付

图2-34 RFID技术应用于手机支付的示例

虽然这种便利的付费方式因为成本原因尚未普及，但零售业者及制造商已经开始在这方面尝试应用RFID技术了。全球最大的零售商沃尔玛(Wal-Mart)在2003年11月举行的供应厂商会议上已明确提出采用RFID技术的时间：其前百大供应商自2005年1月起需在包装箱和货箱架上加入RFID标签，2006年年底将逐步扩大到所有供货商，并采用Auto-ID中心所发展的EPC为其识别编码。随后，英国大型零售商塔斯科(Tesco)便于2003年12月开始为2006年正式引进RFID标签做了准备工作；英国马莎百货(Marks & Spencer)在2004年2月表示开始在包装箱和货箱架上加入RFID标签，扩大了RFID技术的试验。

5. 医疗产业应用

在非典期间，SARS疫情在全世界造成极大的恐慌，当一个人受到感染时，如何迅速地找到他曾经接触过的人，如何在最短的时间内快速隔离患者？答案是RFID技术可以做到。

中国台湾地区的台湾工研院与竹北市的东元医院合作开展了“医疗院所接触史RFID追踪管制系统”项目。在医院内各出口安装RF接收器，在相关人员身上携带的电子标签(RFID卡)所发出的信号被装设在医院的定点标识器接收后，该标识器便会发送位置及人员资料至读写器，并将该信息转存到应用系统，这项追踪管制系统未来将推广至各大医院。未来若有SARS的可疑案例，20 min即可掌握其接触史。

这种追踪管制系统同时也可以避免医生开错刀或护士拿错药品的状况发生，让人的生命安全多了一层保障。其他如初生婴儿的识别、老人的健康状况监控等都是RFID技术在医疗行业里的应用。

6. 各行业电子溯源

在制造业等行业中应用 RFID 技术，可以在生产制造、物流管理与服务的流程中提升服务品质，提供给消费者更佳的使用体验。产品制造开始便配了专属的 RFID 芯片，在厂内密布的读写器网络中，人们便能随时掌握产品的制造进度，而 RFID 内存的记忆体也能储存制造过程之中所有的信息，方便制造管理使用。当产品出厂时，在产品包装上加贴一个 RFID 标签，其进出仓库和运输就可以自动采集和读取相关的信息，产品的流向都可以记录在芯片上，而在随后的销售、配送流程中，也能在读写器网络中，为管理者提供最即时的监控管理，如果发现了有问题的产品，可以实现所有批次产品从原料到成品、从成品到原料 100%的双向追溯，直到找到问题的根源。甚至在售后服务时，保修厂也能通过读取 RFID 的方式，即时辨识进厂产品，取得其过去的维修保养记录，甚至可取得用户个人的偏好及预约事项，并在维修时提供即时的监控管理能力，让制造产业的服务品质得到全面的提升。同时电子溯源还可用于农业生产、食品制造、医药领域等诸多行业。

7. 服饰业

美国的一家 PRADA 服饰店也引进了 RFID 技术，但是该技术并非用于一般的物流管理方面，而是有比较特殊的用途。当客人一进入试衣间，就可看到里面备有大、小柜状的 RFID 读写器。当客人把衣服连同衣架挂在大柜子中，而将手提包或小饰物等放入小柜子中时，读写器就会自动读取商品编码，使客人可以了解如材料、颜色、饰品的尺寸或外观的种类等产品资讯，以及与其他服装搭配时的感觉等时尚资讯，甚至在触控式荧幕中，还会播放时装展示会中模特穿着该服装走秀时的情景。RFID 技术应用于服饰业的示例如图 2-35 所示。

图 2-35　RFID 技术应用于服饰业的示例

在卖场的衣服的展示架上，挂着可隐藏在上衣内的触控式荧幕；如把商品 RFID 标签对准脚下的小型读写器扫描一下，则不用进入试衣间也可在荧幕中看到类似前述的内容。此外，在小型读写器上也会显示黑白影像。在该店中设有 7 间 RFID 试衣间，许多顾客常会一边说着"去感觉一下 RFID CLOSET"，一边拿着衣服走入试衣间。显然对于常客而言，RFID 系统已经是个耳熟能详的名词。

若在每件衣服都加上 RFID Tag(RFID 标签)，则店员可以很快地利用感测器找出客人所要的尺寸。当某件衣服缺货时，店员也可以立即查知附近的分店，有没有多余的存货，以增加消费时的便利性。

8. 智能图书馆

其实RFID技术还有很多的应用，如在图书馆，如果每本书上都能贴上RFID标签，那么读者将不再需要透过柜台借书与还书，而可以直接利用专用的机器进行。读者也不用担心因书被乱放而找不到想要的书，因为每个书架上的RFID接收器可以清楚地告诉读者书放在哪个柜子上。

9. 电子标签应用于奢侈品

现在防盗电子标签已经被广泛运用到了很多方面，如医疗领域、图书馆、商场等，但是对一些珠宝奢侈品来说，还是相对比较陌生的，因为即使有一小部分珠宝类商品做了相关的防盗电子标签，都只不过是提升了珠宝企业的工作效率，例如，盘点、点仓、出入库以及降低失窃率而已，对购买珠宝的持有者作用不是特别大。现在需要的是在此基础上增加珠宝被购买后还能继续有跟踪定位功能，这样不仅能让顾客以后都能放心的佩戴珠宝，即使不小心丢了也可以在第一时间定位到珠宝的信息。这样不仅让顾客有充分的安全感，也能刺激更多有能力购买奢侈品的人下决心购买这些奢侈品。

防盗电子标签不仅仅可以用在珠宝中，同样也可以运用到很多大牌子的红酒、顶级服装的保护当中，随着人们越来越会享受生活，那些有能力有条件享受这些奢侈品的人会越来越看重这些物品的保护，相信在不远的将来，这样一款升级版的电子标签将会应运而生并且被广泛运用到生活当中。

石油石化、国家电网等领域都可以使用RFID标签，只要是有价值的物品都可以用RFID标签进行监管，哪怕是私人物品的运输。这里迎接的不仅仅是一个低成本的智能防盗产品，而且是一个可以应用于信息化实时管理的物联网时代。

2.6.8 RFID的市场发展

物联网已被确定为中国战略性新兴产业之一，《物联网“十二五”发展规划》的出台，无疑给正在发展的中国物联网又吹来一股强劲的东风，而RFID技术作为物联网发展的最关键技术，其应用市场必将随着物联网的发展而扩大。

根据市场调研机构的调查结果，RFID技术在未来几年的应用会随着产业不同而有很大差异。从1991年至今，已经有超过15 000万台汽车使用RFID标签。而根据分析师的预测，未来的RFID技术将主要应用在供应链管理等物流领域，而这个市场将成为RFID市场的重头戏。而目前RFID技术的普及所面临的问题，主要是RFID芯片成本过高，产品的成品率不高，无形中增加了企业的生产成本，导致RFID技术面临普及难题。但如果在应用上能够采取有效措施，实现RFID标签的量产化，RFID标签的价格将会迅速下跌，应用普及也指日可待。

1. 国外发展现状及趋势

1) 国外发展现状

从全球的范围来看，美国已经在RFID标准的建立、相关软硬件技术的开发、应用等领域走在世界的前列。欧洲RFID标准追随美国主导的EPC Global标准。在封闭系统应用方面，欧洲与美国基本处在同一阶段。日本虽然已经提出UID标准，但主要来自本国厂商的支持，如要成为国际标准还有很长的路要走。RFID技术在韩国的重要性得到了加强，政府给予了高度重视，但至今韩国在RFID标准上仍模糊不清。各个国家及地区的发展状况如下：

(1) 美国：在产业方面，TI、Intel等美国集成电路厂商目前都在RFID领域投入巨资进行芯片开发。

(2) 欧洲：在产业方面，欧洲的Philips、STMicroelectronics积极开发廉价的RFID芯片；Checkpoint开发支持多系统的RFID识别系统；诺基亚开发能够基于RFID的移动电话购物系统；SAP则在积极开发支持RFID的企业应用管理软件。

(3) 日本：日本是一个制造业强国，它在电子标签研究领域起步较早，日本政府也将RFID技术作为一项关键的技术来发展。

(4) 韩国：韩国主要通过国家的发展计划，再联合企业的力量来推动RFID技术的发展，即主要是由产业资源部和情报通信部来推动RFID技术的发展计划。特别值得注意的是，在2004年3月韩国提出IT 839计划以来，RFID技术的重要性得到了进一步加强。

2) 国外发展趋势

国外的RFID技术发展趋势主要体现在以下两个方面：

(1) 市场趋势。近年来，RFID技术已经在物流、零售、制造业、服装业、医疗、身份识别、防伪、资产管理、食品、动物识别、图书馆、汽车、航空、军事等众多领域开始应用，对改善人们的生活质量、提高企业经济效益、加强公共安全以及提高社会信息化水平产生了重要的影响。多国已经将RFID技术应用于铁路机车车号识别、身份证和票证管理、动物标识、特种设备与危险品管理、公共交通以及生产过程管理等多个领域。

(2) 技术趋势。在未来的几年中，RFID技术将继续保持高速发展的势头。电子标签、读写器、系统集成软件、公共服务体系、标准化等方面都将取得新的进展。随着关键技术的不断进步，RFID产品的种类将越来越丰富，应用和衍生的增值服务也将越来越广泛。

2. 中国的发展现状及趋势

1) 中国的发展现状

中国政府已将RFID技术应用到很多领域。国家金卡工程应用试点项目涉及电子票证与身份鉴别、动物追踪、食品药品安全监管、工业生产管理/煤矿安全管理、电子通关与路桥收费、智能交通与车辆管理、供应链管理与现代物流、危险品与军用物资管理、贵重物品防伪、票务及城市重大活动管理、图书及重要文档管理、数字化景区与旅游等，推动了RFID技术在各个领域的应用。

中国的RFID技术有以下两个方面的现状：

(1) 市场现状。RFID技术的应用领域非常广泛，从物流管理到资产跟踪、防伪识别、公共安全管理、车辆管理到人员管理等。目前RFID技术在国内交通管理、物流、食品安全、重要资产的跟踪、防伪等领域也开始投入应用。

(2) 技术现状。相较于欧美等发达国家或地区，我国在RFID产业上的发展还较为落后。目前，我国RFID企业总数虽然超过100家，但是缺乏关键核心技术，特别是在超高频RFID方面。我国的RFID技术的现状如下：

① 芯片设计。RFID 芯片在 RFID 的产品链中占据着举足轻重的位置，其成本占到整个标签的三分之一左右。对于广泛用于各种智能卡的低频和高频频段的芯片而言，以复旦微电子、上海华虹、大唐微电子、清华同方等为代表的中国集成电路厂商已经攻克了相关技术，打破了国外厂商的统治地位。

② 标签封装。目前国内企业已经熟练掌握了低频标签的封装技术，高频标签的封装技术也在不断地完善。

③ 读/写设备的设计和制造。国内低频读写器生产加工技术非常完善，生产经营的企业很多且实力相当。

④ 系统集成。目前，RFID 市场还是处于前期宣传预热阶段，项目机会在逐步增加，但是大部分还是处于前期的洽谈阶段，真正实施的项目并不多，还未出现真正的大规模有影响力的应用项目。

⑤ RFID 中间件。RFID 中间件又称为 RFID 管理软件，它屏蔽了 RFID 设备的多样性和复杂性，能够为后台业务系统提供强大的支撑，从而驱动更广泛、更丰富的 RFID 技术的应用。

⑥ 标准发展。中国在 RFID 技术与应用的标准化研究工作上已有一定基础，目前已从多个方面开展了相关标准的研究制定工作。

2) 制约无源超高频 RFID 发展因素

制约因素主要体现在以下三个方面：

(1) 超高频技术不完善，制约应用发展。目前，在无源超高频 RFID 上还存在着系统集成稳定性差、超高频标签性能本身有一些物理缺陷等许多技术方面不完善的问题。

在系统集成方面，现阶段中国十分缺乏专业、高水平的超高频系统集成公司，整体而言，无源超高频电子标签应用解决方案还不够成熟。这种现状便造成应用系统的稳定性不高，常会出现“大毛病没有，小毛病不断”的现象，进而影响了终端用户采用超高频应用方案的信心。

从超高频标签产品本身而言，存在着标签读/写性能稳定性不高、在复杂环境下漏读或读取准确率低等诸多问题。

(2) 超高频标准不统一，制约产业发展。目前，无源超高频 RFID 在国内尚无形成统一的标准，国际上制定的 ISO 18000-6C/EPC Class1 Gen2 协议，由于涉及多项专利，所以很难把它作为国家标准来颁布和实施，国内超高频市场上相关的标准及检测体系实际上是处于缺位状态。在没有统一标准的环境下，十分制约产业和应用的发展。

(3) 超高频成本瓶颈，制约市场发展。尽管近两年来，无源超高频 RFID 的价格下降很快，但是从 RFID 芯片以及包含读写器、电子标签、中间件、系统维护等整体成本而言，超高频 RFID 系统价格依然偏高，而项目成本是应用超高频 RFID 系统最终用户权衡项目投资收益的重要指标。所以，超高频系统的成本瓶颈也是制约中国超高频市场发展的重要因素。

2010 年以来，由于经济形势的好转和物联网产业发展等利好因素推动，全球 RFID 市场也持续升温，并呈现持续上升趋势，2012 年市场规模已达到 260 亿美元。与此同时，RFID 技术的应用领域越来越多，人们对 RFID 产业发展的期待也越来越高。目前 RFID 技术正处于迅速成熟的时期，许多国家都将 RFID 产业作为一项重要产业予以积极推动。

总之，目前中国无源超高频市场还处于发展的初期，核心技术急需突破，商业模式有待创新和完善，产业链需要进一步发展和壮大，只有核心问题得到有效解决，才能够真正迎来无源超高频 RFID 市场发展。

本章小结

本章介绍了物联网感知层方面的相关技术的概念、发展及应用。

自动识别技术是应用一定的识别装置，通过被识别物品和识别装置之间的接近活动，主动地获取被识别物品的相关信息，并提供给后台的计算机处理系统来完成相关后续处理的一种技术，用来实现人们对各类物体或设备(人员、物品)在不同状态(移动、静止或恶劣环境)下的自动识别和管理。自动识别技术是信息数据自动被识读、输入计算机的重要方法和手段，是一种高度自动化的信息和数据采集技术。自动识别技术已初步形成了一个包括条形码技术、磁卡技术、IC 卡技术、光学字符识别、射频识别技术、声音识别技术及视觉识别技术等集计算机、光、磁、物理、机电、通信技术为一体的高新技术。

条形码是利用条(着色部分)、空及其宽或窄的交替排列来表达信息的。每一种编码都制定有字符与条、空及其宽或窄交替排列表达的对应关系，只要遵循这一标准打印出来的条、空交替排列的“图形符号”，在这一“图形符号”中就包含的字符信息；当识读器划过这一“图形符号”时，条、空交替排列的信息通过光线反射而形成的光信号，在识读器内被转换成数字信号，再经过相应的解码软件，“图形符号”就被还原成字符信息。二维条形码是在二维空间水平和竖直方向存储信息的条形码。它的优点是信息容量大、译码可靠性高、纠错能力强、制作成本低、保密与防伪性能好。

嵌入式系统是以应用为中心，以计算机技术为基础，软、硬件可裁剪，适用于应用系统对功能、可靠性、成本、体积、功耗有严格要求的专用计算机系统。嵌入式系统是嵌入到对象体系中的专用计算机系统。“嵌入性”、“专用性”与“计算机系统”是嵌入式系统的三个基本要素。嵌入式系统一般由嵌入式计算机系统和执行装置组成。嵌入式计算机系统是整个嵌入式系统的核心，由处理器、存储器、输入/输出(I/O)设备以及软件(嵌入式操作系统及用户的应用程序)等四个部分组成，用于实现对其他设备的控制、监视或管理等功能。执行装置也被称为被控对象，它可接受嵌入式计算机系统发出的控制命令，执行所规定的操作或任务。

传感器是指能把光、力、温度、磁感应强度等非电学量转换为电学量或转换为电路通断的器件。它利用物理、化学、生物等学科的某些效应或原理，将检测的信息，按一定规律变换为电信号或其他所需形式的信息输出，以满足信息的传输、处理、存储、显示、记录和控制等要求。它是实现自动检测和自动控制的首要环节。传感器通常由敏感元器件、转换元器件和转换电路组成。

无线传感器网络是指由大量移动或静止传感器节点，通过无线通信方式组成的自组织网络。它通过节点的温度、湿度、压力、振动、光照、气体等微型传感器的协作，实时监测、感知和采集网络分布区域内的各种环境或监测对象的信息，并由嵌入式系统对信息进行处理，用无线通信多跳中继将信息传送到用户终端。

RFID技术是一种非接触式的自动识别技术，它通过射频信号自动识别目标对象，可快速地进行物品追踪和数据交换。最基本的RFID系统由四部分组成：① 电子标签(应答器)：由耦合元器件及芯片组成，标签含有内置天线，用于与射频天线间进行通信；② 读写器：读取/写入标签信息的设备；③ 天线：在电子标签和读写器之间传递射频信号；④ 应用软件系统：针对特定需求开发的应用软件。

习　　题

1. 什么是条形码技术？其核心是什么？
2. 说明一维条形码和二维条形码的组成及其特点。
3. 嵌入式系统的定义是什么？有哪几个基本特征？
4. 嵌入式系统有哪些应用？
5. 说明嵌入式系统的组成。
6. 什么是传感器？传感器由哪几部分组成？说明各部分的作用。
7. 传感器分为哪几种？各有什么特点？
8. 简述热电阻传感器、电阻应变式称重传感器、压阻式传感器的工作原理。
9. 说明无线传感器的定义、无线传感器网络的组成部分。
10. 无线传感器网络有哪些特点？
11. 无线传感节点由哪些部分组成？
12. 什么是RFID技术？RFID的系统组成有哪些？
13. 说明RFID技术基本工作原理及工作频率。
14. 简述RFID技术的分类。
15. 说明在RFID系统中电子标签的组成及其工作流程。
16. 说明在RFID系统中读写器的组成及其工作流程。

第3章 网络层信息通信技术

网络是物联网最重要的基础设施之一。物联网的网络和现有网络有何异同，无线网络在物联网中是扮演什么角色？通过本章的学习，读者将对上述问题有更清楚的理解。网络层在物联网三层模型中连接感知层和应用层，具有强大的纽带作用，高效、稳定、及时、安全地传输上下层的数据。本章着重介绍了网络通信的基本概念和技术，探讨了各种网络形式在未来物联网的应用。在物联网时代，网络构建技术能助推物联网的发展，将物联网由实验室推向千家万户。

3.1 局域网、以太网和广域网技术

在物联网技术中计算机网络技术应用非常广泛，计算机网络的定义随网络技术的更新可从不同的角度给予描述，目前人们已公认的有关计算机网络的定义如下：

计算机网络是将地理位置不同，具有独立功能的多个计算机系统利用通信设备和线路互相连接起来，且以功能完善的网络软件(包括网络通信协议、网络操作系统等)实现网络资源共享的系统。计算机网络的组成包括以下一些内容。

(1) 传输介质。连接两台或两台以上的计算机需要传输介质，介质可以是双绞线、同轴电缆或光纤等有线介质，也可以是微波、红外线、激光和通信卫星等无线介质。

(2) 通信协议。计算机之间要交换信息和实现通信，彼此就需要有某些约定和规则——网络协议。目前有很多网络协议，有一些是各计算机网络产品厂商自己制定的，也有许多是由国际组织制定的，它们已构成了庞大的协议集。

(3) 网络连接设备。异地的计算机系统要实现数据通信、资源共享还必须有各种网络连接设备给予保障，如中继器、网桥、交换机和路由器等。

(4) 用户端设备。如主机、服务器等。

计算机网络的分类标准很多，如按拓扑结构、介质访问方式、交换方式以及数据传输率等，但这些分类标准只给出了网络某一方面的特征，并不能反映网络技术的本质。事实上，确实存在一种能反映网络技术本质的网络划分标准，这就是计算机网络的覆盖范围。按网络覆盖范围的大小，可将计算机网络分为局域网(LAN)、城域网(MAN)、广域网(WAN)和因特网，如表3-1所示。网络覆盖的地理范围是网络分类的一个非常重要的度

表3-1 计算机网络分类

分布距离	覆盖范围	网络种类
10 m	房间	局域网
100 m	建筑物	
1 km	校园	
10 km	城市	城域网
100 km	国家	广域网
1000 km	洲或洲际	因特网

量参数，因为不同规模的网络将采用不同的技术。

3.1.1　局域网技术

局域网(Local Area Network，LAN)是指范围在几百米到十几千米内的办公楼群或校园内的计算机相互连接所构成的计算机网络。计算机局域网被广泛应用于连接校园、工厂以及机关的个人计算机或工作站，以利于个人计算机或工作站之间共享资源(如打印机)和数据通信。局域网区别于其他网络主要体现在三个方面：网络所覆盖的物理范围；网络所使用的传输技术；网络的拓扑结构。

局域网中经常使用共享信道，即所有的机器都接在同一条电缆上。传统局域网具有高数据传输率(10 Mb/s 或 100 Mb/s)、低延迟和低误码率的特点。新型局域网的数据传输率可达每秒千兆位甚至更高。

局域网有不同的拓扑结构。图 3-1 给出了两种局域网的拓扑结构。在总线型网络中，任何时刻只允许一台机器发送数据，而所有其他机器都处于接收状态。当有两台或多台机器同时发送数据时必须进行仲裁，仲裁机制可以是集中式也可以是分布式的。例如，IEEE 802.3，即以太网，它是基于共享总线采用分布控制机制、数据传输率为 10 Mb/s 的局域网。以太网中的站点机器可以在任意时刻发送数据，当发生冲突时，每个站点机器立即停止发送数据并等待一个随机长的时间继续尝试数据发送。

局域网的第二种类型是环型网络。在环型网络中，数据沿着环不停地旋转。同理，在环型网络中必须有一种机制用于仲裁不同机器站点对环的同时访问。IEEE 802.5(即 IBM 令牌环)就是一种常用的数据传输率为 4 Mb/s 或 16 Mb/s 的环型局域网。

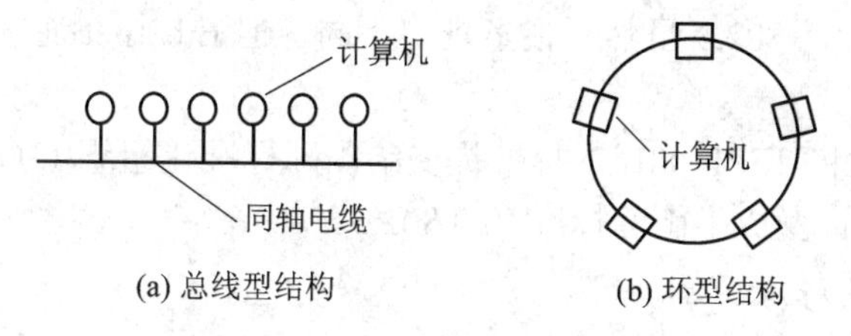

图 3-1　两种局域网的拓扑结构

计算机网络拓扑结构除了以上介绍的总线型和环型两种拓扑结构之外，还包括星型网络拓扑结构、树型网络拓扑结构和网状网络拓扑结构。

3.1.2　以太网技术

以太网是宽带设备中应用最广泛的网络接口。以太网技术规范最初是由 Xerox 公司创建并由 Xerox、Intel 和 DEC 公司联合开发的基带局域网规范。以太网络使用 CSMA/CD (Carrier Sense Multiple Access/Collision Detect，带冲突检测的载波监听多路访问)技术，并以 10 Mb/s 的速率运行在多种类型的电缆上。以太网与 IEEE 802.3 系列标准相类似。以太网不是一种具体的网络，而是一种技术规范。

1. 以太网概述

以太网是当今现有局域网采用的最通用的通信协议标准。该标准定义了在局域网(LAN)

中采用的电缆类型和信号处理方法。以太网在互联设备之间以10 Mb/s～100 Mb/s的速率传送信息包，双绞线电缆10 BASE-T以太网由于其低成本、高可靠性以及10 Mb/s的速率而成为应用最为广泛的以太网技术。直扩无线以太网的速率可达11 Mb/s，许多制造供应商提供的产品都能采用通用的软件协议进行通信，开放性最好。

以太网(Ethernet)是一种计算机局域网组网技术。IEEE制定的IEEE 802.3标准给出了以太网的技术标准，它规定了包括物理层的连线、电信号和介质访问层协议的内容。以太网是当前应用最普遍的局域网技术，很大程度上取代了其他局域网标准，如令牌环网(Token Ring)、FDDI和ARCNET。

以太网的标准拓扑结构为总线型拓扑结构，但目前的快速以太网(100 BASE-T、1000 BASE-T 标准)为了最大程度的减少冲突，最大程度的提高网络速度和使用效率，使用交换机(Switch Hub)来进行网络连接和组织，这样以太网的拓扑结构就成了星型，但在逻辑上，以太网仍然使用总线型拓扑结构和CSMA/CD的总线争用技术。

2. IEEE 802.3标准

IEEE 802.3对以太网的标准进行了全面的定义，以太网标准只涉及物理层和数据链路层，所以以太网是一种两层(链路层)技术。

1) 以太网的起源

以太网(Ethernet)技术于1973年由施乐公司研发，而后由Xerox、Digital Equipment和Intel三家公司开发成为局域网组网规范，并于20世纪80年代初首次发布，称为DIX 1.0。

1982年修改后的版本为DIX 2.0。这三家公司将此规范提交给IEEE(电子电气工程师协会)802委员会，经过IEEE成员的修改并通过，变成了IEEE的正式标准，并编号为IEEE 802.3。Ethernet和IEEE 802.3虽然有很多规定不同，但Ethernet通常认为与IEEE 802.3是兼容的。

1983年，IEEE将IEEE 802.3标准提交给国际标准化组织(ISO)第一联合技术委员会(JTC1)，再次经过修订变成了国际标准ISO 802.3。

2) 主要的以太网标准

1982年：10 BASE-5(DIX) 802.3粗同轴电缆。

1985年：10 BASE-2 802.3a细同轴电缆。

1990年：10 BASE-T 802.3j双绞线。

1993年：10 BASE-F 802.3j光纤。

1995年：100 BASE-T 802.3u双绞线。

1997年：全双工以太网802.3x双绞线、光纤。

1998年：1000 BASE-X 802.3z双绞线、光纤。

2000年：1000 BASE-T 802.3ab双绞线。

IEEE 802.3的命名规则如下：

IEEE 802.3 X TYPE-Y NAME

其中，X表示传输速率，有三种方式：10表示10 Mb/s、100表示100 Mb/s、1000表示1000 Mb/s；TYPE表示信号传输方式，有两种方式：Base指基带传输和Broad指宽带传输；Y表示传输媒体，有四种方式：5表示粗同轴电缆、2表示细同轴电缆、T表示双绞线、F表示光纤。

例如，10BASE-5，表示该以太网的带宽为 10 Mb/s，以基带传输，最大传输距离为 500 m；10BASE-TX，表示该以太网的带宽为 100 Mb/s，以基带传输，传输介质(媒体)为双绞线。

3. CSMA/CD

以太网以 CSMA/CD 的方式来进行媒体访问控制，其目的就是为了避免冲突。网络中的各个站(节点)都能独立地决定数据帧的发送与接收。每个站在发送数据帧之前，首先要进行载波监听，只有当媒体空闲时，才允许发送数据帧。这时，如果两个以上的站同时监听到媒体空闲并都发送数据帧，就会产生冲突现象，使发送的数据帧都成为无效帧，发送随即宣告失败。每个站能随时检测冲突是否发生，若发生，则立即停止发送，以免媒体带宽因传送无效的数据帧而被浪费。然后每个站随机延迟一段时间后，再重新使用媒体，重发未完成的数据帧。

4. 以太网的物理介质

最初的以太网是运行在同轴电缆上的，只适合于半双工通信。到了 1990 年，出现了基于双绞线介质的 10 BASE-T 以太网。10 BASE-T 以太网使用了四对双绞线来传输数据(只使用其中的两对)，一对双绞线用来发送，另外一对用来接收。之所以使用一对双绞线来分别进行收发，主要是因为电气特性上的考虑，当发送数据时，在一条线路上发送通常的电信号，而在另外一条线路上发送跟通常电信号极性相反的信号，这样可以消除线路上的电磁干扰。10 BASE-T 以太网出现后，以太网由以前的总线型结构发展为星型拓扑，终端设备通过双绞线连接到 HUB(集线器)上，利用 HUB 内部的一条共享总线进行互相通信。

后来又出现了 100 M 的以太网，即快速以太网(Fast Ethernet)。快速以太网在数据链路层上与 10 M 以太网没有区别，不过在物理层上提高了传输的速率，而且可采用光纤作为传输介质。运行在双绞线上的 100 M 以太网称为 100 BASE-TX 以太网，运行在光纤上的 100 M 以太网则称为 100 BASE-FX 以太网。随着计算机技术的不断发展，传统的快速以太网(100 M)已经不能满足要求，这时候迫切再次提高以太网的运行速度，提高到 1000 M 是最直接的，即所谓的千兆以太网(GE)。

5. 全双工以太网

把双绞线作为以太网的传输介质不但提高了灵活性和降低了成本，而且引入了一种高效的运行模式——全双工模式，即数据的发送和接收可以同时进行，互不干扰。传统的网络设备 HUB 是不支持全双工的，由于 HUB 的内部是一条总线，数据接收和发送都是在该总线上进行，无法实现全双工通信，因此，要实现全双工通信，必须引入一种新的设备，即现在的以太网交换机(Lanswitch)。

Lanswitch 跟 HUB 的外观类似，都是一个多端口设备，每个端口可以连接终端设备和其他多端口设备。但在交换机内部就不是一条共享总线了，而是一个数字交叉网络，该数字交叉网络能为各个终端之间提供连接，使其相互独立地传输数据，而且交换机还设置了缓冲区，可以暂时缓存终端发送过来的数据，等资源空闲之后再进行交换。正是交换机的出现，使以太网技术由原来的 10M/100M 共享结构转变为 20M/200M 独占带宽的结构，大大提高了效率，而且可以在交换机上施加一些软件策略，实现 VLAN(虚拟局域网)、优先级、冗余链路等，这些技术增加了业务的丰富性，是以太网技术的精华。

3.1.3 广域网技术

广域网是一种跨地区的数据通信网络，它使用电信运营商提供的设备作为信息传输平台。

1. 广域网概述

广域网也称为远程网，是覆盖地理范围相对较广的数据通信网络。它常利用公共网络系统(如电话公司)提供的便利条件进行传输，可以分布在一个城市、国家，甚至跨过许多国家分布到各个大洲。如国内的中国教育科研网(CERNET)就属于广域网。

与覆盖范围较小的局域网相比，广域网具有以下一些特点：

(1) 覆盖范围广，可达数千、甚至数万千米。

(2) 数据传输速率较低，通常为几千位每秒至几兆位每秒。

(3) 使用多种传输介质，如光纤、双绞线和同轴电缆等，又如无线有微波、卫星、红外线和激光等。

(4) 数据传输延时大，如卫星通信的延时可达几秒钟。

(5) 数据传输质量不高，如误码率高、信号误差大等。

(6) 广域网管理、维护困难。

2. 广域网的体系结构

对照 OSI 参考模型，广域网协议位于 OSI 参考模型底层的物理层、数据链路层和网络层，其结构对照示意图如图 3-2 所示。

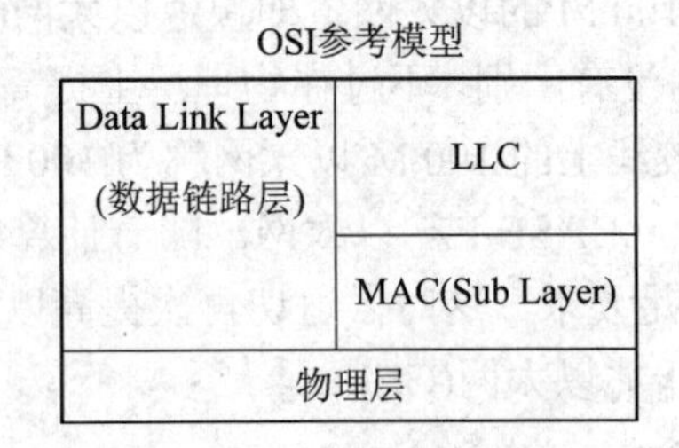

图 3-2 广域网协议与 OSI 参考模型的结构对照示意图

广域网协议中各参数的含义如下：

(1) LAPB：平衡型链路访问规程，它增强了错误检验和更正能力。

(2) Frame Relay：帧中继，在 X.25 的基础上发展起来的简洁、高效的分组交换协议。

(3) HDLC：高级数据链路控制，ISO 标准的链路层协议。

(4) PPP：点到点协议，有丰富功能的同异步链路层协议。

(5) SDLC：同步数据链路控制协议，在 IBM 大型机中使用。

3. 典型广域网技术

广域网分为宽带广域网和窄带广域网，两者的区别如下：

(1) 宽带是指 2 Mb/s 以上的带宽，宽带采用了基于 ATM、IP、光纤以太网和 MPLS 等分组技术；而窄带采用了基于电路交换技术。

(2) 宽带IP城域网一般具有层次结构，可以分为骨干层、汇聚层、接入层和用户层等。

(3) 拨号上网、ISDN和DDN提供了基于窄带网络接入的数据应用。

(4) 宽带接入通过ADSL、VDSL、LAN、HFC和无线接入等方式接入宽带网络。

目前，常见的窄带广域网有公用电话交换网(Public Switched Telephone Network，PSTN)，公用分组交换网(X.25)、公用数字数据网(Digital Data Network，DDN)、综合业务数字网(Integrated Service Digital Network，ISDN)和帧中继网。宽带广域网有ATM、SONET、SDH等。

1) 公用电话交换网

公用电话交换网即我们日常生活中常用的电话网。PSTN技术是利用PSTN通过调制解调器拨号实现用户接入的方式。这是一种常见的接入方式，目前其最高的传输速率为56 kb/s，这种速率远远不能够满足宽带多媒体信息的传输要求。由于电话网非常普及，用户终端设备——Modem很便宜，而且不用申请就可开户，只要家里有计算机，把电话线接入Modem就可以直接上网，因此很多用户使用这种接入方式。但随着宽带的发展和普及，这种接入方式已被淘汰。

2) 公用数字数据网

DDN是随着数据通信业务发展而迅速发展起来的一种新型网络。DDN的主干网传输媒介有光纤、数字微波和卫星信道等，用户端多使用普通电缆和双绞线。DDN将数字通信技术、计算机技术、光纤通信技术以及数字交叉连接技术有机地结合在一起，它提供了高速度、高质量的通信环境，可以向用户提供点对点、点对多点透明传输的数据专线出租电路，为用户传输数据、图像和声音等信息。DDN具有传输质量高、速度快、带宽利用率高等一系列优点。

3) 公用分组交换网

X.25建议书是ITU在1976年，针对分组交换网制定的著名标准，它对推动分组交换的发展做出了很大的贡献。其全称是：在公用数据网中，以分组方式进行操作的DTE(数据终端设备)和DCE(数据电路端接设备)之间的接口。即X.25只是对公用分组交换网络的接口规范说明，并不涉及网络内部实现，它是面向连接的，支持交换式虚电路和永久虚电路。X.25常用于公共载波分组交换网，可以满足不同设备及系统间的网络通信。其主要特点是在一条电路中可以同时开放多条虚电路，该网络具有动态路由及先进的差错检验功能，其网络性能稳定，但速度较慢。X.25提供以下两种虚电路服务：

(1) 交换虚电路(SVC)。类似于电话交换，即双方通信前要临时建立一条虚电路供数据传输，通信完毕后要拆除该虚电路，供其他用户使用。

(2) 永久虚电路(PVC)。可在两个用户之间建立永久的虚连接，用户间需要通信时无需建立连接，可直接进行数据传输，如使用专线一样。

4) 帧中继网

帧中继是由分组交换技术演变而来的，它是在数据链路层用简化的方法传送和交换数据单元的一种技术。仅完成OSI物理层和数据链路层的功能，将流量控制、差错处理等功能提交给智能终端去完成，大大简化了节点机之间的协议，以此减少网络时延，降低通信费用。帧中继的优点如下：

(1) 降低网络互联费用。在广域网中，专用帧中继网能够为用户节省大量的线路和带宽费用，又因为帧中继在一条物理连接上能够提供多个逻辑连接，从而降低了接入费用和设备费用。

(2) 简化网络功能，提高网络性能。由于采用了光纤数字传输系统，并简化了网络处理业务，帧中继大大地减少了网络响应时间，提高了网络处理速度，改善了网络的整体性能。

(3) 采用国际标准，各厂商产品相互兼容。由于采用了国际标准，加之帧中继协议相对简单，各厂商产品之间的兼容性和互通性较易实现。

帧中继是一种基于可变帧长的数据传输网络，在传输过程中，其网络内部可以采用“帧交换”，即以帧为单位进行传送。帧中继提供一种简单的面向连接的虚电路分组服务，包括交换虚电路连接和永久虚电路连接。在实际应用中，帧中继主要适用于以下几种情况：

(1) 当客户的带宽需求为 64 kb/s～2 Mb/s，而参与通信的节点多于两个时，使用帧中继是一种较好的解决方案。

(2) 当通信距离较长时，帧中继的高效性可以使用户享有较好的经济性。

(3) 当客户传送的数据突发性较强时，由于帧中继具有动态带宽分配的功能，因此选用帧中继可以有效地处理突发性数据。

5) 综合业务数字网

ISDN 接入技术俗称“一线通”，它利用公众电话网向用户提供了端对端的数字信道连接，用来承载包括话音和非话音在内的各种电信业务。用户利用一条 ISDN 用户线路，可以在上网的同时拨打电话、收发传真，就像两条电话线一样。如同普通拨号上网要使用 Modem 一样，用户使用 ISDN 也需要专用的终端设备，主要由网络终端 NTI 和 ISDN 适配器组成。

ISDN 适于个人家庭用户或 SOHO 用户接入因特网、中小企事业单位 LAN 联网、连锁店的销售联网以及在公网开放可视电话、会议电视等增值业务，或者被各中小企事业单位用为 DDN、帧中继等专线电路的备用方式。

6) ADSL

ADSL(Asymmetrical Digital Subscriber Line，非对称数字用户环路)是一种能够通过普通电话线提供宽带数据业务的技术，也是目前极具发展前景的一种接入技术。它利用数字编码技术从现有铜质电话线上获取最大数据传输容量，同时又不干扰在同一条线上进行的常规话音服务。其原因是它用电话话音传输以外的频率传输数据。也就是说，用户可以在上网的同时打电话或发送传真，而这将不会影响通话质量或降低下载 Internet 内容的速度。

ADSL 能够向终端用户提供 8 Mb/s 的下行传输速率和 1 Mb/s 的上行传输速率，比传统的 28.8 Kb/s 模拟调制解调器快将近 200 倍。这也是传输速率达 128 kb/s 的 ISDN 所无法比拟的。

与电缆调制解调器相比，ADSL 具有独特优势：它不需要改造信号传输线路，完全可以利用普通铜质电话线作为传输介质，配上专用的 Modem 即可实现数据高速传输，可提供针对单一电话线路用户的专线服务，而电缆调制解调器则要求一个系统内的众多用户分享同一带宽。尽管电缆调制解调器的下行速率比 ADSL 高，但考虑到将来会有越来越多的用户在同一时间上网，电缆调制解调器的性能将大大下降。

7) HFC

HFC(Hybrid Fiber Coax)即网络传输主干为光纤，到用户端为同轴电缆的用户网络接入方式。我国各城市的有线电视网按照电信网络的要求进行一定的升级改造，即可为用户提供 HFC 接入，实现普通电话、VOD 和远程医疗等窄带和宽带业务。

利用这种技术实现宽带接入，有线电视网的优势主要表现在以下几个方面：

(1) HFC 信号的通频带宽为 750 MHz，是市话双绞线所无法比拟的。

(2) 能充分适应信息网络的发展，易于过渡为最终的 FTTH/O 方式。

(3) 同利用 ADSL 等电信网络实现宽带接入的成本相比，它的成本费用很低。

然而，有线电视网同 ADSL 相比，也存在以下一些劣势：

(1) 有线电视网的带宽为所有用户所共享。

(2) 每一用户所占的带宽并不固定，它取决于某一时刻对带宽进行共享的用户数。随着用户的增加，每个用户所分得的实际带宽将明显降低，甚至低于用户独享的 ADSL 带宽。

(3) 由于有线电视网现为共享型网络，数据传送基于广播机制，通信的安全性不够高。

(4) 它主要用在住宅小区，显然不及市话双绞线覆盖的范围广泛。

3.2　无线局域网技术

无线局域网(Wireless Local Area Network，WLAN)是计算机网络与无线通信技术相结合的产物。它利用电磁波在空气中发送和接收数据，无需线缆介质，具有传统局域网无法比拟的灵活性。无线局域网的通信范围不受环境条件限制，网络传输范围大大拓宽，最大传输范围可达到几十千米。在有线局域网中，两个站点之间的距离被限制在 500 m，即使采用单模光纤也只能达到 3000 m，而无线局域网中，两个站点之间的距离目前可达几十千米，距离数公里的建筑物中的网络可以集成为同一个局域网。此外，无线局域网抗干扰性强、网络保密性好。对于有线局域网中的诸多安全问题，在无线局域网中基本上可以避免。而且相对于有线网络，无线局域网组建、配置和维护较为容易，一般计算机工作人员都可以胜任网络的管理工作。由于 WLAN 具有多方面的优点，其发展十分迅速，在最近几年中，WLAN 已经在医院、商店、工厂和学校等不适合网络布线的场合得到了广泛的应用。

Wi-Fi(Wireless Fidelity，无线高保真)属于无线局域网的一种，通常是指符合 IEEE 802.11b 标准的网络产品，Wi-Fi 可以将个人电脑、手持设备(如 PDA、手机)等终端以无线方式互相连接。

通常人们会把 Wi-Fi 及 IEEE 802.11 混为一谈，甚至把 Wi-Fi 等同于无线网际网络。但实际上 Wi-Fi 是一个无线网络通信技术的品牌，由 Wi-Fi 联盟(Wi-Fi Alliance)所持有，目的是改善基于 IEEE 802.11 标准的无线网络产品之间的互通性，保障使用该商标的商品互相之间可以合作。因此 Wi-Fi 可以看做是对 IEEE 802.11 标准的具体实现。但现在人们逐渐习惯用 Wi-Fi 来称呼 IEEE 802.11 协议，它已经成为 IEEE 802.11 协议的代名词。

Wi-Fi 技术发展至今，全球共有约 7 亿 Wi-Fi 用户，热点数量已超过 150 万个，2015 年的全球公共 Wi-Fi 热点数量将达到约 580 万个，Wi-Fi 设备累计出厂量超过 20 亿部，年增长率将维持在两位数以上。

现在越来越多的家用电器及电子产品开始支持 Wi-Fi 功能。Wi-Fi 的普及以及相关软件的发展将会使家用电器完成功能上的飞跃。通过网络将各种家电连接，可实现功能上的重构和资源的再配置。随着网络的普及和推广，将局域网中的各种带有网络功能的家用电器通过无线技术连接成局域网络，并与外部 Internet 相连，构成智能化、多功能的现代家居智能系统将会成为新的流行趋势。

3.2.1 无线局域网的分类

无线局域网络(Wireless Local Area Network，WLAN)是使用无线通信技术将计算机设备互联，构成可以互相通信和资源共享的局域网络。WLAN 具有构建灵活、接入方便、支持多种终端接入、终端移动灵活等特点。目前，主流数据传输可达 54 Mb/s。常见的无线局域网络术语解释如下：

(1) AP。AP 全称为 Access Point(无线接入点)。AP 设备主要是用于和有线以太网进行连接，同时 AP 还进行无线信号的发射。终端设备可以通过无线网卡和 AP 进行通信等数据交换操作。

(2) Wi-Fi。Wi-Fi 全称为 Wireless Fidelity(无线高保真)，它是 WLAN 领域中对符合 Wi-Fi 标准的产品的一种认证，该标准由 Wi-Fi 技术联盟进行制定和修改。通过 Wi-Fi 认证的产品能够在 WLAN 环境中使用并保持与其他 Wi-Fi 认证产品的兼容性。目前常见的 Wi-Fi 认证有 IEEE 802.11b、IEEE 802.11a、IEEE 802.11g 等。

(3) WAPI。WAPI 全称为 WLAN Authentication and Privacy Infrastructure(WLAN 鉴别与保密基础架构)，它是由中国宽带无线 IP 标准工作组制定的，主要是规范 IEEE 802.11b 相关的安全加密标准，但是不能与 Wi-Fi 技术联盟制定的主流的 WEP 及 WPA 兼容。

(4) WEP。WEP 全称为 Wired Equivalent Protocol(有线等效协议)，它是 IEEE 802.11b 认证中的安全加密协议。WEP 在开启的状态下会对传输数据进行加密，从而保证 WLAN 环境中数据传输的安全性和完整性。

Wi-Fi 具有的优势：无线电波的覆盖范围广，基于蓝牙技术的电波覆盖范围非常小，半径大约只有 50 ft(约为 15 m)，而 Wi-Fi 的半径则可达 300 ft(约为 100 m)，不仅是在办公室中，就是在整栋大楼中也可使用。最近，由 Vivato 公司推出了一款新型交换机，据悉，该款产品能够把目前 Wi-Fi 网络 300 ft(接近 100 m)的通信距离扩大到 4 mi(约为 6.5 km)。

虽然由 Wi-Fi 技术传输的无线通信质量不是很好，且数据安全性能比蓝牙差一些，传输质量也有待改进，但传输速度非常快，可以达到 11 Mb/s，符合个人和社会信息化的需求。

厂商进入该领域的门槛比较低。厂商只要在机场、车站、咖啡店、图书馆等人员较密集的地方设置“热点”，并通过高速线路将 Internet 接入上述场所。这样，由“热点”发射出的电波可以到达距接入点半径数十米至百米的地方，用户只要将支持 WLAN 的笔记本电脑或 PDA 拿到该区域内，即可高速接入 Internet。也就是说，厂商不用耗费资金进行网络布线接入，从而节省了大量的成本。

3.2.2 无线局域网的标准

1990 年 11 月成立 IEEE 802.11 委员会负责制定 WLAN 标准。无线局域网第一个版本发表于 1997 年，其中定义了介质访问接入控制(MAC)层和物理层。物理层定义了工作在 2.4 GHz 的 ISM 频段上的两种无线调频方式和一种红外传输的方式，总数据传输速率设计为 2 Mb/s。两个设备之间的通信可以自组织的方式(Ad-Hoc 方式)进行，也可以在基站(Base Station，BS)或者无线接入点(Access Point，AP)的协调下进行。

1999 年，发布了两个补充版本：IEEE 802.11a 定义了一个在 5 GHz ISM 频段上的数据传输速率可达 54 Mb/s 的物理层，IEEE 802.11b 定义了一个在 2.4 GHz 的 ISM 频段上，但其数据传输速率高达 11 Mb/s 的物理层。2.4 GHz 的 ISM 频段为世界上绝大多数国家通用，因此 IEEE 802.11b 得到了最为广泛的应用。苹果公司把自己开发的 IEEE 802.11 标准命名为 AirPort。1999 年工业界成立了 Wi-Fi 联盟，致力解决符合 IEEE 802.11 标准的产品的生产和设备兼容性问题。

IEEE 802.11 系列标准近几年发展很快，IEEE 802.11g、IEEE 802.11n 相继发布，IEEE 802.1ac 于 2012 年发布，领先的设备供应器纷纷推出多款接入点/路由器产品，IEEE 802.11ac 设备自此开始亮相。具体的 IEEE 802.11 系列标准的参数比较如表 3-2 所示。

表 3-2　IEEE 802.11 系列标准的参数比较

标准版本	IEEE 802.11a	IEEE 802.11b	IEEE 802.11g	IEEE 802.11n	IEEE 802.11ac
发布时间	1999 年	1999 年	2003 年	2009 年	2012 年
工作频段	5 GHz	2.4 GHz	2.4 GHz	2.4 / 5 GHz	5 GHz
传输速率	54 Mb/s	11 Mb/s	54 Mb/s	600 Mb/s	1 Gb/s
编码类型	OFDM	DSSS	OFDM、DSSS	MIMO-OFDM	MIMO-OFDM
信道宽度	20 MHz	22 MHz	20 MHz	20/40 MHz	20/40/160 MHz
天线数目	1 × 1	1 × 1	1 × 1	4 × 4	8 × 8

按照 IEEE 802.11 系列标准发布的先后，可以认为自 1997 年最早出现的 IEEE 802.11 标准为第一代，速率仅仅为 2 Mb/s，到第五代 IEEE 802.11ac，通信速率已经达到 1.3 Gb/s，期间经历了近十几年时间。

第一代 Wi-Fi 标准，即 IEEE 802.11-1997：最先提出的 Wi-Fi 标准是 IEEE 802.11-1997，速度只能达到 1 Mb/s～2 Mb/s，可以被 Infrared(红外传输)、FHSS(调频扩频技术)、DSSS(直接序列扩频技术)替代。其速率过低加上传输器和接收器价格相当昂贵，以至该标准并未得到推广。直到 1999 年，IEEE 802.11a/b 的推出，Wi-Fi 技术才得到认可。

第二代 Wi-Fi 标准，即 IEEE 802.11a/b：在 1999 年，IEEE 802.11a/b 标准面世。其中，IEEE 802.11a 采用 5 GHz 频率，速度达到 54 Mb/s，但存在覆盖范围小，穿透性差的缺点；IEEE 802.11b 继承 DSSS 技术，工作频段在 2.4 GHz，速率达到 11 Mb/s，但存在抗干扰性差的缺点。虽然仍存在不足，但 IEEE 802.11a/b 无论从速率还是价格上都相比前一代 Wi-Fi 标准有了很大的进步，移动性网络的优势也得到彰显，因此第二代 Wi-Fi 标准很快就受到消费者青睐，尤其是 IEEE 802.11b。

第三代 Wi-Fi 标准，即 IEEE 802.11g：随着以太网速率的不断提升，IEEE 802.11 标准也不断改进。2003 年，IEEE 802.11g 标准面世，其工作在 2.4 GHz 频段，能兼容 IEEE 802.11b，采用 OFDM 调制技术，与 IEEE 802.11a 调制方式相同，便于双频产品的设计，速率能达到 54 Mb/s，同时在价格上只略高于 IEEE 802.11b 标准产品，可为用户提供更高性能、更低价格的无线网络。在同样达到 54 Mb/s 的数据速率时，IEEE 802.11g 设备能提供大约两倍于 IEEE 802.11a 设备的覆盖距离。因此 IEEE 802.11g 得到市场的快速接受。

第四代 Wi-Fi 标准，即 IEEE 802.11n：2009 年，IEEE 正式通过 IEEE 802.11n 标准。得益于将MIMO(多入多出)与OFDM(正交频分复用)技术相结合而应用的MIMO-OFDM技术，在传输速率方面，IEEE 802.11n 可以将 WLAN 的传输速率由目前 IEEE 802.11a 及 IEEE 802.11g 提供的 54 Mb/s，提高到 300 Mb/s 甚至高达 600 Mb/s。在覆盖范围方面，IEEE 802.11n 采用智能天线技术，通过多组独立天线组成的天线阵列，可以动态调整波束，保证让 WLAN 用户接收到稳定的信号，并可以减少其他信号的干扰。在兼容性方面，IEEE 802.11n 采用了一种软件无线电技术，它是一个完全可编程的硬件平台，使得不同系统的基站和终端都可以通过这一平台的不同软件实现互通和兼容，这意味着 IEEE 802.11n 不仅能向前后兼容，而且可以实现 WLAN 与无线广域网络的结合，如 3G。目前 IEEE 802.11n 已经成为主流标准，D-Link、Airgo、Bermai、Broadcom、Agere、Atheros、Cisco、Intel 等厂商推出的无线网卡、无线路由器等产品，已经大量应用在 PC、笔记本电脑中。

第五代 Wi-Fi 标准，即 IEEE 802.11ac：IEEE 标准协会从 2008 年起就开始推动 IEEE 802.11ac(俗称 5G Wi-Fi)标准的制定，完整的官方标准在 2012 年面世。IEEE 802.11ac 标准实现高达 1.3 Gb/s 的传输速率，是 IEEE 802.11n 最高传输速率的三倍，满足高清视频播放需求，它可同时容纳更多的接入设备，提升网络覆盖范围，有效减少网络盲区，其功耗仅为之前产品的 1/6，带给用户更好的移动体验。随着应用需求驱动部署，向 IEEE 802.11ac 演进的通道已开启，在芯片厂商的不断创新下，成本不断被降低，相关设备商不断跟进推出 IEEE 802.11ac 产品。规模化普及不断加速，很快 IEEE 802.11ac 将取代 IEEE 802.11n 成为主流。

3.2.3 无线局域网的网络结构

1. 基本结构

1) 有固定基础设施的 WLAN

利用预先建立起来的、能够覆盖一定地理范围的一批固定基站实现无线数据通信，该基站称为接入点 AP。无线站点(STA)又称为移动站，通常由计算机加无线网卡构成，通过 AP 进行通信。有固定基础设施的 WLAN 如图 3-3 所示。

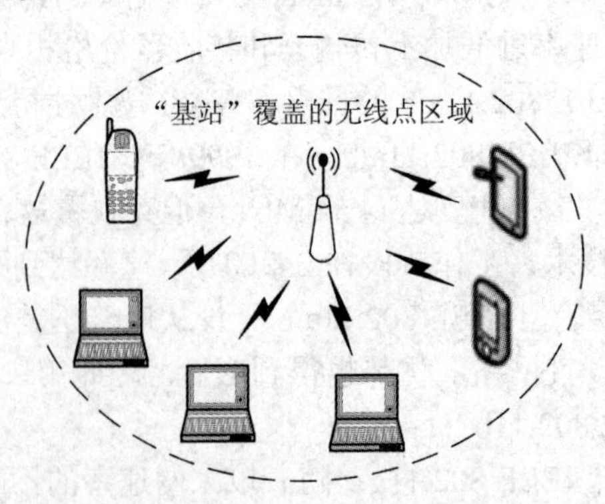

图 3-3 有固定基础设施的 WLAN

2) 无固定基础设施 WLAN

无固定基础设施的 WLAN 没有接入点 AP，而是由一些处于平等状态的移动站之间相互通信组成的临时网络如图 3-4 所示。当移动站 A 和 E 通信时，经过 A→B、B→C、C→D 和最后 D→E 这样一连串的过程。因此在从源结点 A 到目的结点 E 的路径中的移动站 B、C 和 D 都是转发结点。

这种无固定基础设施的 WLAN 称为自组织网络，又称为 Ad-Hoc 网络。由于没有预先建好的基站，因此它的服务范围通常是受限的。

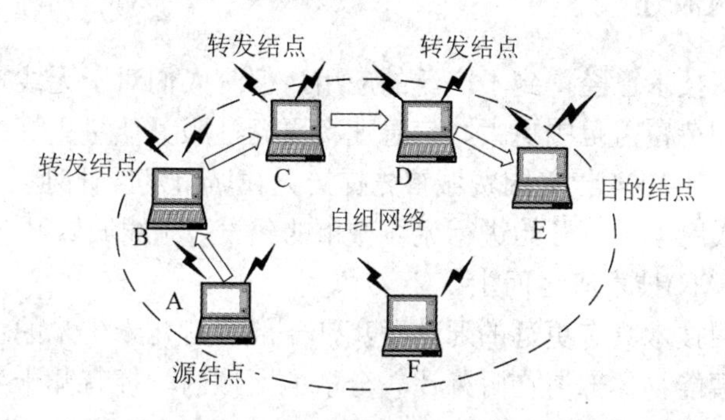

图 3-4　无固定基础设施的 WLAN

无线局域网与有线的以太网相比，具有以下几大特点：

(1) 可移动性。通信不受环境条件的限制，拓宽了网络的传输范围。

(2) 灵活性。组网不受布线接点位置的制约，具有传统以太网无法比拟的灵活性。

(3) 扩展能力强。只需通过增加 AP 即可对现有网络进行有效扩展。

(4) 经济节约。不需要布线或开挖沟槽，安装便捷，建设成本低。

2. 基本结构扩展

一个无线 AP 以及与其关联的无线客户端被称为一个基本服务集(BSS)。一个 BSS 是孤立的，可通过接入点 AP 连接到一个分配系统 DS(如以太网)，然后再接到另一个 BSS……这就构成一个扩展的服务集 ESS。ESS 还可通过门桥(Portal，无线网桥)为无线用户提供到 IEEE 802.x 局域网的接入。基本结构扩展如图 3-5 所示。

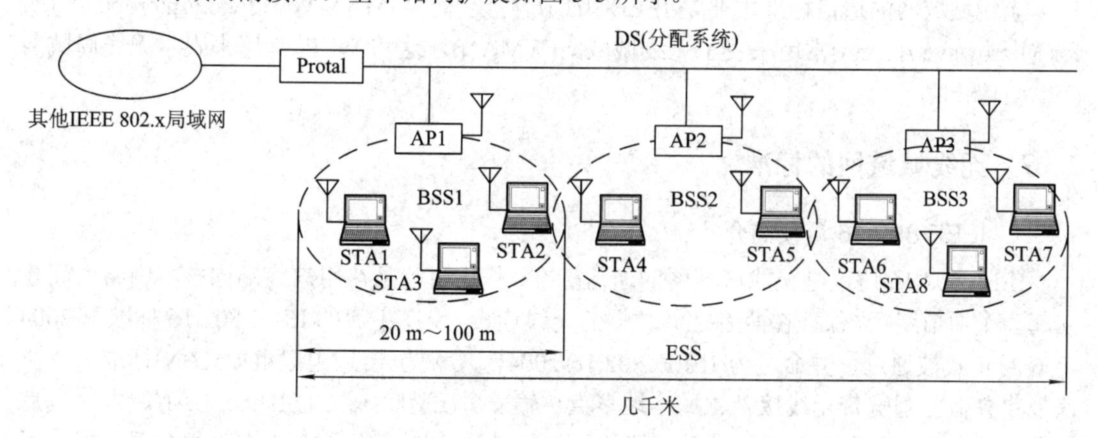

图 3-5　基本结构扩展

现在许多地方，如办公室、机场、快餐店、旅馆、购物中心等都能向公众提供有偿或无偿接入 Wi-Fi 的服务。这样的地点被称为热点(Hot Spot)。由许多热点和接入点 AP 连接起来的区域被称为热区(Hot Zone)。热点也就是公众无线入网点。

3.3 无线城域网技术

3.3.1 无线城域网概述

尽管无线局域网技术已经得到了广泛的应用，但是人们对于无线宽带通信的探索并未因此而停止，人们期待覆盖范围更大、信息速率更高、服务质量更好的技术出现，因此无线城域网应运而生。自2004年美国费城首先提出无线城市发展计划以来，西欧等国家和地区已有一批城市在政府主导下开始进行无线城市的建设，无线城域网(Wireless Metropolitan Area Network，WMAN)技术应运而生。

由于无线城域网技术具有更远的通信距离，一般具有几十千米的通信距离，而物联网许多应用，例如，智能物体部署在野外比较分散的区域内，拥有几十千米的通信距离可以部署许多适合更大范围内工作的物联网应用。目前无线城域网技术的演进版 Wireless MAN-Advanced(IEEE 802.16m)已被确定为4G的技术标准之一。

无线城域网由基站(BS)、用户基站(SS)和接力站(RS)组成。在无线城域网中，基站的作用是一方面提供与核心网络(即传统的因特网)之间的连接；另一方面通常采用扇形/定向天线或全向天线向用户基站发送数据。无线城域网基站在工作时可以提供灵活的子信道部署与配置功能，合理地规划信道带宽，并根据用户状况不断升级扩展网络。用户基站的作用是完成基站与用户终端设备间的中断连接，一个基站能够支持多个用户基站之间数据的传输，一个用户基站又支持多个用户终端间的无线连接，从而使一个基站能够为上千个用户终端服务。用户基站采用固定天线，并且安置在房顶等高处部位，通信时采用动态适应性信号调制模式，以确保数据的正常通信。接力站的功能相当于一个信号放大器，在点到多点的系统结构中提高基站的覆盖能力。

无线城域网的通信标准主要是IEEE 802.16协议，而WiMAX(Worldwide Interoperability for Microwave Access)常用来表示无线城域网(WMAN)，这与Wi-Fi常用来表示无线局域网(WLAN)相似。

3.3.2 无线城域网的标准

1. IEEE 802.16 协议简介

IEEE 802.16协议是无线城域网的通信标准，其作用就是在用户终端同核心网络之间建立起一个通信路径，保证在两者之间数据的无线连接。现在主流的IEEE 802.16标准于2004年6月正式被通过，并命名为IEEE 802.16-2004，又称为无线城域网(WMAN)标准。该协议吸收并借鉴了宽带无线接入领域本地多点传输服务(LMDS)、ETSIHiperMAN、多路多点分配业务(MMDS)等技术，同时对以往的无线城域网标准进行了一些修改和合并，规定了无线城域网固定宽带无线接入的物理层(PHY)和媒体接入控制层(MAC)规范，以保证数据安全、准确、可靠地在网络中传输。IEEE 802.16系列标准先后发表多个版本，其具体的参数比较如表3-3所示。

表 3-3　IEEE 802.16 系列标准的参数比较

标准版本	IEEE 802.16	IEEE 802.16a	IEEE 802.16-2004	IEEE 802.16e-2005
发布时间	2001 年	2003 年	2004 年	2006 年
工作频段	10 GHz～66 GHz	＜11 GHz	＜11 GHz	＜6 GHz
传输速率	32 Mb/s～134 Mb/s	75 Mb/s	75 Mb/s	30 Mb/s
信道条件	视距	非视距	视距+非视距	非视距
信道宽度	20 MHz/25 MHz/28 MHz	1.5 MHz～20 MHz	1.5 MHz～20 MHz	1.5 MHz～20 MHz
小区半径	＜5 km	5 km～10 km	5 km～15 km	2 km～5 km

2. IEEE 802.16 的体系结构

IEEE 802.16 主要有以下三层体系结构。

1) 物理层

物理层是三层结构中的最底层，是构建整个城市无线网络的基础。物理层主要完成关于频率带宽、调制模式、纠错技术以及发射机同接收机之间的同步、数据传输率和时分复用结构等方面的工作。IEEE 802.16 载波带宽的范围在 1.25 MHz～20 MHz，当用户终端与基站通信，标准使用的是按需分配多路寻址(DAMA)-时分多址(TDMA)技术。DAMA 技术是一种根据多个站点之间的容量需要的不同，动态地分配信道容量的技术。TDMA 是一种时分技术，它将一个信道分成一系列的帧，每个帧都包含很多的小时间单位，称为时隙。工作时根据每个站点的需要为其在每个帧中分配一定数量的时隙来组成每个站点的逻辑信道。通过 DAMA-TDMA 技术，每个信道的时隙分配可以动态地改变，提高数据的传输效率。

2) 数据链路层

在物理层之上是数据链路层，IEEE 802.16 在数据链路层上规定的主要是为用户提供服务所需的各种功能，这些功能主要在数据链路层的介质访问控制(MAC)层中实现。MAC 层共分为三个子层：汇聚子层(CS)，负责与高层接口的连接，汇聚上层不同的业务；公共部分子层(CPS)，分为数据平面和控制平面，实现 MAC 的功能；安全子层(SS)，负责 MAC 层认证和加密功能。

3) 汇聚层

汇聚层处于三层结构的最上层。对于 IEEE 802.16.1 来说，能提供的服务主要包括数字音频/视频广播、数字电话、异步传输模式 ATM、因特网接入、电话网络中无线中继和帧中继等。

3. IEEE 802.16 的技术优势

1) 摆脱了有线网络线缆的束缚

传统有线网络覆盖范围并不完整而且有限，有限的网络范围将用户束缚在固定的地点、固定的环境中。另外有线网络中的网线也会给日常工作带来一些不便，例如，若将网线直接布置在地面上，用户在行走过程中很容易碰到网线，从而影响到网络的正常连接和水晶头等处的使用寿命，若布置在墙上又显得很不美观。无线城域网的出现，可以很好地解决以上有线网络所带来的问题。无线城域网不受线缆的制约，用户在任何地点，只要拥有访问权限就可以访问网络资源，而且无线连接自然也省去了线缆的布置工作，给用户带来更多的方便。

2) 与无线局域网相比性能更胜一筹

IEEE 802.16 的优势如下：

(1) 速度更快和覆盖面更广。无线局域网是基于 IEEE 802.11 协议建设的，由于无线局域网服务的出发点是解决办公室等小范围局域网的无线数据通信，设计的本身要求是低功耗，因此必然限制通信距离和速度。无线局域网的范围在 200 m 左右，理论上最高数据传输速率只能达到 11 Mb/s，而且无线局域网受建筑物、电磁波等干扰明显，实际传输速度一般在 2 Mb/s 以下。无线城域网采用先进的网状网络拓扑、波束成形、STC、天线分集等天线技术对大范围的地域进行覆盖。这些先进技术也可用来提高频谱效率、容量、复用以及每个射频信道的平均与峰值吞吐量。即使在链路状况最差的情况下，也能提供可靠而优异的性能。在最高 120 Mb/s 的接入速率下，IEEE 802.16 所能实现的最大传输距离高达 50 km。

(2) 可扩展性更强。无线局域网 MAC 层要求每一信道至少为 20 MHz，并规定只能工作在不需要牌照的频段上，其扩展能力较差。当用户增加时，吞吐量明显减小。而 IEEE 802.16 标准规定的信道宽度为 1.75 MHz～20 MHz，选择空间比较大，而且在物理层 IEEE 802.16 支持灵活的射频信道带宽和信道复用。IEEE 802.16 还支持自动发送功率控制和信道质量测试，可以作为物理层的附加工具来支持小区规划和部署以及频谱的有效使用。当用户数增加时，运营商通过扇形化和小区分裂来重新分配频谱。

(3) 实现了更好的 QoS。无线局域网 IEEE 802.11 协议在 MAC 层中定义了两种访问方式：分布式协调方式(DCF)和点协调方式(PCF)，虽然这两种方式的 QoS 正处在不断完善过程中，但仍然具有一定的局限性。IEEE 802.16 协议的 MAC 层提供了面向连接的传送机制，采用自动修正的宽带请求/准许机制，单独轮询请求带宽或从已经分配的带宽中调整新应用需要的带宽来保障实时语音和视频应用所要求的最低延时，并根据不同的 QoS 要求传送和调度物理层数据。基本每条 MAC 层消息头都携带了业务参数来体现不同应用的 QoS 要求，能支持固定比特率、实时流、非实时流和尽力而为四个类型的业务参数。以目前 IEEE 802.11 的现有技术，很难达到与 IEEE 802.16 相当的 QoS。

(4) 节约网络建设成本。若建立无线局域网，要在交换机等设备的基础上购置无线 AP、无线路由器等。这些设备的价格都比较昂贵，尤其是网络核心数据交换设备价格都在数万元以上，面积越大所需要的设备就越多，同时日后还需要一定的资金维护网络。而在无线城域网下，整个网络主要是由政府部门或无线网络运营商建设完成的，用户只需要花费很少的人力、物力，甚至零成本就可以扩充现有网络，给更多的用户带来便捷。

IEEE 802.16 需在城市的多个高大建筑物上建立基站，基站之间采用全双工、宽带通信方式工作，每个基站接入用户数大大多于 IEEE 802.11，基站发送功率高达 100 kW，网络覆盖面积是 3G 发射塔的 10 倍，只要少数基站建设就能实现全城覆盖，每个信道带宽(可调整)在 1.5 MHz～20 MHz 之间，传输速率高达 70 Mb/s。

3.3.3 WiMAX 与其他技术的比较

1. WiMAX 概述

近年来随着 IPTV、流媒体等业务的发展，用户对“最后一公里”宽带化的需求日益突出。WiMAX 作为最具影响力的宽带无线接入技术受到了国内外通信界的广泛关注。WiMAX 即全球微波互联接入，是一项新兴的宽带无线接入技术，能提供面向互联网的高速连接，数据传输距离最远可达 50 km。WiMAX 还具有 QoS 保障、传输速率高、业务丰富多样等优点。WiMAX 的技术起点较高，采用了代表未来通信技术发展方向的 OFDM/OFDMA、AAS、MIMO 等先进技术，随着技术标准的发展，WiMAX 逐步实现宽带业务的移动化，而 3G 则实现移动业务的宽带化，两种网络的融合程度会越来越高。WiMAX 技术采用的标准是 IEEE 802.16d 和 IEEE 802.16e。IEEE 802.16d 标准是固定网络的补充和延伸，不具有移动接入的性能，而 IEEE 802.16e 支持移动接入。

WiMAX 的优势主要体现在这一技术集成了 Wi-Fi 接入技术的移动性与灵活性以及 xDSL 等基于线缆的传统宽带接入技术的高宽带性，其技术优势可以概括如下：

(1) 传输距离远，接入速度高。WiMAX 采用 OFDM 技术，能有效对抗多径干扰；同时采用自适应编码调制技术可以实现覆盖范围和传输速率的折中。此外，利用自适应功率控制，可以根据信道状况动态调整发射功率，从而使得 WiMAX 具有更大的覆盖范围和更高的接入速率。例如，当信道条件较好时，可以将调制方式调整为 64QAM，同时采用编码效率更高的信道编码，提高传输速率，WiMAX 最高传输速率可以达到 75 Mb/s；反之，当信道传输条件恶劣，基站无法基于 64QAM 建立连接时，可以切换为 16QAM 或 QPSK 调制，同时采用编码效率更低的信道编码，这样可以提高传输的可靠性，增大覆盖范围。

(2) 无“最后一公里”瓶颈限制且系统容量大。作为一种宽带无线接入技术，WiMAX 接入灵活、系统容量大。服务提供商无需考虑布线、传输等问题，只需要在相应的场所架设 WiMAX 基站。WiMAX 不仅支持固定无线终端也支持便携式和移动终端，能适应城区、郊区以及农村等各种地形环境。一个 WiMAX 基站可以同时为众多客户提供服务，为每个客户提供独立带宽请求支持。

(3) 提供广泛的多媒体通信服务。WiMAX 可以提供面向连接的、具有完善 QoS 保障的电信级服务，满足客户的各种应用需要，按照优先级由高到低依次提供。WiMAX 系统安全性较好。WiMAX 的空中接口专门在 MAC 层上增加了私密子层，不仅可以避免非法用户接入，保证合法用户顺利接入，而且提供加密功能，充分保护用户隐私。

(4) 互操作性好。运营商在网络建设中能够从多个设备制造商处购买 WiMAX 的认证设备，而不必担心兼容性问题。

(5) 应用范围广。WiMAX 可以应用于广域接入、企业宽带接入、家庭“最后一公里”接入、热点覆盖、移动宽带接入以及数据回传等所有宽带接入市场。在有线基础设施薄弱的地区，尤其是广大农村和山区，WiMAX 更加灵活、成本低，是首选的宽带接入技术。

2. WiMAX 组网模式

1) WiMAX 网络架构

根据通用的无线通信体系结构，WiMAX 网络架构可以分成终端、接入网和核心网三个部分，如图 3-6 所示。

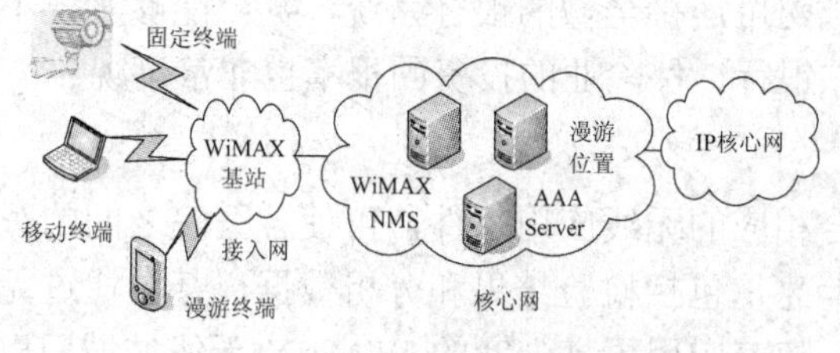

图 3-6　WiMAX 网络架构

WiMAX 终端包括固定、漫游和移动三类终端，WiMAX 接入网主要为无线基站，支持无线资源管理等功能，WiMAX 核心网主要解决用户认证、漫游等功能及 WiMAX 网络与其他网络之间的接口关系。这是典型的点到多点(PMP)的组网方式。

WiMAX 网络组网关键技术包括基于频率复用技术的小区规划方案、媒体访问机制、入网与初始化、资源分配策略、认证计费和移动性管理等方面。

2) WiMAX 应用模式

WiMAX 解决方案适用于提供宽带数据业务以及基于宽带的 NGN 话音业务。WiMAX 作为“最后一公里”的无线接入解决方案为实际部署提供更多的手段，增加了部署灵活性和可搬移性。从接入方式的角度可以分为以下几种：

(1) 无线宽带固定式接入：作为光纤、DSL 线路的有效替代和补充，开展 IP 话音、作为 Wi-Fi 热点回程等。

(2) 无线宽带游牧式接入：方便个人电脑用户区域性数据接入。

(3) 无线宽带便携式接入：方便笔记本电脑、PDA 用户随时随地宽带数据接入。

(4) 无线宽带移动式接入：支持车载速度移动宽带数据接入。

3. WiMAX 的应用

1) 城市安全

通过未来的 WiMAX 无缝漫游的高安全性的警察专用网，能够快速有效、及时地查找违法犯罪人员的记录情况。应用 WiMAX 无线宽带技术提升城市对紧急事件的快速处理能力，有效提升城市整体安全防范的水平。另外 WiMAX 无线城域网甚至可以应用在城市消防。在无线城域网的支撑下，各个消防员之间采用 Wi-Fi 技术相互连接，可有效保证火场中数据的有效沟通，帮助消防人员与外界取得联系；而且消防指挥员还能够根据实际状况，有效调度人员和器材，快速地控制火势。可以想象，通过 WiMAX 无线城域网，对整个城市安全方面信息的沟通和传达、命令将以更有效、更快速和更广覆盖的方式实现。

2) 监控交通状况和控制交通拥堵

目前国内大中城市均有不同程度的交通堵塞现象以及由于交通堵塞所带来的环境污染问题。利用基于 RFID 和 WiMAX 技术的智能交通管理方案，就可以事先预防并解决这类问题的发生。例如，对进入特定区域内的车辆，实行特定的收费。具体方案是采用 RFID 技术监控进入特殊路段的车辆，通过 WiMAX 技术全程跟踪车辆情况，并记录到后台系统，按月收取费用。通过这种方式，政府可以在特定区域或者时间(上下班高峰期)控制交通拥堵，同时通过收取费用来收回成本。

3) 金融行业

WiMAX 无线城域网可连接全城的银行系统，甚至能够实现不同银行之间的金融信息交换，因此这项技术在银行、保险业的投资回报率也非常可观。

4) 医疗保健行业

WiMAX 技术结合相应的无线应用软件，可使各医院之间的医生和保健人员能够通过无线设备接收病人的信息，包括检验结果和分析数据，甚至通过无线设备下达药物治疗试验和临床试验的处方。随着应用更高带宽的 WiMAX 无线城域网以及移动设备的图形处理能力变得更强，医生、放射师以及其他医疗人员就能在无线设备上接收和查看 X 光照片、CT 扫描图以及其他医疗图像，再结合相应的无线应用软件，还能更好地和语音系统集成起来，把所需的医疗和病人相关的数据及时发送给医疗人员。

5) 物流企业

在未来的智能城市中，无线网络无处不在，其他类似 WiMAX 的技术可能覆盖城市区域，以提供比 Wi-Fi 热点范围更广的高速无线连接。如果可以利用 WiMAX 无线城域网，再配合传感器和相关的无线应用软件，将对大型物流企业的车队和运送的包裹、货物进行有效跟踪和管理，可使用户随时了解任一时刻其委托物流企业的包裹、货物的实际状态，提高物流企业的运送效率。

3.4　移动通信技术

3.4.1　移动通信概述

移动通信是指通信双方或至少一方是处于移动中进行信息交流的通信。如固定体与移动体(汽车、轮船、飞机)之间、移动体与移动体之间的通信。这里所说的信息交换，不仅指话音通信，还包括数据、传真、图像、视频等通信业务。

1. 移动通信的特点

移动通信具有以下特点：

(1) 在移动通信(特别是陆上移动通信)系统中，由于移动台的不断运动导致接收信号强度和相位随时间、地点而不断变化，电波传播条件十分恶劣，多径效应引起信号衰落。只有充分研究电波传播的规律，才能进行合理的系统设计。

(2) 移动形成的多普勒频移将产生附加调制。移动使电波传播产生多普勒效应。移动产生的多普勒频移为

$$f_{\mathrm{d}} = \frac{v}{\lambda}\cos\theta$$

式中，v 为移动速度；λ 为工作波长；θ 为电波入射角。此式表明：移动速度越快，入射角越小，则多普勒效应就越严重。

(3) 在强干扰的情况下工作。在移动通信中，基站往往设置若干个收、发信机，且移动台的位置是在小区内不断变化的，这些因素往往会使通信中的干扰变得很严重。因此，在系统设计时，应根据不同形式的干扰，采取相应的抗干扰措施。主要干扰包括人为干扰、互调干扰、邻道干扰、同频干扰等。

(4) 移动通信特别是陆地上移动通信的用户数量大，为缓和用户数量大与可利用的频道数有限的矛盾，除开发新频段之外，还应采取各种有效利用频率的措施，如压缩频带、缩小信道间隔、多频道共用等，即采用频谱和无线频道有效利用技术。

(5) 由于移动体随机移动，因此移动通信设备必须具有位置登记、越区切换及漫游访问等跟踪交换技术。

(6) 移动台应小型、轻便、低功耗和操作方便。同时，在有振动和高、低温等恶劣的环境条件下，要求移动台能够稳定、可靠地工作。

2. 移动通信系统的分类

移动通信系统类型很多，可按不同方法进行划分：按使用对象分，可分为军用、民用；按用途和区域分，可分为陆上、海上、空间；按经营方式分，可分为公众网、专用网；按通信网的制式分，可分为大区制、小区制；按信号性质分，可分为模拟、数字；按调制方式分，可分为调频、调相、调幅等；按通信方式分，可分为单工制、半双工制、双工制；按多址复接方式分，可分为频分多址(Frequency Division Multiple Access，FDMA)、时分多址(Time Division Multiple Access，TDMA)、码分多址(Code Division Multiple Access，CDMA)。

1) 按通信网的制式划分

如上所述，移动通信系统按通信网的制式分，可分为小容量的大区制和大容量的小区制。

(1) 大区制。大区制的移动通信系统一般设有一个基站，它负责服务区内移动通信的联络与控制。如果覆盖范围要求半径为 30 km～50 km，则天线高度应为几十米至百余米。发射机输出功率则应高出 200 W。在覆盖区内有许多车载台和手持台，它们既可以与基站通信，它们之间也可直接通信或过基站转接通信。一个大区制系统有一个至数个无线电频道，用户数约为几十个至几百个。另外，基站与市话有线网连接，移动用户与市话用户之间可以进行通信。这种大区制的移动通信系统，网络结构简单、所需频道数少、不需交换设备、投资少、见效快，适合用在用户数较少的区域。

(2) 小区制。小区制就是把整个服务区域划分为若干个小区，每个小区分别设置一个基站，负责本小区移动通信的联络和控制。同时，又可在移动交换中心的统一控制下，实现小区之间移动用户通信转接以及移动用户与市话用户的联系。每个区各设一个小功率基地站，发射功率一般为 5 W～10 W，以满足各无线小区移动通信的需要。

小区制提高了频率的利用率，而且由于基站功率减小，也使相互之间的干扰减少了。无线小区的范围应根据实际用户数的多少灵活确定，因此这种体制是公用移动电话通信发展的一个方向。但小区制存在同频干扰，随着基站数量的增加，建网的成本就提高了。移动台需要经常地更换工作频道，这样对控制交换功能的要求就提高了。

2) 按移动通信的工作方式划分

按移动通信的工作方式可分为单工制、半双工制和双工制三种，其分述如下：

(1) 单工制。单工制采用“按键”控制方式，只能进行单向通信，通常双方接收机均处于守候状态。此工作方式设备简单、功耗小，但操作不便，通话时易产生断断续续的现象。它一般应用于用户少的专用调度系统。

(2) 半双工制。半双工制是基站双工制工作，移动台“单工”工作，只能交替进行双向的通信，信息双向传输使用两个频率。这种方式设备简单，功耗小，克服了通话断断续续的现象，但操作仍不大方便。半双工制主要用于专用移动通信系统。

(3) 双工制。双工制是指收发双方采用一对频率，使基站、移动台同时双向工作。这种方式操作方便，但电能消耗大。模拟或数字的蜂窝移动电话系统都采用双工制。

3) 按多址方式划分

在移动通信系统中，有许多用户都要同时通过一个基站和其他用户进行通信，因而，必须对不同用户台和基站发出的信号赋予不同特征，使基站能从众多用户台的信号中区分出是哪一个用户台发出来的信号，而各用户台又能识别出在基站发出的信号中哪个是发给自己的信号，解决这个问题的方法被称为多址技术，如图 3-7 所示。多址技术使众多的用户共用公共的通信线路。为使信号多路化而实现多址的方法基本上有三种，它们分别采用频率、时间或代码分隔的多址连接方式，即人们通常所称的频分多址(FDMA)、时分多址(TDMA)和码分多址(CDMA)三种接入方式。图 3-7 用模型表示了这三种多址技术的概念。

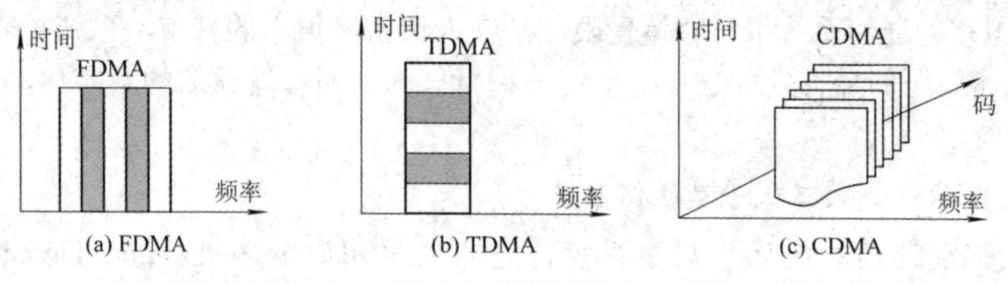

图 3-7　多址技术

模拟式蜂窝移动通信网采用频分多址方式，而数字式蜂窝移动通信网采用时分多址方式。另外，还有上述三种基本方式的混合多址方式，如 TDMA/FDMA、CDMA/FDMA 等。以下是对三种多址技术的基本原理的分析：

(1) FDMA 是以不同的频率信道实现通信的，把通信系统的总频段划分成若干个等间隔的频道(或称为信道)分配给不同的用户使用。这些频道互不交叠，其宽度应能传输一路语音信息，而在相邻频道之间无明显的串扰。

(2) TDMA 是以不同的时隙实现通信的，把时间分割成周期性的帧，每一帧再分割成若干个时隙(无论帧或时隙都是互不重叠的)，然后根据一定的时隙分配原则，使各移动台在每帧内只能按指定的时隙向基站发送信号，在满足定时和同步的条件下，基站可以分别在各个时隙中接收到各移动台的信号而不发生混扰。

同时，基站发向多个移动台的信号都按顺序安排在预定的时隙中传输，各移动台只要在指定的时隙内接收，就能在合路的信号中把发给它的信号区分出来。

(3) CDMA 是以不同的代码序列实现通信的，不同的移动台占用同一频率，每一移动台被分配一个独特的随机码序列，与其他台的码序列不同，也就是彼此是不相关的或相关性很小，以便区分不同移动台，在这样一个信道中，可容纳比 TDMA 还要多的用户数。

3. 移动通信的发展

移动无线电话在 20 世纪早期被海军和海洋部门用于通信，20 世纪 60 年代，改进型移动电话系统 IMTS(Improved Mobile Telephone System)开始安装，20 世纪 80 年代，移动通信开始盛行。到现在为止的 20 多年中，移动通信已经经历了从模拟时代到数字时代的演进，其发展大致可分为第一代移动通信系统、第二代移动通信系统、第三代移动通信系统和第四代移动通信系统。中国已于 2013 年底正式发放第四代移动通信系统牌照，正式进入 4G 时代。

1) 模拟时代——第一代移动通信系统

第一代移动通信系统属模拟系统，如 AMPS 和 TACS 系统。它主要采用频分多址(Frequency Division Multiple Access)技术，这种技术是最古老也是最简单的。但是，由于模拟系统的系统容量小，因此 FDMA 技术在信道之间必须有警界波段来使站点相互分开，这样的警界波段就会造成很大的带宽浪费。而且，模拟系统的安全性能很差，任何有全波段无线电接收机的人都可以收听到一个单元里的所有通话。另外，此技术对天线和基站的破坏也很严重，模拟系统主要以语音业务为主，基本上很难开展数据业务。

模拟移动通信系统不足之处主要有以下四个方面：

(1) 系统制式复杂，不易实现国际漫游。

(2) 模拟移动通信系统设备价格高，手机体积大，电池充电后有效工作时间短，一般只能持续工作 8 h，给用户带来不便。

(3) 模拟移动通信系统用户容量受限制，在人口密度很大的城市，系统扩容困难。

解决上述问题的最有效办法就是采用一种新技术，即移动通信的数字化，又称为数字移动通信系统。

2) 数字时代——第二代移动通信系统

第二代移动通信系统属于数字系统，它主要采用时分多址(Time Division Multiple Access)技术或者是窄带码分多址(Code Division Multiple Access)技术，如中国移动的GSM(移动通信特别小组)系统和中国联通的窄带 CDMA 网络。其中，GSM 系统标准是由欧洲提出的第二代移动通信系统标准。CDMA 技术标准是由美国提出的第二代移动通信系统标准，它最早被军用设备所采用，直接扩频和抗干扰性是其突出的特点。除了语音业务外，第二代系统可以传输低速的数据业务，随着各种增值业务也不断增长。目前第二代移动通信系统正在得到广泛的使用。

第二代移动通信时代，GSM 取得了空前的成功，目前，其市场份额已超过全球移动用户的 60%。

数字移动通信有以下两个特征：

(1) 有效利用频率。数字方式比模拟方式能更有效地利用有限的频率资源。随着更好的声音信号压缩算法的推出，每信道所需的带宽会越来越窄。

(2) 提高保密性。模拟系统使用调频制，要把声音信息完全加密很不容易，而数字调制是在信息本身编码后才进行调制的，因此容易进行加密。

3) 3G 时代——第三代移动通信系统

虽然第二代移动通信系统解决了模拟系统的系统容量小、频谱利用率低等一些方面的不足之处，但是，随着对通信业务种类和数量需求的剧增，业务类型主要限于语音和低速数据的第二代移动通信系统也已经不能满足未来发展的需要，因此，ITU 提出了大容量、高速率、全方位的第三代移动通信的概念。3G 的主要特点如下：

(1) 世界范围内高度共同性的设计。

(2) 具有高速和多种速率传输能力，在广域覆盖下的速率达 384 kb/s，本地覆盖下的速率达 2048 kb/s。

(3) 多媒体应用能力，多种业务能力和多种终端。

(4) 实现全球覆盖和全球无缝漫游。

(5) 具有较高的频谱利用率。

(6) 具有较高的 QoS。

(7) 具有很高的兼容性、灵活性和安全性。

(8) 具有突出的个性化服务。

由于 3G 的提出除了要进一步提高话音质量外，最主要的目的是为了满足日益增长的数据通信、视频传输、个性化服务等，因此，最关键的环节也就是提高移动通信的传输速率。目前 ITU 公开的 3G 标准有三个：欧洲和日本共同提出的 WCDMA、美国以高通公司为代表提出的 CDMA2000 以及中国以大唐集团为代表提出的 TD-SCDMA。这些标准在核心网中都采用分组交换方式，采用 CDMA 技术解决无线端口问题。因此，这三种标准无一例外地都采用了 CDMA 这一核心技术(CDMA 技术是一种扩频方式的通信，是在数字通信技术的分支扩频通信的基础上发展起来的一种技术，就是用具有噪声特性的载波以及比简单的点到几点通信所需带宽宽得多的频带去传输相同的数据)。3G 于 2009 年在中国成功商用。

4) 4G——第四代移动通信系统

按 ITU 的定义，4G 是基于 IP 的高速蜂窝移动网，从现有 3G 演进，在移动状态下达到速率为 100 Mb/s，静态和慢移动状态下达到速率 1 Gb/s。第四代移动通信系统将提供高速率、各种数据话音业务，采用全 IP 技术，融合更多的协议和新技术。

2012 年 1 月 18 日，ITU-R 正式审核通过 4G(IMT-Advanced)标准，包括 3G 的演进技术 LTE-Advanced 及 WiMAX 的演进技术 Wireless MAN-Advanced(IEEE 802.16 m)。

2013 年 12 月，中国正式发放了 4G 的 TDD-LTE 牌照，4G 进入商用时代。

3.4.2　GSM 蜂窝移动通信系统

欧洲各国为了建立全欧洲统一的数字蜂窝移动通信系统，在 1982 年成立了移动通信特别小组(GSM)，提出了开发数字蜂窝移动通信系统的目标。在进行大量研究、试验、现场测试、比较论证的基础上，于 1988 年制定出了 GSM 标准，并于 1991 年率先投入商用，随后在整个欧洲、大洋洲以及其他许多的国家和地区得到了广泛普及，成为目前覆盖面最大、用户数最多的数字蜂窝移动通信系统，占据了全球移动通信市场 80%以上的份额。

1. GSM 系统无线参数

1) 工作频段

GSM 系统包括 900 MHz 和 1800 MHz 两个频段。早期使用的是 GSM 900 频段，随着业务量的不断增长，DCS 1800 频段投入使用，构成“双频”网络。

GSM 系统使用的 900 MHz、1800 MHz 频段如表 3-4 所示。在我国，上述两个频段又被分给了中国移动和中国联通两家移动运营商。

表 3-4　GSM 系统使用的 900 MHz、1800 MHz 频段

	900 MHz 频段	1800 MHz 频段
频率范围	890 MHz～915 MHz(移动台发，基站收) 925 MHz～960 MHz(移动台收，基站发)	1710 MHz～1785 MHz(移动台发，基站收) 1805 MHz～1880 MHz(移动台收，基站发)
频带宽度	25 MHz	75 MHz
信道带宽	200 kHz	200 kHz
频道序号	1～124	512～885
中心频率	$f_U = 890.2 + (N-1) \times 0.2$ MHz $f_D = f_U + 45$ MHz $N = 1 \sim 124$	$f_U = 1710.2 + (N-512) \times 0.2$ MHz $f_D = f_U + 95$ MHz $N = 512 \sim 885$

2) GSM 多址方式

GSM 系统采用时分多址/频分多址、频分双工(TDMA/FDMA/FDD)制式。频道间隔 200 kHz，每个频道采用时分多址接入方式，共分为 8 个时隙，时隙宽为 0.577 ms。8 个时隙构成一个 TDMA 帧，帧长为 4.615 ms。当采用全速率话音编码时每个频道提供 8 个时分信道；如果将来采用半速率话音编码，那么每个频道将能容纳 16 个半速率信道，从而达到提高频率利用率、增大系统容量的目的。收发采用不同的频率，一对双工载波上下行链路各用一个时隙构成一个双向物理信道，根据需要分配给不同的用户使用。移动台在特定的频率上和特定的时隙内，以突发方式向基站传输信息，基站在相应的频率上和相应的时隙内，以时分复用的方式向各个移动台传输信息。

3) 频率配置

GSM 系统将所要覆盖的地域划分为若干小区，小区半径为 1 km～10 km 左右，随地域内用户的密度而定。每个小区设一个基站台。每个基站台可使用若干条无线频分、时分或码分信道。信道数决定了本小区内可以同时使用的用户数。相邻小区使用不同频率的信道，以免互相干扰。但相隔较远的小区可重复使用相同的频率，称为“频率再用”或“频率复用”。因此可以用有限个频率为多个小区服务，从而组成大容量大范围的移动通信系统。“频率复用”技术是“空分多址”的一种形式——利用不同地域(空间)实现多址通信，它总是和其他多址方式综合使用。GSM 系统中能用有限个频率组成大容量大范围的系统，因为相隔较远的小区可以使用相同的频率，即“频率再用”，也就是利用地域的不同，实现“多址”。

GSM 系统多采用 4 小区 3 扇区(4 × 3)的频率配置和频率复用方案，即把所有可用频率分成 4 大组 12 个小组分配给 4 个无线小区而形成一个单位无线区群，每个无线小区又分为 3 个扇区，然后再由单位无线区群彼此邻接，覆盖整个服务区域，4×3 频率复用如图 3-8 所示。当采用跳频技术时，多采用 3/3 频率复用方式。

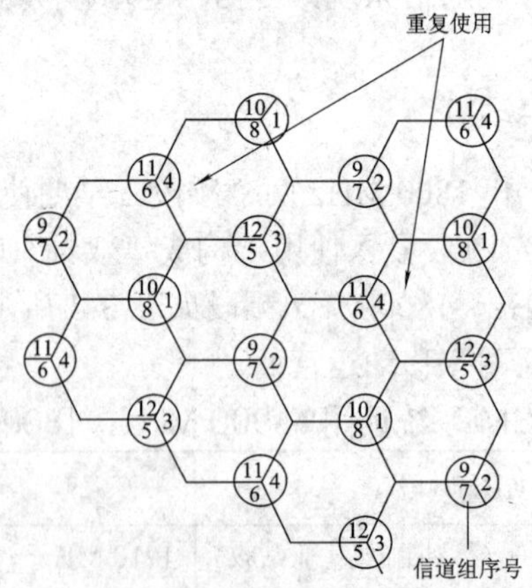

图 3-8　4 × 3 频率复用

2. GSM 网络结构

GSM 数字蜂窝移动通信系统的主要组成部分可分为移动台(MS)、基站子系统(BSS)和网络子系统(NSS)，其结构示意图如图 3-9 所示。基站子系统(BSS)由基站收发信机(BTS)组和基站控制器(BSC)组成；网络子系统由移动交换中心(MSC)和操作维护中心(OMC)以及归属位置寄存器(HLR)、访问位置寄存器(VLR)、鉴权中心(AUC)和设备识别寄存器(EIR)等组成。除此之外，GSM 网络中还配有短信息业务中心(SC)，既可实现点对点的短信息业务，也可实现广播式的公共信息业务以及语音留言业务，从而提高网络接通率。

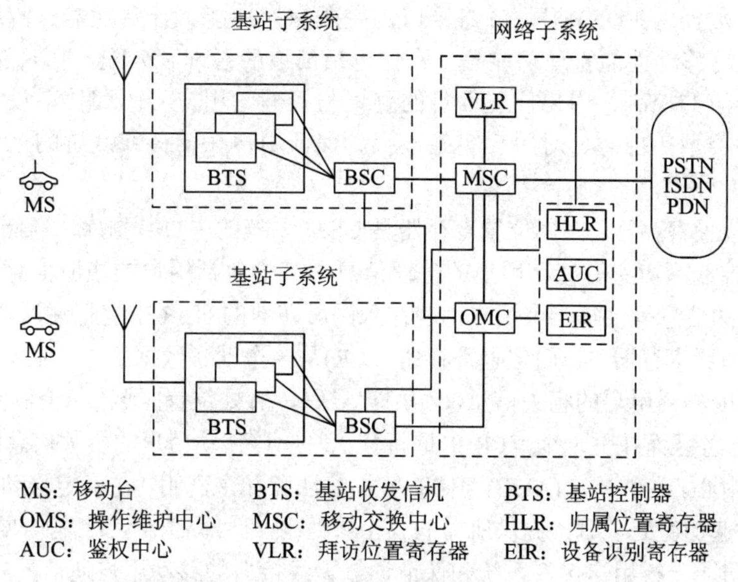

图 3-9　GSM 数字蜂窝移动通信系统结构示意图

1) 移动台

移动台即便携台(手机)或车载台，它包括移动终端(MT)和用户识别模块(SIM 卡)两部分，其中移动终端可完成话音编码、信道编码、信息加密、信息调制和解调以及信息发射和接收等功能；SIM 卡则存有确认用户身份所需的认证信息以及与网络和用户有关的管理数据。只有插入 SIM 卡后移动终端才能入网，同时 SIM 卡上的数据存储器还可用于电话号码簿或支持手机银行、手机证券等 STK 增值业务。

2) 基站子系统

基站子系统(BSS)包括基站收发信机(BTS)和基站控制器(BSC)。该子系统由 MSC 控制，通过无线信道完成与 MS 的通信，主要负责无线信号的收发以及无线资源管理等功能。

(1) 基站收发信机。基站收发信机(BTS)包括无线传输所需要的各种硬件和软件，如多部收发信机、支持各种小区结构(如全向、扇形)所需要的天线、连接基站控制器的接口电路以及收发信机本身所需要的检测和控制装置等。它实现对服务区的无线覆盖，并在 BSC 的控制下提供足够的与 MS 连接的无线信道。

(2) 基站控制器。基站控制器(BSC)是基站收发信机(BTS)和移动交换中心之间的连接点，也为 BTS 和操作维护中心(OMC)之间交换信息提供接口。一个基站控制器通常控制几个 BTS，完成无线网络资源管理、小区配置数据管理、功率控制、呼叫和通信链路的建立和拆除、本控制区内移动台的过区切换控制等功能。

3) 网络子系统

网络子系统(NSS)主要提供交换功能以及用于进行用户数据与移动管理、安全管理等所需的数据库功能，它由一系列功能实体构成。

(1) 移动业务交换中心。移动业务交换中心(MSC)是蜂窝通信网络的核心，主要功能是对位于本 MSC 控制区域内的移动用户进行通信控制、话音交换和管理，同时也为本 MSC 连接别的 MSC 和其他公用通信网络(如公用交换电信网(PSTN)、综合业务数字网(ISDN)和公用数据网(PDN))提供链路接口，完成交换功能、计费功能、网络接口功能、无线资源管理与移动性能管理功能等，具体包括信道的管理和分配、呼叫的处理和控制、过区切换和漫游的控制、用户位置信息的登记与管理、用户号码和移动设备号码的登记和管理、服务类型的控制、对用户实施鉴权、保证用户在转移或漫游的过程中实现无间隙的服务等。

(2) 归属位置寄存器。归属位置寄存器是 GSM 系统的中央数据库，存储着该归属位置寄存器(HLR)控制区内所有移动用户的管理信息。其中包括用户的注册信息和有关各用户当前所处位置的信息等。每一个用户都应在入网所在地的 HLR 中登记注册。

(3) 访问位置寄存器。访问位置寄存器(VLR)是一个动态数据库，记录着当前进入其服务区内已登记的移动用户的相关信息，如用户号码、所处位置区域信息等。一旦移动用户离开该 VLR 服务区而在另一个 VLR 中重新登记时，该移动用户的相关信息即被删除。

(4) 鉴权中心。鉴权中心(AUC)存储着鉴权算法和加密密钥，在确定移动用户身份和对呼叫进行鉴权、加密处理时，提供所需的三个参数(随机号码 RAND、符合响应 SRES、密钥 K_b)，用来防止无权用户接入系统和保证通过无线接口的移动用户通信的安全。

设备识别寄存器(EIR)是一个数据库，用于存储移动台的有关设备参数，主要完成对移动设备的识别、监视、闭锁等功能，以防止非法移动台的使用。

(5) 操作维护中心。操作维护中心(OMC)用于对 GSM 系统的集中操作维护与管理，允许远程集中操作维护与管理，并支持高层网络管理中心(NMC)的接口。具体又包括无线操作维护中心(OMC-R)和交换网络操作维护中心(OMC-S)。OMC 通过 X.25 接口对 BSS 和 NSS 分别进行操作维护与管理，实现事件/告警管理、故障管理、性能管理、安全管理和配置管理功能。

3. 移动数据 WAP 技术

无线应用协议(WAP)是一种向数字移动电话、个人数字助理等移动终端提供互联网应和先进增值服务的全球性开放协议标准。为适应移动终端传输带宽窄、存储和处理能力有限、显示屏幕小等特点，WAP 在互联网业务实现机制上进行了简化、优化和扩展，采用客户/服务器方式，并且将一个相关的简易浏览器合并到移动电话中。由于 WAP 能够提供各种不同厂家设备之间的业务互通能力，支持用户间连接业务和信息的能力，甚至支持移动多媒体业务，因此，移动通信系统采用 WAP 可以更方便地接入互联网，并实现多种功能。

WAP 在很大程度上利用了 WWW 应用模型：客户机/服务器模型。WAP 和 WWW 使用一样的 URL(统一资源定位标识)来标志服务器上面的内容。和 WWW 不同的是，在内容表达格式和文件传输方式的标准方面，WAP 针对移动终端的特点进行了优化。WAP 的应用模型包括 WAP 网关、应用服务器和 WAP 移动终端三大模块。

(1) WAP 网关(或 WAP 代理服务器)。它是 WAP 系统中的关键设备，位于无线网络和 Internet/Intranet 网络之间，主要完成 WAP(WML、WSP、WTP 和 WDP)与 WWW 协议(HTML、HTTP 和 TCP/IP)之间的转换。

(2) WAP 终端。无线终端要实现 WAP 业务，必须安装有支持 WAP 的微型浏览器作为用户接口，目前绝大部分手机都已支持 WAP 功能。

(3) 应用服务器。它可以是支持 WAP 的 WAP 服务器，也可以是普通的互联网上的 WWW 服务器。WAP 服务器支持计算机网关接口(CGI)标准和代理机制等互联网基本技术，保证移动终端能够浏览 Internet 上丰富的 WAP 内容，使用互联网上的业务。

(4) 无线网络。WAP 可应用于 GSM、CDMA IS-95、PDC、PHS、CDPD、寻呼系统等，还包括 3G 系统。

WAP 利用了微浏览器技术，可以为移动用户提供安全、快速、灵活、在线和交互式的服务，如信息服务：新闻、天气、体育、交通、股票等；消息服务：E-mail、传真、语音信箱、短消息；电子商务：银行、股票交易、订票业务、博彩、广告、娱乐、移动办公等。WAP 还可以提供如查阅道路和火车时刻、客户服务、消息通知、呼叫管理、报文发送、绘图与定位、在线查址和查号、企业网等业务。

4. GPRS 系统

GSM 系统在全球范围内取得了超乎想象的成功，但是 GSM 系统的最高数据传输速率为 9.6 kb/s 且只能完成电路型数据交换，远不能满足迅速发展的移动数据通信的需要。因此，欧洲电信标准委员会(ETSI)又推出了通用分组无线业务(GPRS)技术。GPRS 网络在原 GSM 网络的基础上叠加支持高速分组数据业务的网络，并对 GSM 无线网络设备进行升级，从而利用现有的 GSM 无线覆盖提供高速分组数据业务。为 GSM 系统向第三代宽带移动通信系统 UMTS 的平滑过渡奠定了基础，因而 GPRS 系统又被称为 2.5G 系统。

GPRS 技术较完美地结合了移动通信技术和数据通信技术，尤其是 Internet 技术。它采用分组交换技术，可以让多个用户共享某些固定的信道资源，也可以让一个用户占用多达 8 个时隙。如果把空中接口上的 TDMA 帧中的 8 个时隙捆绑起来用于传输数据，可以提供高达 171.2 kb/s 的无线数据接入，并可向用户提供高性价比业务并具有灵活的资费策略。GPRS 网络既可以给运营商直接提供丰富多彩的业务，同时可以给第三方业务提供商提供方便的接入方式，这样便于将网络服务提供与业务提供有效地分开。此外，GPRS 网络能够显著地提高 GSM 系统的无线资源利用率，它在保证话音业务质量的同时，利用空闲的无线信道资源提供分组数据业务，并可对之采用灵活的业务调度策略，大大提高了 GSM 网络的资源利用率。

通过 GPRS 网络为 Internet 提供无线接入，使制约移动数据通信发展的各种因素逐步得到解决，并推动了移动数据通信的发展。同时，进行 GPRS 网络的建设不仅是业务本身的迫切需求，也可以促进移动通信网络向第三代的平滑过渡。GPRS 网络结构框图如图 3-10 所示。

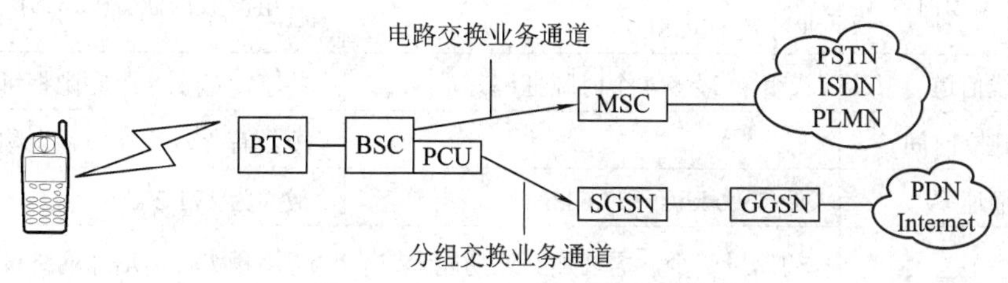

图 3-10　GPRS 网络结构框图

GPRS 网络是基于现有的 GSM 网络实现分组数据业务的。GSM 网络是专为电路型交换而设计的，现有的GSM网络不足以提供支持分组数据路由的功能，因此GPRS必须在现有的GSM网络的基础上增加新的网络实体，如GPRS网关支持节点(GGSN)、GPRS服务支持节点(SGSN)和分组控制单元(PCU)等，并对部分原GSM系统设备进行升级，以满足分组数据业务的交换与传输。同原GSM网络相比，新增或升级的设备有以下几种：

(1) 服务支持节点(SGSN)。SGSN的主要功能是对MS进行鉴权、移动性管理和进行路由选择，建立MS到GGSN的传输通道，接收BSS传送来的MS分组数据，通过GPRS骨干网传送给GGSN或进行反向操作，并进行计费和业务统计。

(2) 网关支持节点(GGSN)。GGSN主要起网关作用，与外部多种不同的数据网的相连，如ISDN、PDN、LAN等。对于外部网络它就是一个路由器，因而也被称为GPRS路由器。GGSN接收MS发送的分组数据包并进行协议转换，从而把这些分组数据包传送到远端的TCP/IP或X.25网络。或者进行相反的操作。另外GGSN还具有地址分配和计费等功能。

(3) 分组控制单元(PCU)。PCU通常位于BSC中，用于处理数据业务，将分组数据业务在BSC处从GSM语音业务中分离出来，在BTS和SGSN之间传送。PCU增加了分组功能，可控制无线链路，并允许多个用户占用同一无线资源。

(4) 原GSM网络设备升级。GPRS网络使用原GSM基站，但基站要进行软件更新；GPRS网络要增加新的移动性管理程序，通过路由器实现GPRS骨干网互联；GSM网络系统要进行软件更新和增加新的MAP信令和GPRS信令等。

(5) GPRS终端。必须采用新的GPRS终端。GPRS移动台有以下三种类型：

① A类——可同时提供GPRS服务和电路交换承载业务的能力，即在同一时间内既可进行GSM语音业务又可以接收GPRS数据包。

② B类——可同时侦听GPRS和GSM系统的寻呼信息，同时附着于GPRS和GSM系统，但同一时刻只能支持其中的一种业务。

③ C类——既支持GSM网络，又支持GPRS网络，通过人工方式进行网络选择更换。GPRS终端也可以做成计算机PCMCIA卡，用于移动Internet接入。

GPRS的核心网络顺应通信网络的发展趋势，为GSM网络向第三代演进打下基础。GPRS核心网络采用了IP技术，一方面可与高速发展的Internet实现无缝连接；另一方面可顺应通信网的分组化发展趋势，是移动网和IP网的结合，可提供固定IP网支持的所有业务。在GPRS核心网基础上逐步向第三代移动通信网核心网演进，GSM电路型数据业务与GPRS分组型数据业务的比较如表3-5所示。

表3-5 GSM电路型数据业务与GPRS分组型数据业务的比较

对比对象和内容	电路型数据业务(9.6 kb/s 以下数据业务及HSCSD)	分组型数据业务(GPRS)
无线信道	专用，最多4个时隙捆绑	共享，最多8个时隙捆绑
链路建立时间	长	短，有“永远在线”之称
传输速率	低，9.6 kb/s～57.6 kb/s	最大为171.2 kb/s
网络升级费用	初期投资少，需增加互连功能(IWF)单元及对BTS/BSC进行软件升级	费用稍大，需增加网络设备，但节省基站投资
提供相同业务的代价	价格昂贵、占用系统的资源多	价格便宜、占用系统的资源少

3.4.3　CDMA蜂窝移动通信系统

1. CDMA无线特性

1) CDMA工作频段

我国 CDMA 系统采用 800 MHz AMPS 工作频段，频率范围为：825.030 MHz～834.990 MHz(上行：MS发，BS收)；870.030 MHz～879.990 MHz(下行：MS收，BS发)。

频段宽度共为 10 MHz，CDMA 网络在此工作频段内设置了一个基本频道和一个或若干个辅助频道，IS-95及CDMA2000 1x的频道间隔为1.25 MHz。当MS开机时，首先在预置的用于接入CDMA系统的接入频道上寻找相应的控制信道(基本信道)，随后则可直接进入呼叫发起和呼叫接收状态。当MS不能捕获基本信道时便扫描辅助信道，辅助信道的作用与基本信道相同。

2) CDMA频率分配和多址方式

在CDMA系统中通常采用1小区频率复用模式，即相邻小区或扇区使用同一频道频率。理论上讲，其频率利用率和系统容量可达到很高的水平，但由于功率控制不够理想和多址干扰的影响，实际通信系统的容量仍是有限的。当CDMA系统容量要求较大时，通常在一个蜂窝小区或扇区中使用多个频道(载波)，即采用FDMA/CDMA混合多址方式。

2. CDMA系统的特点

(1) 频谱利用率高，系统容量较大。CDMA频谱利用率很高。其容量仅受干扰的限制，任何在干扰方面的减少将直接地、线性地转变为容量的增加，在CDMA系统中采用了语音激活、功率控制、扇区划分等技术来减少系统内的干扰，从而提高系统容量。实际上，在使用相同频率资源的情况下，CDMA网络的容量比模拟网络大10倍，比GSM网络大4～5倍。

(2) 通话质量好，近似有线电话的语音质量。美国高通公司开发的蜂窝移动通信系统声码器采用码激励线性预测(CELP)编码算法，其基本速率是 8 kb/s，但可随输入语音的特征而动态地变为 8 kb/s、4 kb/s、2 kb/s 或 0.8 kb/s。改进的增强型可变速率声码器(EVRC)能降低背景噪声，从而提高通话质量，特别适合移动环境使用。同时CDMA系统特有的频率分集、路径分集、软切换也大大提高了系统性能。

(3) 抗多径衰落。多径在CDMA信号中表现为伪随机码的不同相位，CDMA系统采用Rake接收技术，用本地伪随机码的不同相位去解扩这些多径信号，将多径信号分离出来后再进行合并，从而获得更多的有用信号。

(4) 具有“软容量”特性，系统配置灵活。在CDMA系统中，信道靠不同的码型来划分，其标准的信道数是以一定的输入、输出信噪比为条件的，当系统中增加一个通话的用户时，所有用户的输入、输出信噪比都略有所下降，相当于背景噪声的增加，但不会出现因没有信道而不能通话的现象。CDMA系统的这种特征，使系统容量与用户数之间存在一种“软”的关系，因此可在容量和语音质量之间折中考虑。在业务高峰期可稍微降低系统的误码性能，使短时间内提供稍多的可用信道，从而使系统容纳的用户数适当增加。同时，这对提高用户越区切换成功率也是非常有益的。

(5) 抗干扰性强，保密性好。CDMA 系统利用扩频码的相关性来获取用户的信息，抗截获的能力强。提供增大信号传输带宽降低了对信噪比的要求，具有良好的抗干扰性。而且扩频码一般长度较长，如在IS-95系统中，以周期为$2^{42}-1$的长码来实现扩频，难于对其进行窃听和检测。

(6) 发射功率低，MS的电池使用寿命长。由于在CDMA系统中可以采用许多特有的技术(如分集技术、功率控制技术等)来提高系统的性能，因而大大降低了所要求的发射功率，有利于减小电池的体积和增加其使用寿命。

3. CDMA系统的关键技术

1) 功率控制

CDMA系统是自干扰系统，所有用户占用相同的频率和带宽，因此"远近效应"尤为突出，如果不采取有力的措施，将使基站无法正常接收远距离移动台所发送来的信号；同时，从系统容量的角度考虑，如果每个MS的信号到达BS时都能达到最小所需的信噪比，系统内的多址干扰将降到最小，系统容量将达到最大。

CDMA系统功率控制的目的就是既要维持每个用户的高质量通信，又不对占用同一信道的其他用户产生不应有的干扰。在IS-95系统中，反向链路采用了控制速率达800次/秒、调整步长精确到1 dB的快速闭环功率控制，而在CDMA 2000系统中则同时采用了快速前向及反向闭环功率控制，以进一步提高系统容量和通信质量。

2) 伪随机码的选择

伪随机码的自相关性和互相关性会直接影响到系统容量、抗干扰能力、接入和切换速率等性能。CDMA信道是以伪随机码来区分的，因此要求伪随机码自相关性要好、互相关性要弱、实现和编码简单等。

在所有的伪随机序列中，m序列是一种最重要、最基本的伪随机序列，它有近似最佳的自相关特性，但同样长度的m序列个数有限，序列之间的互相关特性不好。为此，R.Gold提出了基于m序列的码序列，称为Gold序列。它有较好的自相关和互相关特性，构造简单，序列数多，因而获得了广泛的应用。寻找具有良好相关特性的伪随机码一直是CDMA系统相关研究中的重点。

3) 软切换

在FDMA和TDMA系统中，越区切换时采用先断后通的硬切换方式，势必引起通信的短暂间断；同时，在两个小区的交叠区域内，MS接收到的两个基站发来的信号的强度有时会出现大小交替变化的现象，从而导致越区切换的"乒乓"效应，用户会听到"咔嚓"声，对通信产生不利的影响，切换时间也较长。

在CDMA系统中，所有的小区(或扇区)都使用相同的频率，因此在切换时可采用先连接后断开的软切换方式。当移动用户从一个小区(或扇区)移动到另一个小区(或扇区)时，只需在码序列上做相应的调整，而不需切换MS的收/发频率。利用Rake接收机的多路径接收能力，在切换前先与新小区(或扇区)建立新的通话连接，之后再切断先前的连接。这种先通后断的软切换方式不会出现"乒乓"效应，并且切换时间也很短。另外，由于CDMA系统的"软容量"特点，越区切换的成功率远大于FDMA系统和TDMA系统。

4) Rake接收技术

发射机发出的扩频信号，在传输过程中受地形地物影响，经多条路径到达Rake接收机。

CDMA 系统采用特有的 Rake 接收技术，将这些不同时延的信号分离出来，分别经不同延时线对齐后再合并，从而把多径信号变成了增强有用信号的有利因素，有效地克服了多径效应的影响。

5) 语音激活技术

在 CDMA 系统中采用了语音激活技术，使用户发射机所发射的功率根据用户语音编码器的输出速率来进行调整。CDMA 系统的语音编码采用了可变速率声码器速率(8 kb/s)，当用户讲话时，声码器的输出速率越高，发射机所发射的平均功率就越大；当用户不讲话时，声码器输出速率越低，发射机所发射的平均功率就越小。这样可以使各用户之间的干扰平均减少约 65%。也就是说，当系统容量较大时，采用语音激活技术可以使系统容量增加约三倍；但当系统容量较小时，系统容量的增加值要稍低。

6) 分集技术

在 CDMA 系统中，由于采用宽带传输，使它具有特有的频率分集特性，当信道具有频率选择性衰落时，对系统的信息传输影响较小。同时，CDMA 系统具有分离多径的能力，实现了路径分集形式。另外，CDMA 系统还采用了空间分集和极化分集技术来提高系统性能。

4. 移动 IP 技术

移动 IP 就是在互联网或采用 TCP/IP 的局域网上实现 IP 终端漫游的网络协议，具有可扩展性、可靠性和安全性，并使节点在切换链路时仍可保持正在进行的通信。也就是说，移动 IP 提供了一种 IP 路由机制，使移动节点可以用一个永久的 IP 地址连接到任何链路上。移动 IP 作为网络层协议，与其运行的介质无关，采用移动 IP 的移动节点可以从一种介质移动到另一种介质上，而不会丢失现有的连接。

由计算机网络开放系统互联(OSI)的模型来看，其第三层网络层，负责将数据包从源节点路由到达目的地，中间穿过由链路、交换设备和路由器等构成的各种网络拓扑。主机和路由器则通过手工配置、重定向和动态路由协议获得到达网络上各个目的节点的路径。

使用传统 IP 技术的主机使用固定的 IP 地址和 TCP 端口号进行相互通信，在通信期间，它们的 IP 地址和 TCP 端口号必须保持不变，否则主机之间的通信是无法继续的。但如果节点(主机)从一条链路切换到另一条链路而不改变它的 IP 地址，那么它就不可能在新链路上接收到数据包了。

如何保证在节点移动(即 IP 地址的变化)的情况下，网络连接不中断？移动 IP 技术的研究者分析了一些可能的解决方法并借鉴了蜂窝移动电话中的切换和漫游技术思路，以处理蜂窝移动电话呼叫相类似的方法来解决移动 IP 的相应问题。基本思路是也使用漫游、位置登记、隧道、鉴权等技术，以使移动节点使用固定不变的 IP 地址，一次登录即可从现存任意位置(包括移动节点从一个 IP(子)网漫游到另一个(子)网时)上保持与 IP 主机的单一链路层连接，使通信持续进行。

1) 移动 IP 的功能实体

移动 IP 定义了三种实现移动协议必需的功能实体：移动节点、家乡代理(或归属代理，Home Agent)、外地代理(或外区代理，即 Foreign Agent)，其相互关系如图 3-11 所示。

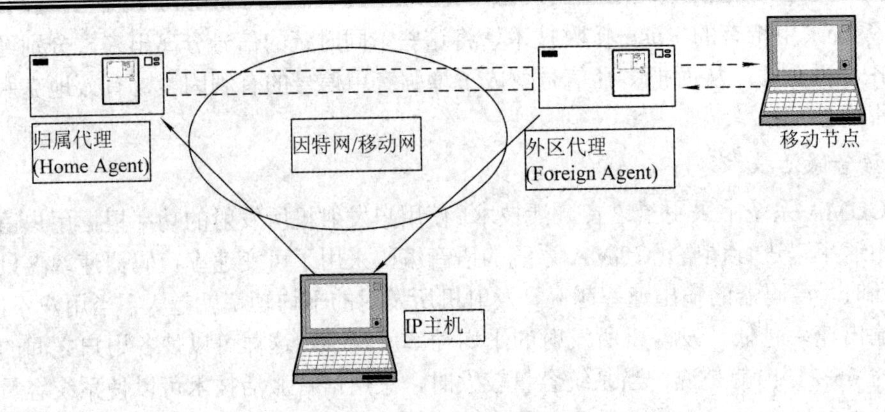

图 3-11 移动 IP 的功能实体

2) 移动 IP 的相关术语

在叙述移动 IP 的工作原理前，还要定义以上提到的术语：

(1) 隧道。当一个数据包被封在另一个数据包的净荷中原封不动地进行传送时，所经过的路径称为隧道。由图 3-11 可知，家乡代理为了将数据包传送给移动节点，先把数据包通过隧道送给外地代理。

(2) 家乡地址、家乡链路。移动节点的家乡地址是指“永久”地分配给该节点的地址，就像分配给固定的路由器或主机的地址一样。当移动节点切换链路时，家乡地址并不改变。与固定主机或路由器地址一样，移动节点的家乡地址仅当整个网络需重新编址时才会改变。

移动节点的家乡地址与它的家乡代理、家乡链路密切相关，特别是移动节点家乡地址的网络前缀决定了它的家乡链路。也就是说，移动节点的家乡链路就是与它的家乡地址具有相同网络前缀的链路。

通常，移动节点只用家乡地址和别的节点通信，即移动节点发出的所有包的源 IP 地址都是它的家乡地址，它接收的所有包的目的 IP 地址也都是它的家乡地址。这就要求移动节点将家乡地址写入域名系统(DNS)中它的“IP 地址”域，其他节点在查找移动节点的主机名时就会发现它的家乡地址了。

(3) 转交地址、外地链路。转交地址是指移动节点连接在外地链路时的相关 IP 地址，也就是连接家乡代理和移动节点的隧道的出口地址。每次移动节点改换外地链路时，转交地址也随着改变。当移动节点与外地链路相连时，家乡代理利用这个地址向移动节点传送数据包。从概念上讲，有以下两种转交地址：

① 外地代理转交地址(Foreign Agent Care-of Address)是外地代理的 IP 地址，有一个端口连接移动节点所在的外地链路。外地代理就是隧道的终点，它接收隧道数据包，解除数据包的隧道封装，然后将原始数据包转发到移动节点。多个移动节点可以同时共用一个外地代理转交地址。

② 配置转交地址(Collocated Care-of Address)是暂时分配给移动节点的某个端口的 IP 地址，其网络前缀必须与移动节点当前所连的外地链路的网络前缀相同。当外地链路上没有外地代理时，移动节点可以采用这种转交地址。一个配置转交地址同时只能被一个移动节点使用。

3) 移动 IP 的工作原理

基于以上概念，移动 IP 的工作机制可描述如下：

(1) 通过周期性地组播或广播一个称为代理广播(Agent Advertisements)的消息，家乡代理和外地代理宣告它们与链路的连接关系。

(2) 在移动节点收到这些代理广播消息后，检查其中的内容，以确定自己是连接在家乡链路还是外地链路上。当它连接在家乡链路上时，移动节点就可像固定节点一样地工作，即它不再利用移动 IP 的其他功能；当它连接在外地链路上时，此移动节点需要一个转交地址。它可以从外地代理广播的代理广播消息中找到外地代理转交地址，配置转交地址必须通过一个配置规程得到(如用 DHCP、PPP 的 IPCP UP Control Protocol 或手工配置)。

(3) 移动节点向家乡代理注册上一步中得到的转交地址，这可以通过移动 IP 中定义的消息交换来完成。在注册过程中，如果链路上有一个外地代理，移动节点就向它请求服务。为阻止拒绝服务的攻击，注册消息要求进行认证。

(4) 家乡代理或者是在家乡链路上的其他一些路由器广播对移动节点家乡地址的网络前缀的可达性，可吸引发往移动节点家乡地址的数据包，家乡代理截取这个包，并根据移动节点在上一步中注册的转交地址，通过隧道将数据包传送给移动节点。

(5) 在转交地址处，原始数据包从隧道中被提取出来送给移动节点；相反，由移动节点发出的数据包被直接选路到目的节点上，无需隧道技术。对所有来访的移动节点发出的包来说，外地代理完成路由器的功能。

以上步骤可用图 3-12 来说明，其中的移动节点连到了外地链路上，并用了外地代理转交地址。

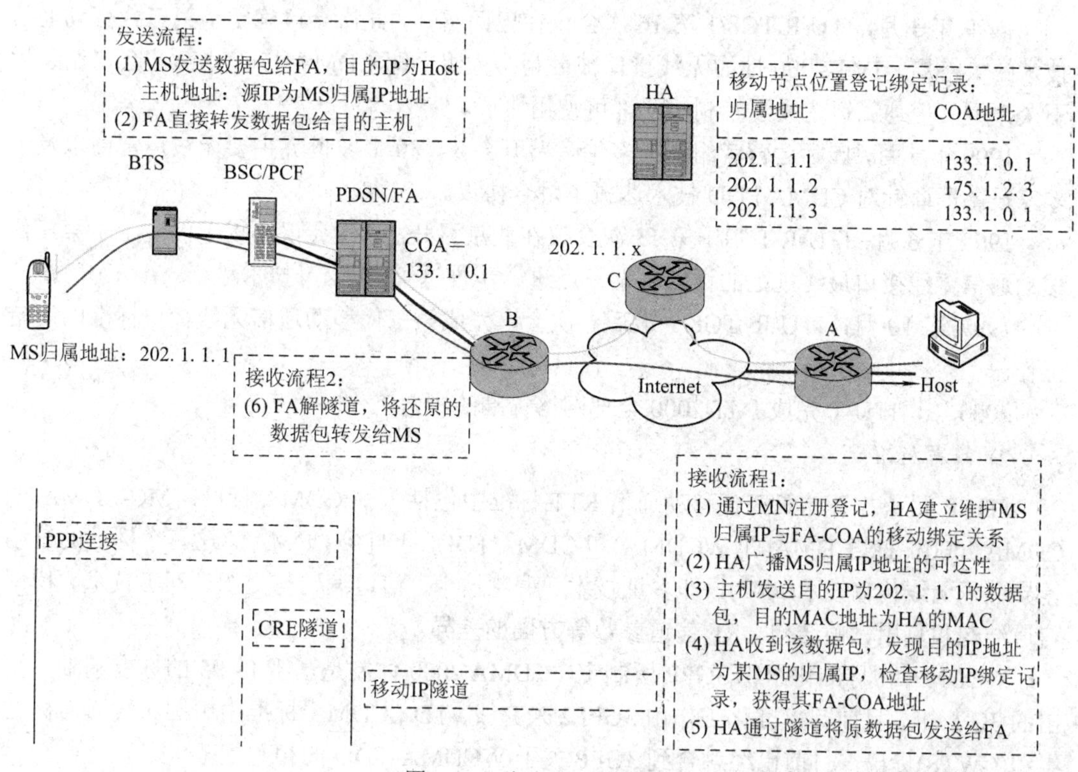

图 3-12　移动 IP 业务流程

3.4.4 第三代移动通信系统

1. 第三代移动通信系统(3G)概述

1) 3G 发展简史

ITU TG8/1 早在 1985 年就提出了第三代移动通信系统的概念，最初命名为 FPLMTS(未来公共陆地移动通信系统)，后在 1996 年更名为 IMT-2000(International Mobile Telecommunications 2000)，IMT-2000 是第三代移动通信系统(3G)的统称。第三代移动通信系统的目标是：世界范围内设计上的高度一致性；与固定网络各种业务的相互兼容；高服务质量；全球范围内使用的小终端；具有全球漫游能力；支持多媒体功能及广泛业务的终端。为了实现上述目标，对第三代无线传输技术(RTT)提出了支持高速多媒体业务(高速移动环境下至少达到 144 kb/s、室外步行环境下至少达到 384 kb/s、室内环境下至少达到 2 Mb/s)、比现有系统有更高的频谱效率等基本要求。

第三代移动通信标准的制定经历了以下过程：

1991 年，ITU 正式成立 TG8/1 任务组，负责 FPLMTS 标准制定工作。

1992 年，ITU 召开世界无线通信系统会议(WARC)，对 FPLMTS 的频率进行了划分，这次会议成为第三代移动通信标准制定进程中的重要里程碑。

1994 年，ITU-T 与 ITU-R 正式携手研究 FPLMTS。

1997 年初，ITU 要求各国在 1998 年 6 月前提交候选的 IMT-2000 无线接口技术方案。

1998 年 6 月，ITU 共收到了 15 个有关第三代移动通信无线接口的候选技术方案。

1999 年 3 月，ITU-R TG8/1 第 16 次会议在巴西召开，此次会议确定了第三代移动通信技术的大格局。IMT-2000 地面无线接口被分为两大组，即 CDMA 与 TDMA。会议结束后不久，爱立信与高通达成了专利相互许可使用协议。

1999 年 5 月，国际运营者组织在多伦多召开会议，30 多家世界主要无线运营商以及十多家设备厂商针对 CDMA FDD 技术达成了融合协议。

1999 年 6 月，ITU-R TG8/1 第 17 次会议在北京召开，这次会议不仅全面确定了第三代移动通信无线接口最终规范的详细框架，还进一步推进了 CDMA 技术融合。

1999 年 10 月，ITU-R TG8/1 最后一次会议完成第三代移动通信无线接口标准的制定工作。

2000 年，ITU-T 完成 IMT-2000 全部网络标准的制定工作。

2) 推荐标准

ITU-R 最终推荐的第三代移动通信 RTT 标准中包括三种 CDMA 标准：MC-CDMA(即 CDMA 2000)、DS-CDMA(即 WCDMA)和 CDMA TDD(即 TD-SCDMA)。这三个标准的核心差异在于无线传输技术(RTT)，即多址技术、调制技术、信道编码与交织、双工技术、物理信道结构和复用、帧结构、RF 信道参数等方面的差异。

WCDMA 由标准化组织 3GPP 所制定，CDMA 2000 体制是基于 IS-95 的标准基础上提出的 3G 标准，目前其标准化工作由 3GPP2 来完成，TD-SCDMA 标准由中国无线通信标准组织(CWTS)提出，目前已经融合到 3GPP 关于 WCDMA-TDD 的相关规范中。

3) 系统结构

为使现有的第二代移动通信系统能够顺利地向第三代移动通信系统过渡，保护已有投资，这就要求 IMT-2000 系统在结构组成上应考虑不同无线接口和不同网络。于是 ITU-T 提出了“IMT-2000 家族”的概念，允许各地区性标准化组织有一定的灵活性，使它们能根据市场、业务需求上的不同，提出各个国家和地区向第三代系统演进的策略。IMT-2000 家族就是 IMT-2000 系统的联合体，为用户提供 IMT-2000 业务。家族的特点在于它具有向任何其他家族成员的漫游用户提供业务服务的能力，以满足 IMT-2000 的全球漫游业务需求。

ITU 建议的IMT-2000的一个主要特点是将依赖无线传输技术的功能和不依赖无线传输技术的功能分离，网络的定义尽可能独立于无线传输技术。

IMT-2000 系统结构与接口如图 3-13 所示。它分为终端侧和网络侧：终端侧包括用户识别模块(UIM)和移动终端(MT)；网络侧分为两个网：无线接入网(RAN)和核心网(CN)。

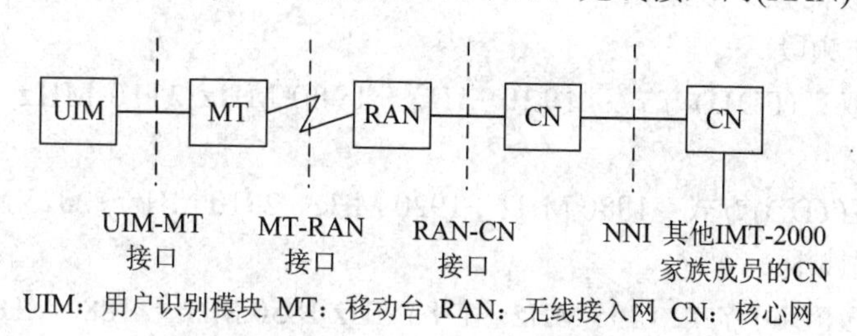

图 3-13　IMT-2000 系统结构与接口

UIM 对应于 GSM/CDMA 系统的 SIM/UIM 卡，其功能是支持用户的安全和业务；MT 的作用是提供与 UIM 和 RAN 通信的能力，支持用户的各种业务和终端的移动性。RAN 对应于 GSM/CDMA 系统的基站子系统(BSS)，提供与 MT 和 CN 两个方向上的信息传递与处理，并根据核心网络与移动终端之间交换信息的需求，在二者之间起桥接、路由选择器以及关口作用。CN 对应于 GSM/CDMA 系统的网络子系统(NSS)，具有与 RAN 以及其他家族成员系统的 CN 通信的能力，并提供支持用户业务和用户移动性的各项功能。

为了使不同 IMT-2000 家族成员的各个系统能实现系统之间的相互操作，以支持无缝的全球漫游和业务传递，ITU 对 IMT-2000 家族成员系统的接口做了规定和定义。在 IMT-2000 系统中，有核心网络与核心网络之间的接口(NNI)、无线接入网络与核心网络之间的接口(RAN-CN)、移动终端与无线接入网络之间的接口(MT-RAN)以及用户识别模块与移动终端之间的接口(UIM-MT)。

NNI 接口主要应用于 IMT-2000 系统不同核心网络间的连接和信息传递，是不同家族成员之间的标准接口，是保证互通和漫游的关键接口。

RAN-CN 接口位于 RAN 与 CN 之间，一个 RAN 可连接到不同的 CN。该接口也可支持固定无线电、无绳电话终端、卫星及有线系统等。在 RAN 与 CN 之间设置接口有助于对语音、数据等承载业务进行交换，便于控制信息(如呼叫、移动性等)以及数据安全与资源管理信息的交换。MT-RAN 接口是 MT 与 RAN 之间的无线接口。它支持 MT-RAN 和 MT-CN 之间的通信功能。MT-RAN 接口在移动终端和无线接入网络之间传送信息，支持数据保护和资源管理。

UIM-MT 接口是用户的可卸式 UIM 与移动终端之间的物理接口。其功能是在 UIM 至

MT 或 UIM 至 CN 之间传递信息，信息包括 UIM 接入控制、标识号管理、鉴权控制、业务控制以及人机接口控制。

4) 3G 频谱分配

驱动 3G 发展的一大动力是目前可供 2G 网络使用的无线频率资源有限。为了发展第三代移动通信系统，首先要解决适合第三代移动通信系统运营的频谱问题。因此研究第三代移动通信系统的频谱利用，合理地分配和划分相应的频段，是提高系统性能、高效率地利用频谱资源、满足移动通信发展需要的基础。

ITU 关于 3G 频谱的划分是建议性的，世界各国和地区频谱的分配方式各不相同，如图 3-14 所示。依据国际电联(ITU)有关第三代公众移动通信系统(IMT-2000)频谱划分和技术标准，按照我国无线电频谱划分规定，结合我国无线电频谱使用的实际情况，我国对第三代公众移动通信系统的频谱规划如下：

(1) 主要工作频段。

① 一频分双工(FDD)方式：1920 MHz～1980 MHz/2110 MHz～2170 MHz，共 2 × 60 MHz。

② 时分双工(TDD)方式：1880 MHz～1920 MHz、2010 MHz～2025 MHz，共 55 MHz。

(2) 补充工作频段。

① 频分双工(FDD)方式：1755 MHz～1785MHz/1850 MHz～1880 MHz，共 2 × 30 MHz。

② 时分双工(TDD)方式：2300 MHz～2400 MHz，与无线电定位业务共用，均为主要业务。

(3) 卫星移动通信系统工作频段：1980 MHz～2010 MHz/2170 MHz～2200 MHz。

目前已规划给第二代公众移动通信系统的 825 MHz～835 MHz/870 MHz～880 MHz、885 MHz～915 MHz/930 MHz～960 MHz 和 1710 MHz～1755 MHz/1805 MHz～1850 MHz 频段，同时规划为第三代公众移动通信系统 FDD 方式的扩展频段，上、下行频率使用方式不变。

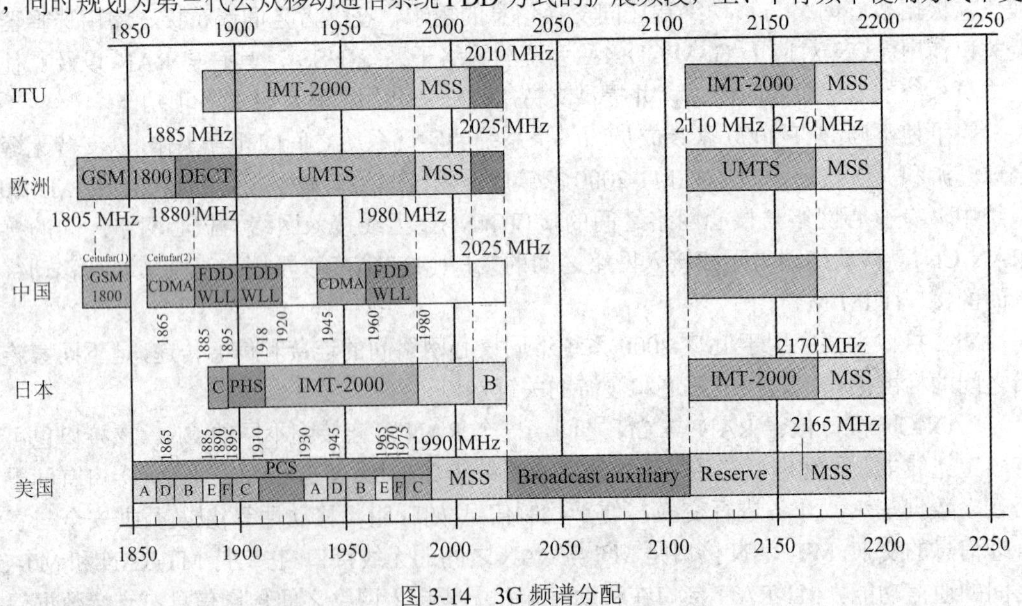

图 3-14　3G 频谱分配

2. WCDMA

WCDMA 主要由欧洲的 ETSI 和日本的 ARIB 提出、经多方融合而形成，是在 GSM 系统基础上发展的一种技术，其核心网基于 GSM-MAP。支持这一标准的电信运营商、设备制造商形成了 3GPP 阵营。

1) UMTS

采用 WCDMA 空中接口技术的第三代移动通信系统通常称为通用移动通信系统(UMTS)，它采用了与第二代移动通信系统类似的结构，包括无线接入网(RAN)和核心网(CN)。其中 RAN 处理所有与无线有关的功能；而 CN 从逻辑上分为电路交换域(CS 域)和分组交换域(PS 域)，处理 UMTS 内所有的话音呼叫和数据连接，并实现与外部网络的交换和路由功能。陆地无线接入网(UTRAN)、CN 与用户设备(UE)一起构成了整个的 UMTS，其结构如图 3-15 所示，UMTS 网络单元构成如图 3-16 所示。

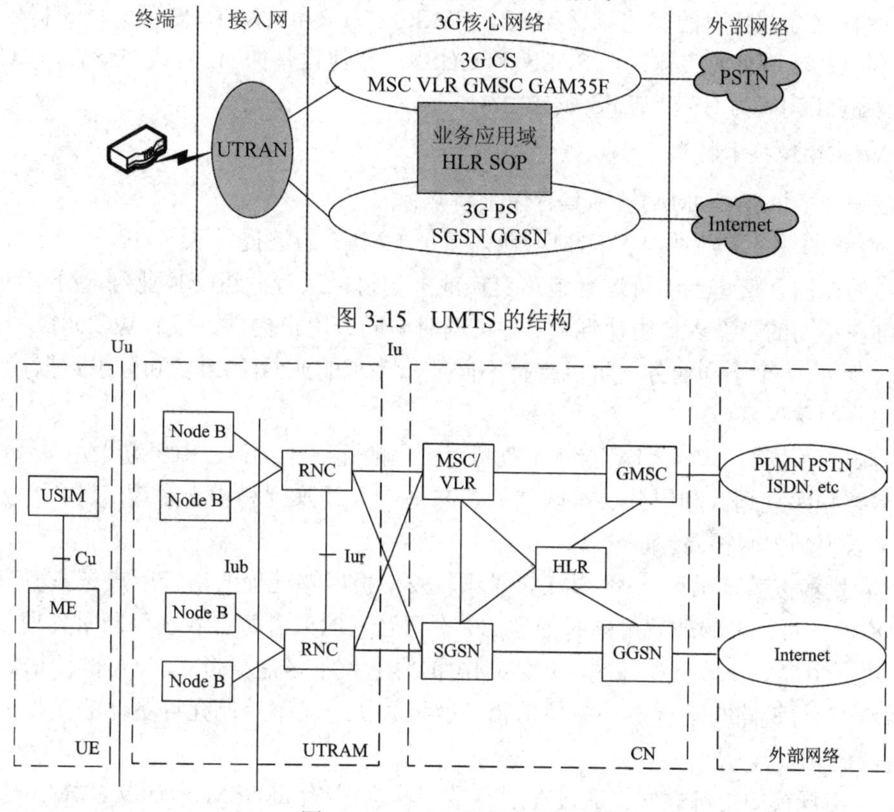

图 3-15　UMTS 的结构

图 3-16　UMTS 网络单元构成

UMTS 网络单元分述如下：

(1) UE。UE 是用户终端设备，主要包括射频处理单元、基带处理单元、协议栈模块以及应用层软件模块等。UE 通过 Uu 接口与网络设备进行数据交互，为用户提供电路域和分组域内各种业务功能。

(2) UTRAN。UTRAN 即陆地无线接入网，其可分为基站(Node B)和无线网络控制器(RNC)两部分：

① Node B 是 WCDMA 系统的基站(即无线收发信机)，包括无线收发信机和基带处理部件，通过标准的 Iub 接口和 RNC 相连，主要完成 Uu 接口物理层协议的处理。Node B 由 RF 收发放大、射频收发系统(TRX)、基带部分(BB)、传输接口单元、基站控制部分等几个

逻辑功能模块构成，其主要功能是扩频、调制、信道编码及解扩、解调、信道解码，还包括基带信号和射频信号的相互转换等功能。

② RNC 是无线网络控制器，主要完成连接建立和断开、切换、宏分集合并、无线资源管理控制等功能，具体如下：

A. 执行系统信息广播与系统接入控制功能。

B. 执行切换和 RNC 迁移等移动性管理功能。

C. 执行宏分集合并、功率控制、无线承载分配等无线资源管理和控制功能。

(3) CN。核心网(CN)负责与其他网络的连接以及对 MS 通信的管理。它分成两个子系统：电路域(CS 域)和分组域(PS 域)。CS 域设备是指为用户提供电路型业务或提供相关信令连接的实体，CS 域特有的实体包括 MSC、GMSC、VLR 和 IWF；PS 域为用户提供分组型数据业务，PS 域特有的实体包括 SGSN 和 GGSN。其他设备如 HLR(或 HSS)、AUC、EIR、智能网设备(SCP)等为 CS 域与 PS 域共用。

2) WCDMA 技术特点

宽带码分多址(WCDMA)技术具有以下特点：

(1) 高度的业务灵活性。WCDMA 允许每个 5 MHz 载波提供从 8 kb/s～2 Mb/s 的混合业务。另外在同一信道上即可进行电路交换业务也可以进行分组交换业务，分组和电路交换业务可在不同的带宽内自由地混合、并可同时向同一用户提供。每个 WCDMA 终端能够同时接入多达 6 个不同业务。可以支持不同质量要求的业务(如语音和分组数据)并保证高质量和完美的覆盖。

(2) 频谱效率高。WCDMA 能够高效利用可用的无线电频谱。由于它采用单小区复用，因此不需要频率规划。利用分层小区结构、自适应天线阵列和相干解调(双向)等技术，网络容量可以得到大幅提高。

(3) 容量和覆盖范围大。WCDMA 射频收发信机能够处理的话音用户是典型窄带收发信机的 8 倍。每个射频载波可同时处理 80 个语音呼叫或者每个载波可同时处理 50 个的 Internet 数据用户。在城市和郊区，WCDMA 的容量差不多是窄带 CDMA 的两倍。更大的带宽以及在上行链路与下行链路中使用相干解调和快速功率控制允许更低的接收机门限，有利于提高覆盖。

(4) 网络规模的经济性好。通过在现有数字蜂窝网络(如 GSM)增加 WCDMA 无线接入网，同一核心网络可被复用，并使用相同的站点。WCDMA 接入网络与 GSM 核心网络之间的链路使用了最新的 ATM 模式的微型小区传输规程 AAL2，这种高效地处理数据分组的方法将标准 El/T1 线路的容量由 30 个提高到了大约 300 个话音呼叫，传输成本将节约 50%左右。

(5) 卓越的话音能力。尽管下一代移动接入的主要目的是传输高比特率多媒体通信信号，但对于话音通信，它仍是一重要业务。WCDMA 每个小区将能够处理至少 192 个话音呼叫。而在 GSM 网络中每个小区只能处理大约 100 个话音呼叫。

(6) 无缝的 GSM/WCDMA 接入。双模终端将在 GSM 网络和 WCDMA 网络之间提供无缝的切换和漫游。

(7) 快速业务接入。为了支持多媒体业务的即时接入，开发了一种新的随机接入机制，它利用快速同步来处理 384 kb/s 分组数据业务。在移动用户和基站之间建立连接只需零点几毫秒。

(8) 从 GSM 平滑升级，技术成熟。WCDMA 已风靡全球并已占据全球 80%的无线市场。截止 2013 年，全球的 WCDMA 用户已超过 36 亿，遍布 170 个国家的 156 家运营商已全面商用 WCDMA。

(9) 终端的经济性和简单性。WCDMA 手机所要求的信号处理大约是复合 TD/CDMA 技术的十分之一。技术成熟、简单、经济的终端易于进行大规模生产，为此带来了更高的规模经济、更多的竞争，网络运营公司和用户也将获得更大的选择余地。目前，终端市场上 WCDMA 在终端种类、性价比、数量等方面都占有相当大的优势。

3. TD-SCDMA

TD-SCDMA 是时分-同步码分多址的英文缩写，是由原中国电信技术研究院(现大唐电信股份有限公司)于 1999 年正式提出并具有中国独立知识产权的新技术，被 ITU 正式批准为第三代移动通信标准之一，是我国通信业发展的一个新的里程碑，它打破了国外厂商在专利、技术、市场方面的垄断地位，促进了民族移动通信产业的迅速发展。

同 WCDMA 标准一样，TD-SCDMA 技术标准的制定与演进也是在 3GPP 组织内进行的，并纳入到 3GPP 发布的标准中，3GPP R4、3GPP R5、3GPP R6 等版本都包含了完整的 TD-SCDMA 无线接入技术。由于双工方式的差别，TD-SCDMA 的所有技术特点和优势得以在空中接口的物理层体现，即 TD-SCDMA 与 WCDMA 最主要的差别体现在无线接口物理层技术方面。在核心网方面，TD-SCDMA 与 WCDMA 采用完全相同的标准规范，这些共同之处保证了两个系统之间的无缝漫游、切换、业务支持的一致性、QoS 的保证等，也保证了 TD-SCDMA 和 WCDMA 在标准技术的后续演进上保持相当的一致性。

在实际的标准制定与演进中，TD-SCDMA 标准具有鲜明的特征。它基于 GSM 系统，其基本设计思想是使用较窄的带宽(1.2 MHz～1.6 MHz)和较低的码片速率(不超过 1.35 Mchip/s，chip/s 即码片/秒)，用同步 CDMA、软件无线电、智能天线、现代信号处理等技术来达到 IMT-2000 的要求。

TD-SCDMA 系统采用时分双工(TDD)，TDMA/CDMA 多址方式工作，基于同步 CDMA，智能天线、多用户检测、正交可变扩频系数、Turbo 编码技术、软件无线电等新技术，工作在 1880 MHz～1920 MHz、2010 MHz～2025 MHz 等非成对频段上。TD-SCDMA 技术特点如下：

(1) 频谱灵活性好，频谱效率高。TD-SCDMA 原理示意图如图 3-17 所示，TD-SCDMA 采用时分双工(TDD)方式，不需要成对的频率，并且仅需要 1.6 MHz 的最小带宽，因而它对频谱的使用非常灵活，将来可以利用逐步空置出来的第二代系统频率开展第三代业务，有效地使用日益宝贵的频谱资源(如空置出的 8 个连续 GSM 频点就可安排一个 1.6 MHz 的 TD-SCDMA 载波)。TD-SCDMA 能以较低的码片速率和较窄的带宽就能满足 IMT-2000 的要求，因而它的频谱利用率很高，可以达到 GSM 的 3～5 倍，能够解决人口密度地区频率资源紧张的问题。相对而言，FDD 方式的 WCDMA 占用带宽为 0.4 MHz，CDMA 2000 1x 占用带宽为 2 × 1.25 MHz。

(2) 易于采用智能天线等新技术。时分双工(TDD)上下行链路工作于同一频率、不同的时隙，因而上下行链路的电波传播特性基本一致，易于使用智能天线等新技术。TD-SCDMA 系统的基站天线是一个智能化的天线阵，采用波束成形技术，能够自动确定并跟踪手机的方位，发射波束随着移动台的移动而动态跟踪。其天线波束很窄，可减小对其他用户的干扰，降低基站的发射功率，提高系统容量。同时还可减轻下行链路的多径传播现象，易于获得移动台的位置信息。

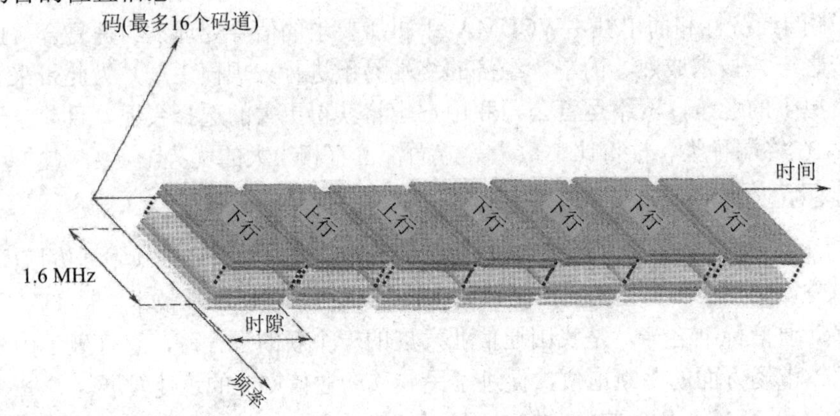

图 3-17　TD-SCDMA 原理示意图

(3) 特别适合不对称业务。在第三代移动通信中，数据业务将是主要业务，尤其是不对称的 IP 业务。TDD 方式灵活的时隙配置可高效率地满足上下行不对称、不同传输速率的数据业务的需要，大大提高了资源利用率，在互联网浏览等非对称移动数据和视频点播等多媒体业务方面具有突出优势。业务发展初期，为适应语音业务上下对称的特点可采用 3∶3(上行∶下行)的对称时隙结构；数据业务进一步发展时，可采用 2∶4 或 1∶5 的时隙结构。

(4) 易于数字化集成，可降低产品成本和价格。

(5) 采用软件无线电技术。

(6) 与第二代移动通信系统 GSM 兼容，可由 GSM 平滑演进而来。

2006 年，TD-SCDMA 作为我国第一个第三代移动通信标准率先颁布，随后开始规模网络技术应用试验；2007 年由中国移动主导了涉及十个城市的大规模 TD-SCDMA 二期试验，并在 2008 年奥运会中得到了检验；2009 年 1 月 7 日，中国移动获得 TD-SCDMA 运营牌照，开始了大规模建设商用。同时，TD-SCDMA 标准的后续演进工作也在顺利进行。

4. CDMA 2000

CDMA 2000 是由窄带 CDMA(IS-95)向上演进的技术，经融合形成了现有的 3GPP2 CDMA 2000。IMT-2000 标准中 CDMA 2000 包括 lx 和 Nx 两部分，对于射频带宽为 Nx 1.25 MHz 的 CDMA 2000 系统(N = 1，3，6，9，12)，采用多个载波来利用整个频带。

1) CDMA 2000 主要技术特点

表 3-6 归纳了 IMT-2000 标准中 CDMA 2000 系列的主要技术特点。

与 CDMA One 相比，CDMA 2000 有下列技术特点：

(1) N × 1.25 MHz 多种信道带宽。

(2) 可以更加有效地使用无线资源。

(3) 具备先进的媒体接入控制，从而有效地支持高速分组数据业务。

(4) 可在 CDMA One 的基础上实现向 CDMA 2000 系统的平滑过渡。

(5) 核心网协议可使用 IS-41、GSM-MAP 以及 IP 骨干网标准。

(6) 采用了前向发送分集、快速前向功率控制、Turbo 编码、辅助导频信道、灵活帧长、反向链路相干解调、选择较长的交织器等技术，进一步提高了系统容量、增强了系统性能。

表 3-6　CDMA 2000 系列的主要技术特点

名　称	CDMA 2000 1x	CDMA 2000 3x	CDMA 2000 6x	CDMA 2000 9x	CDMA 2000 12x
带宽/MHz	1.25	3.75	7.5	11.5	15
无线接口来源于	IS-95				
业务演进来源于	IS-95				
最大用户比特率/(b/s)	307.2 k	1.0368 M	2.0736 M	2.4576 M	
码片速率/(Mb/s)	1.2288	3.6864	7.3728	11.0592	14.7456
帧的时长/ms	典型为 20，也可选 5，用于控制				
同步方式	IS-95(使用 GPS，使基站之间严格同步)				
导频方式	IS-95(使用公共导频方式，与业务码复用)				

正如上一节所述，严格意义上来讲 CDMA 2000 1x 系统只能算是 2.5G 系统，其后续演进走上了一条新的演进之路。3GPP2 从 2000 年开始在 CDMA 2000 1x 基础上制定了 1x 的增强技术——1x EV 标准，通常人们认为从此开始 CDMA 2000 才真正进入 3G 阶段。

2) 1x EV-DO

1x EV-DO 是一种依托在 CDMA 2000 1x 基础上的增强型技术，能在与前期 CDMA 2000 1x 相同的 1.25 MHz 带宽情况下，使数据业务能力达到 ITU 规定的第三代移动通信业务速率标准(2 Mb/s)以上，并与 IS-95A 和 CDMA 2000 1x 网络后向兼容。1x EV 原本又分为 CDMA 2000 1x EV-DO 和 CDMA 2000 1x EV-DV。CDMA 2000 1x EV-DV 一度作为 CDMA 2000 1x EV-DO 的后续演进技术，标准草案于 2002 年完成，但由于支持的厂商较少，在 2005 年已遭废止。1x EV-DO 有以下两种形式：

(1) 1x EV-DO Rel.0。高通公司提出的 HDR (High Data Rate)技术是该阶段的技术标准，它于 2000 年被 TIA/EIA 接纳为 IS-856 标准(Rel.0 版本)，2001 年被 ITU-R 接纳为 3G 技术标准之一。1x 表示它与 CDMA 2000 1x 系统所采用的射频带宽、功率需求和码片速率均完全相同，具有良好的后向兼容性；EV(Evolution)表示它是 CDMA 2000 1x 的演进版本；DO(Data Only 或 Data Optimization)表示它是专门针对分组数据业务进行优化的技术。

1x EV-DO 系统的基本设计思想是将高速分组数据业务与低速语音/数据业务进行优化和分离，把它们分别放在两个独立的载波上承载，从而极大地简化了系统软件的设计难度，避免了复杂的资源调度算法。利用现有 CDMA 频谱和成熟技术，新增了前向和反向链路不对称、突发导频等技术，在已有的 CDMA 2000 1x 基站上开辟一个新的 1.25 MHz 信道专用于 1x EV-DO 系统，前向链路支持平均速率为 650 kb/s、峰值速率为 2.4 Mb/s 的高速数据业务；反向链路数据传输速率最高也可以达到 153.6 kb/s，而传统的语音业务和中低速分组数据业务则仍依靠原有的 CDMA 2000 lx 载波来承载。

(2) 1x EV-DO Rel.A。随着多媒体数据业务的发展，各种新的业务形式不断出现，对系统带宽和 QoS 保证等方面的要求也不断提高。由于存在反向链路带宽和 QoS 保证等方面的局限性，1x EV-DO Rel.0 系统难以满足业务发展的相关要求。2004 年 3 月，3GPP2 发布了 1x EV-DO Ret.A 版本，并被 TIA/EIA 接纳为 IS-856-A。IS-856-A 支持单用户反向峰值速率为 1.8 Mb/s，前向峰值速率进一步提高到 3.1 Mb/s。它采用了多用户分组和更小的分组封装，提供实时业务所需要的快速接入、快速寻呼及低延迟传送特性，以满足不同业务的不同 QoS 要求；引入了多天线发射分集技术，有效地改善了高速分组数据在恶劣无线环境中的可靠传送问题：全面支持 QoS，可以支持可视电话、VoIP 及 VoIP 与数据的并发、Push-to-Connect、即时多媒体通信、移动游戏、基于 BCMCS 的多播业务等很多对 QoS 有较高要求的新业务。

1x EV-DO 与现有的 IS-95 或 CDMA 2000 1x 网络兼容，可沿用现有网络规划及射频部件，基站可与 IS-95 或 CDMA 2000 1x 合并，从而很好地保护了 IS-95 或 CDMA 2000 lx 运营商的现有投资，成本低廉，广为 CDMA 运营商所采用，中国电信基于 CDMA 2000 1x EV-DO Rel.A 的 3G 网络也于 2009 年 5 月商用。

除利用 1x 增强技术大幅提升数据业务能力外，1x 增强技术也能用于大幅提高系统的话音业务容量，具体包括推出采用增强型声码器、干扰消除、移动台分集接收等技术的移动终端，升级基站信道卡等手段。

3.5 短距离无线通信技术

3.5.1 蓝牙技术

蓝牙(Bluetooth)是由瑞典爱立信、芬兰诺基亚、日本东芝、美国 IBM 和美国 Intel 公司等五家著名厂商，于 1998 年 5 月联合开展一项旨在实现网络中各类数据及语音设备互连的计划而提出的。1999 年下半年，著名的 IT 业界巨头微软、摩托罗拉、3Com、朗讯与蓝牙特别小组的五家公司共同发起成立了“蓝牙”技术推广组织，从而在全球范围内掀起了一股“蓝牙”热。蓝牙技术在短短的时间内，以迅雷不及掩耳之势席卷了世界各个角落。

1. 蓝牙的基本概念

蓝牙技术是一种短距离无线通信技术，利用蓝牙技术能有效地简化移动电话手机、笔记本电脑和掌上电脑等移动通信终端设备之间及其与因特网之间的通信，从而使这些设备之间及其与因特网之间的数据传输变得更加方便高效，为无线通信拓宽道路。蓝牙技术持续发展的最终形态是在已有的有线网络基础上，完成网络无线化的建构，使网络最终不再受到地域与线路的限制，从而实现真正的随身上网与资料互换。

2. 蓝牙的呼叫过程

蓝牙主端设备发起呼叫，首先是查找，找出周围处于可被查找的蓝牙设备，此时从端设备需要处于可被查找状态。

主端设备找到从端蓝牙设备后，与从端蓝牙设备进行配对，此时需要输入从端设备的 PIN 码，一般蓝牙耳机默认为 1234 或 0000，立体声蓝牙耳机默认为 8888，也有设备不需要输入 PIN 码。

配对完成后，从端蓝牙设备会记录主端设备的信任信息，此时主端即可向从端设备发起呼叫，根据应用不同，可能是 ACL(访问控制列表)的数据链路呼叫或 SCO(同步面向连接)的语音链路呼叫，已配对的设备在下次呼叫时，不再需要重新配对。

已配对的设备，作为从端的蓝牙耳机也可以发起建链请求，但作为数据通信的蓝牙模块一般不发起呼叫。

链路建立成功后，主从两端之间即可进行双向的数据或语音通信。在通信状态下，主端和从端设备都可以发起断链请求，断开蓝牙链路。

3. 蓝牙的组网

蓝牙既可以“点到点”也可以“点到多点”进行无线连接，也就是说，若干蓝牙设备可以组成网络使用。蓝牙在物理层采用跳频技术，这意味着蓝牙设备必须首先通过同步彼此的跳频模式，发现彼此的存在才能相互通信。蓝牙系统采用一种灵活的无基站的组网方式，蓝牙网络的拓扑结构有两种形式，即微微网(主从网络，Piconet)和散射网(分散网络，Scatternet)，如图 3-18 所示。

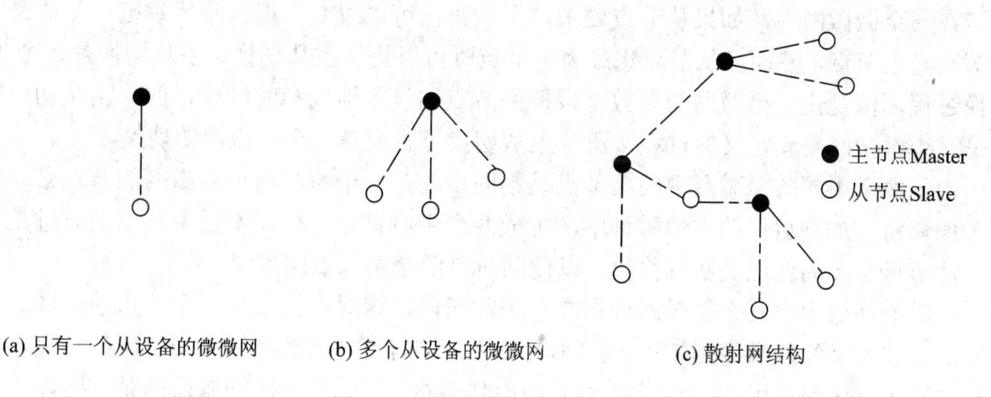

图 3-18　蓝牙网络的拓扑结构

1) 蓝牙微微网

蓝牙中的基本联网单元是微微网(Piconet)，也称为主从网络，它由一台主设备和 1～7 台活跃的从设备组成。每个蓝牙设备都有自己的设备地址码(BD_ADDR)和活动成员地址(AD_ADDR)。组网过程中首先发起呼叫的蓝牙装置称为主设备(Master)，其余的称为从设备(Slave)。在一个 Piconet 中，主设备只能有一个。从设备仅可与主设备通信，并且只可以在主设备授予权限时通信。从设备之间不能直接通信，必须经过主设备才行。在同一微微网中，所有用户均用同一跳频序列同步，主设备确定此微微网中的跳频序列和时序。在一个互联的分布式网络中，一个节点设备可同时存在于多个微微网中，但不能在两个微微网中处于激活(Active)状态。

2) 蓝牙散射网

散射网也称为分散网络。在同一个区域内可能有多个微微网，一个微微网中的主设备单元同时也可以从属于另外的微微网，作为另一个微微网中的从设备单元，作为两个或两个以上微微网成员的蓝牙单元就成了网桥节点。网桥最多可以作为一个微微网的主设备，但可以作为多个微微网的从设备。多个微微网互联形成的网络称为分散网(Scatternet)。三个蓝牙微微网构成的蓝牙散射网。

散射网是由多个独立的非同步的微微网组成的，以特定的方式连接在一起，每个微微网有一个不同的主节点，独立地进行跳变。各微微网由不同的跳频序列区分，也就是说，每个微微网的跳频序列互不相同，序列的相位由各自的主节点确定。信道上的分组携带不同的信道接入码，信道接入码是由主节点的设备地址决定的。如果有多个微微网覆盖同一个区域，节点根据使用的时间可以加入到两个甚至多个微微网中，要参与一个微微网，就必须使用相应的主节点的地址和时钟偏移，以获得正确的相位。这些节点参与了两个或两个以上的微微网，这些节点就称为网桥节点。网桥节点可以是这些微微网的从节点，也可以是在一个微微网中担任主节点，而在其他微微网中担任从节点。网桥节点担负起了微微网之间的通信中继任务。

当设备成为散射网的节点后，便可以在多个微微网中进行通信。一方面，一个微微网的主节点通过呼叫可以使其他微微网的主节点或从节点成为这个微微网的一个从节点；另一方面，属于某个微微网的从节点也可以呼叫其他微微网的主节点或从节点，构成一个新的微微网。

在一个微微网中，如果从节点要求，主从角色可以改变。根据蓝牙规范，生成微微网的节点是主节点，然而当从节点想成为主节点时可以进行主从切换。主从切换是一个 TDD 切换过程，但是由于微微网的参数是根据主节点的设备地址和时钟确定的，主从切换的本质是一个微微网重新定义的过程，所以主从切换可看成是一个微微网的切换。

由于两个不同的微微网中的主节点是不同步的，一个参与两个微微网的节点必须计算两个偏移量，加到自己的本地时钟中，生成两个主时钟。另外，不过主节点的时钟是独立的，从节点需要周期地更新偏移量，以便同时与两个主节点同步。

在散射网络中，几个微微网分布在一个区域内，这时干扰就是一个严重的问题。一个蓝牙信道被定义为跳频序列(79 个载频)，每个信道有不同的跳频序列与不同的相位，然而所有的蓝牙网络都采用 79 个载频，而且没有协调机制，一旦不同的微微网某一时隙采用相同的频率，则会发生碰撞，发送信号就会相互干扰。由于蓝牙系统采用快速跳频方式，因此碰撞时间短，蓝牙主单元会采用轮询机制来保证服务质量和控制网络流量。

蓝牙散射网是自组网的一种特例。其最大特点是可以无基站支持，每个移动终端的地位是平等的，并可独立进行分组转发的决策，其建网灵活性、多跳性、拓扑结构动态变化和分布式控制等特点是构建蓝牙散射网的基础。

4. 蓝牙的特点

蓝牙是一种短程无线通信技术，通信距离是 10 m～30 m，在加入额外的功率放大器后，可以扩展到 100 m(或者 20 dBm)。可以保证较高的数据传输速率，同时降低与其他电子产品和无线电系统的干扰，此外还有利于保证安全性。

蓝牙技术支持 64 kb/s 的实时语音传输和各种速率的数据传输，可单独或同时传输。语音编码采用对数 PCM 或连续可变斜率增量调制(CVSD)。当仅传输语音时，蓝牙设备最多可同时支持 3 路全双工的语音通信，辅助的基带硬件可以支持 4 个或者更多的语音信道;当语音和数据同时传输或仅传数据时，支持 433.9 kb/s 的对称全双工通信或 723.2 kb/s、57.6 kb/s 的非对称双工通信，后者特别适合于无线访问 Internet。

工作在 2.4 GHz 的 ISM 频段，传输速率为 1 Mb/s，使用扩频和快速跳频(1600 跳/秒)技术。与其他工作在相同频段的系统相比，蓝牙系统跳频更快，数据包更短，从而更加稳定，即使在噪声环境中也可以正常无误地工作。另外，蓝牙还采用 CRC、FEC 及 ARQ 技术，以确保通信的可靠性。

根据需要可支持点到点和点到多点的无线连接。可采用无线方式将若干蓝牙设备连成一个主从网(Piconet)，多个主从网又可组成特殊分散网(Ad-Hoc Scatternet)，形成灵活的多重主从网的拓扑结构，从而实现各类设备之间的快速通信。

每个收发机配置了符合 IEEE 802 标准的 48 位地址，任一蓝牙设备都可根据 IEEE 802 标准得到一个唯一的 48 bit 的公开地址码 BD_ADDR。在 BD_ADDR 基础上，使用一些性能良好的算法可获得各种保密和安全码，从而保证了设备识别码(ID)在全球的唯一性，以及通信过程中的安全性和保密性。

采用 TDMA 技术及 TDD 工作方式。其一个基带帧包括两个分组：一个发送分组；另一个接收分组。蓝牙系统既支持电路交换和分组交换，又支持实时的同步定向连接(在规定时隙传送话音等)和非实时的异步不定向连接(可在任意时隙传送数据)。

5. 蓝牙技术的应用

蓝牙是一种近距离无线通信的技术规范，它最初的目标是取代现有的掌上电脑、移动电话等各种数字设备上的有线电缆连接。在制定蓝牙规范之初，就建立了统一全球的目标，向全球发布，工作频段为全球统一开放的 2.4 GHz 的 ISM 频段，由于蓝牙技术具有开放性、低成本、低功耗、体积小、点对多点连接、语音与数据混合传输、良好的抗干扰能力、移动性好和易于应用等方面的特点，使其应用已不局限于计算机外设，几乎可以被集成到任何数据设备之中，广泛应用于各种短距离通信环境，特别是那些对数据传输速率要求不高的移动设备和便携设备，具有广阔的应用前景。

以下是蓝牙技术的一些具体使用场景：

1) 三合一电话

使用内置蓝牙芯片的手机，在办公室时，电话可作为内部通信系统使用(不计费)；在家时，它可作为无绳电话使用(按固定电话收费，节省手机费用)；外出时，离开屋子一段距离后便会自动切换到移动基站上作为移动电话使用(按蜂窝电话收费)。

2) Internet 接入

内置蓝牙芯片的笔记本计算机或掌上 PC，不仅可以使用 PSTN、ISDN、LAN、xDSL(如 ADSL)等接入，而且使用其蓝牙功能连接蓝牙手机来使用蜂窝式移动网络进行高速网络连接并进行上网冲浪。

3) 无绳桌面

将桌面/膝上电脑无线连接到打印机、扫描仪、键盘、鼠标和 LAN 上。

4) 数据共享

无论是手机、计算机、PDA、打印机，还是数码相机、MP3 播放器、DVD 播放器等都可以利用蓝牙技术来共享数据，方便操作。如带有蓝牙功能的数码相机在拍摄完成后，影像通过手机直接送至世界任何一个角落，也可以直接将影像传入打印机打印。

5) 同步资料

无论在办公室或家里，用户的笔记本计算机、手机或是 PDA 可通过蓝牙产品及相应程序，与其他设备同步。内部信息永保最新。当然 E-mail 也可以实时接收并同步输入计算机，而且 E-mail 可以在飞机上完成，下飞机后会自动发出。

6) 无线免提

将耳机与移动 PC 或任何有线连接设备相连，将双手解放出来，无论在办公室，还是在车上都可以完成更重要的任务。

3.5.2 ZigBee 技术

1. ZigBee 技术的概述

ZigBee 中文译为“紫蜂”，是指一种短距离、结构简单、低功耗、低数据速率、低成本和高可靠性的双向无线网络通信技术。

ZigBee 联盟(类似于蓝牙特殊兴趣小组)成立于 2001 年 8 月。ZigBee 联盟采用了 IEEE 802.15.4 作为物理层和媒体接入层规范，并在此基础上制定了数据链路层(DLL)、网络层(NWK)和应用编程接口(API)规范，最后，形成了被称为 IEEE 802.15.4(ZigBee)技术标准。

ZigBee 功能示意图如图 3-19 所示。控制器通过收发器完成数据的无线发送和接收。ZigBee 工作在免授权的频段上，包括 2.4 GHz(全球)、915 MHz(美国)和 868 MHz(欧洲)，分别提供 250 kb/s(2.4 GHz)、40 kb/s(915 MHz)和 20 kb/s(868 MHz)的原始数据吞吐率，其传输范围介于 10 m～100 m 之间。

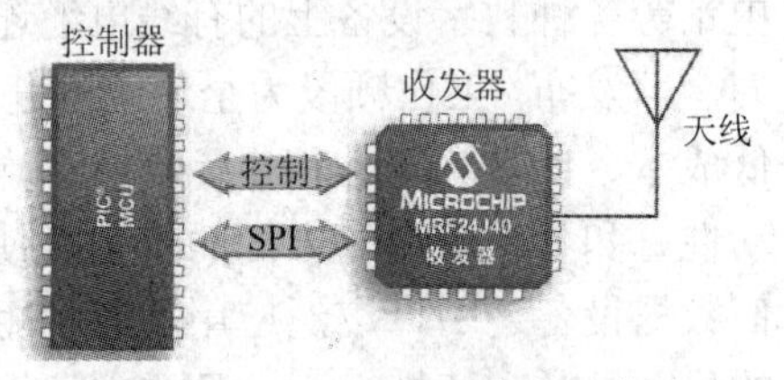

图 3-19 ZigBee 功能示意图

通常符合以下条件之一的应用，就可以考虑采用 ZigBee 技术：

(1) 设备成本很低，传输的数据量很小。

(2) 设备体积很小，不便放置较大的充电电池或者电源模块。

(3) 没有充足的电力支持，只能使用一次性电池。

(4) 无法或很难频繁地更换电池、反复地充电。

(5) 需要较大范围的通信覆盖，网络中的设备非常多，但仅仅用于监测或控制。

2. ZigBee 技术的网络拓扑结构

ZigBee 的体系结构以开放系统互联(OSI)七层模型为基础，但它只定义了和实际应用功能相关的层。ZigBee 采用 IEEE 802.15.4 2003 标准制定了两个层：即物理层(PHY)和媒体接入控制层(MAC)作为 ZigBee 技术的物理层和 MAC 层，ZigBee 联盟在此基础之上建立它的网络层(NWK)和应用层的框架，这个应用层框架包括应用支持层(APS)，ZigBee 设备对象(ZDO)和制造商所定义的应用对象。

ZigBee 架构及模块示意图如图 3-20 所示。网络拓扑结构为星型、树型、网型及其共同组成的复合网结构。其网络为主从结构，一个网络由一个网络协调者(Coordinator)和最多可达 65 535 个从属设备组成。网络协调者必须是 FFD(Full Functional Device，全功能设备)，它负责管理和维护网络，包括路由、安全性、节点的附着与离开等。一个网络只需要一个网络协调者，其他终端设备可以是 RFD(Reduced Functional Device，精简功能设备)，也可以是 FFD。RFD 的价格要比 FFD 便宜得多，其占用系统资源仅约为 4 KB，因此网络的整体成本比较低。因此，ZigBee 非常适合有大量终端设备的网络，如传感网络、楼宇自动化等。

ZigBee 有三个工作频段：2.402 GHz～2.480 GHz、868 MHz～868.6 MHz、902 MHz～928 MHz，共 27 个信道。信道接入方式采用带有冲突避免的载波侦听多路访问协议(Carrier Sense Multiple Access with Collision Avoidance，CSMA-CA)，能有效地减少帧冲突。

为了抗干扰，ZigBee 在物理层采用直接序列扩频(DSSS)和频率捷变(FA)技术。在网络层，ZigBee 支持网状网，存在冗余路由，保证了网络的健壮性。

ZigBee 的 MAC 信道接入机制有两种：无信标(Beacon)模式和有信标模式。无信标模式就是标准的 ALOHA CSMA-CA 的信道接入机制，终端节点只在有数据要收发的时候才和网络会话，其余时间都处于休眠模式，使得平均功耗非常低。在有信标模式下，终端设备可以只在信标被广播时醒来，并侦听地址，如果它没有侦听到自身的地址，则又转入休眠状态。

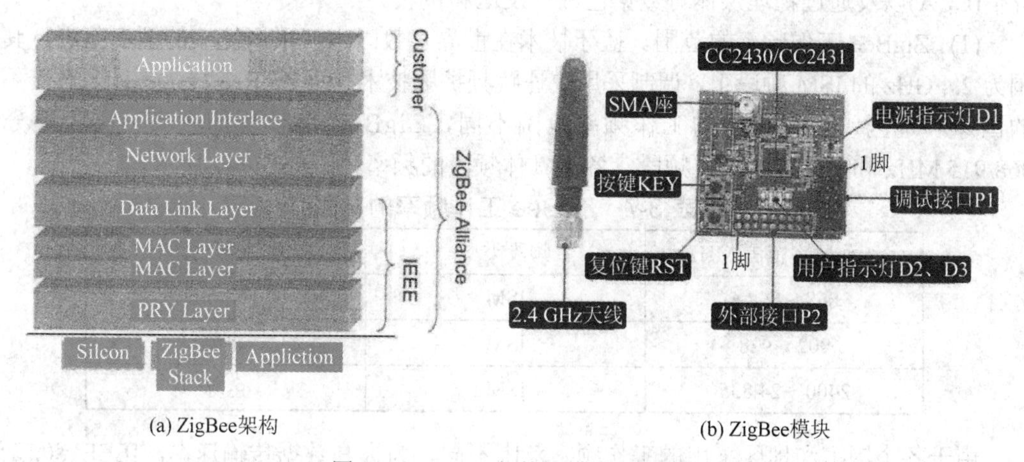

(a) ZigBee架构　　(b) ZigBee模块

图 3-20　ZigBee 架构及模块示意图

利用 ZigBee 技术组成的无线个人区域网(WPAN)是一种低速率的无线个人区域网(Low Rate-Wireless Personal Area Network，LR-WPAN)，这种低速率无线个人区域网的网络结构简单、成本低廉，具有有限的功率和灵活的吞吐量。LR-WPAN 主要目标是实现安装容易、数据传输可靠、短距离通信、非常低的成本以及功耗，并拥有一个简单而灵活的通信网络协议。

在一个 LR-MPAN 网络中，可同时存在两种不同类型的设备：一种是具有完整功能的设备(FFD)；另一种是简化功能的设备(RFD)。在网络中，FFD 通常有三种工作状态：① 作为个人区域网络(PAN)的主协调器；② 作为一个协调器；③ 作为一个终端设备。一个 FFD 可以同时和多个 RFD 或多个其他的 FFD 通信，而对于一个 RFD 来说，它只能和一个 FFD 进行通信。RFD 的应用非常简单、容易实现，就好像一个电灯的开关或者一个红外线传感器，由于 RFD 不需要发送大量的数据，并且一次只能同一个 FFD 进行通信，因此，RFD 仅需要使用较小的资源和存储空间，这样就可非常容易地组建一个低成本和低功耗的无线通信网络。

在 ZigBee 网络拓扑结构中，最基本的组成单元是设备，这个设备可以是一个 RFD 也可以是一个 FFD；在同一个物理信道的 POS(Personal Operating Space，个人工作范围)通信范围内，两个或者两个以上的设备就可构成一个WPAN。但是，在这一个网络中至少要求有一个FFD作为PAN主协调器。

LR-WPAN属于WPAN家庭标准的一部分，其覆盖范围可能超出WPAN所规定的POS范围。对于无线媒体而言，其传播特性具有动态的和不确定的特性，因此，不存在一个精确的覆盖范围，仅仅是位置或方向的一个小小变化都可能导致信号强度或者链路通信质量发生巨大变化，无论是静止设备，还是移动设备，这些变化都会对站和站之间的无线传播造成影响。

3. ZigBee协议模型

1) ZigBee物理层(PHY)

PHY层的功能是启动和关闭无线收发器、能量检测、链路质量、信道选择、清除信道评估(CCA)以及通过物理媒体对数据包进行发送和接收。

(1) ZigBee工作频率的范围。蓝牙技术在世界多数国家都采用统一的频率范围，其范围为2.4 GHz的ISM频段上，调制采用快速跳频扩频技术。而ZigBee技术不同，对于不同的国家和地区，为其提供的工作频率范围不同，ZigBee 所使用的频率范围主要分为868/915 MHz和2.4 GHz ISM频段，各个具体频段的频率范围如表3-7所示。

表3-7　ZigBee工作频率的范围

工作频率范围/MHz	频段类型	国家和地区
868～868.6	ISM	欧洲
902～928	ISM	北美
2400～24 835	ISM	全球

由于各个国家和地区采用的工作频率范围不同，为提高数据传输速率，IEEE 802.15.4规范标准对于不同的频率范围，规定了不同的调制方式，因而在不同的频率段上，其数据传输速率也不同。

通常ZigBee不能同时兼容这三个工作频段，在选择ZigBee设备时，应根据当地无线管理委员会的规定，购买符合当地所允许使用频段条件的设备，我国规定ZigBee的使用频段为2.4 GHz。

(2) 发射功率。ZigBee 技术的发射功率也有严格的限制，其最大发射功率应该遵守不同国家所制定的规范，通常，ZigBee 的发射功率范围为 0～+10 dBm，通信距离范围通常为10 m，可扩大到300 m左右，其发射功率可根据需要，利用设置相应的服务原语进行控制。

2) ZigBee数据链路层

MAC层也提供了两种类型的服务：通过MAC层管理实体服务接入点(MLME SAP)向MAC层数据和MAC层管理提供服务。MAC层数据服务可以通过PHY层数据服务发送和接收MAC层协议数据单元(MPDU)。

MAC层的具体特征是：信标管理、信道接入、时隙管理、发送确认帧、发送连接及断开连接请求。除此之外，MAC层为应用合适的安全机制提供一些方法。

3) ZigBee网络层

ZigBee技术的网络层/安全层主要用于ZigBee的LR-WPAN网络的组网连接、数据管理以及网络安全等；应用框架层主要为 ZigBee 技术的实际应用提供一些应用框架模型等，以便对 ZigBee 技术的开发应用。在不同的应用场合，其开发应用框架不同，从目前来看，不同的厂商提供的应用框架是有差异的，应根据具体应用情况和所选择的产品来综合考虑其应用框架结构。

ZigBee 网络层主要功能包括设备连接和断开网络时所采用的机制，以及在帧信息传输过程中所采用的安全性机制。此外，还包括设备之间的路由发现和路由维护和转交。并且，网络层完成对一跳(One Hop)邻居设备的发现和相关结点信息的存储。一个 ZigBee 协调器创建一个新的网络，为新加入的设备分配短地址等。

ZigBee 网络层支持星型、树型和网状型拓扑结构。在星型拓扑结构中，整个网络由一个称为 ZigBee 协调器(ZigBee Coordinator)的设备来控制。ZigBee 协调器负责发起和维持网络正常工作，保持同网络终端设备通信。在网状型和树型拓扑结构中，ZigBee 协调器负责启动网络以及选择关键的网络参数，同时，也可以使用路由器来扩展网络结构。在树型网络中，路由器采用分级路由策略来传送数据和控制信息。树型网络可以采用基于信标的方式进行通信。网状型网络中，设备之间使用完全对等的通信方式。在网状网络中，路由器将不发送通信信标。

4) *ZigBee 应用层*

ZigBee 应用层由应用支持层、ZigBee 设备对象和制造商所定义的应用对象组成。应用支持层的功能包括：维持绑定表、在绑定的设备之间传送消息。所谓绑定就是基于两台设备的服务和需求将它们匹配地连接起来。ZigBee 设备对象的功能包括：定义设备在网络中的角色(ZigBee 协调器和终端设备)，发起和(或者)响应绑定请求，在网络设备之间建立安全机制。ZigBee 设备对象还负责发现网络中的设备，并且决定向他们提供何种应用服务。

4. ZigBee 技术的特点

ZigBee 是一种无线连接，可工作在 2.14 GHz(全球)、868 MHz(欧洲)和 915 MHz(美国)三个频段上，分别具有最高 250 kb/s、20 kb/s 和 40 kb/s 的传输速率，它的传输距离在 10 m～75 m 的范围内，但可以继续增加。作为一种无线通信技术，ZigBee 具有如下特点：

(1) 功耗低：由于 ZigBee 的传输速率低，发射功率仅为 1 mW，而且采用了休眠模式，功耗低，因此 ZigBee 设备非常省电。据估算，ZigBee 设备仅靠两节 5 号电池就可以维持长达 6 个月到 2 年左右的使用时间，这是其他无线设备所无法达到的。

(2) 成本低：简单的协议和小的存储空间大大降低了 ZigBee 的成本，ZigBee 模块的初始成本在 6 美元左右，估计很快就能降到 1.5～2.5 美元，并且 ZigBee 协议是免专利费的。ZigBee 技术的成本是同类产品的几分之一甚至十分之一。

(3) 时延短：通信时延和从休眠状态激活的时延都非常短，典型的搜索设备时延 30 ms，休眠激活的时延是 15 ms，活动设备信道接入的时延为 15 ms。因此 ZigBee 技术适用于对时延要求苛刻的无线控制(如工业控制场合等)应用。

(4) 网络容量大：一个星型结构的 ZigBee 网络最多可以容纳 254 个从设备和一个主设备，一个区域内可以同时存在最多 100 个 ZigBee 网络，而且网络组成灵活。

(5) 可靠性高：采取了碰撞避免策略，同时为需要固定带宽的通信业务预留了专用时隙，避开了发送数据的竞争和冲突。MAC 层采用了完全确认的数据传输模式，每个发送的数据包都必须等待接收方的确认信息。如果传输过程中出现问题可以进行重发。

(6) 安全性高：ZigBee 提供了基于循环冗余校验(CRC)的数据包完整性检查功能，支持鉴权和认证，采用了 AES-128 的加密算法，各个应用可以灵活确定其安全属性。

(7) 工作频段灵活：使用的频段分别为 2.4 GHz(全球)、868 MHz(欧洲)以及 915 MHz(美国)，均为免执照频段。

5. ZigBee 的应用

由于 ZigBee 具有功耗极低、系统简单、成本低、短等待时间(Latency Time)和低数据速率的性质，因此非常适合有大量终端设备的网络。

ZigBee 主要适用于自动控制领域以及组建短距离低速无线个人区域网(LR-WPAN)。例如，楼宇自动化、工业监视及控制、计算机外设、互动玩具、医疗设备、消费性电子产品、家庭无线网络、无传感器网络、无线门控系统和无线停车场计费系统等。

3.5.3 超宽带技术

超宽带(Ultra-wide Band，UWB)技术是利用超宽频带的电波进行高速无线通信的技术。从时域上讲，超宽带系统有别于传统的通信系统。一般的通信系统是通过发送射频载波进行信号调制，而 UWB 是利用起、落点的时域脉冲(几十纳秒)直接实现调制。超宽带的传输把调制信息过程放在一个非常宽的频带上进行，而且以这一过程中所持续的时间来决定带宽所占据的频率范围。

近年来，超宽带无线通信技术成为短距离、高速无线网络最热门的物理层技术之一。

1. UWB 的产生与发展

超宽带有着悠久的发展历程，但在 1989 年之前，超宽带这一术语并不常用，在信号的带宽和频谱结构方面也没有明确的规定。1989 年，美国国防部高级研究计划署(DARPA)首先采用超宽带这一术语，并规定：若信号在 −20 dB 处的绝对带宽大于 1.5 GHz 或相对带宽大于 25%，则该信号为超宽带信号。此后，超宽带这个术语就被沿用下来。为探索 UWB 应用于民用领域的可行性，自 1998 年起，美国联邦通信委员会(FCC)开始在产业界广泛征求意见，美国 NTIA 等通信团体对此大约提交了 800 多份意见书。

2002 年 2 月，FCC 批准 UWB 技术进入民用领域，并对 UWB 信号进行了重新定义，规定 UWB 信号为相对带宽大于 20%或 −10dB 带宽大于 500 MHz 的无线电信号。根据 UWB 系统的具体应用，可分为成像系统、车载雷达系统、通信与测量系统三大类。根据 FCC Part 15 规定，UWB 通信系统可使用频段为 3.1 GHz～10.6 GHz。为保护现有系统(如 GPRS、移动蜂窝系、WLAN 等)不被 UWB 系统干扰，针对室内、室外不同应用，对 UWB 系统的辐射谱密度进行了严格限制，规定 UWB 系统的最高辐射谱密度为 −41.3 dBm/MHz。当前，人们所说的 UWB 是指 FCC 给出的新定义。

自 2002 年至今，新技术和系统方案不断涌现，出现了基于载波的多带脉冲无线电超宽带(IR-UWB)系统、基于直扩码分多址(DS-CDMA)的 UWB 系统、基于多带正交频分复用(OFDM)的 UWB 系统等。在产品方面，Time-Domain、XSI、Freescale、Intel 等公司纷纷推出 UWB 芯片组，超宽带天线技术也日趋成熟。当前，UWB 技术已成为短距离、高速无线连接最具竞争力的物理层技术。IEEE 已经将 UWB 技术纳入其 IEEE 802 系列无线标准，正在加紧制定基于 UWB 技术的高速无线个局域网(WPAN)标准 IEEE 802.15.3a 和低速无线个域网标准 IEEE 802.15.4a。以 Intel 公司领衔的无线 USB 促进组织制定的基于 UWB 技术的 WUSB2.0 标准即将出台。无线 94 联盟也在抓紧制定基于 UWB 技术的无线标准。可以预见，在未来的几年中，UWB 技术将成为无线个域网、无线家庭网络、无线传感器网络等短距离无线网络中占据主导地位的物理层技术之一。

2. UWB 的技术要点

1) UWB 与“窄带”、“宽带”系统的比较

UWB 与传统的“窄带”、“宽带”系统相比，在技术上主要有以下两点区别：

(1) UWB 技术的带宽远远大于目前各类系统的带宽。通常，窄带、宽带或者超宽带信号是按其相对带宽来分类的，并且相对带宽被定义为中心频率在 −10 dB 点的带宽比。根据美国联邦通信委员会最新报告与规则的定义，超宽带信号在所有传输时间上其带宽大于 1.5 GHz，或者相对带宽 B_f 大于 25%。而窄带信号的 B_f 小于 1%，一般宽带信号的 B_f 在 1%～25% 范围。

(2) UWB 技术主要采用无载波传输方式。在时域上，脉冲的持续时间决定了信号在频域内所占用的带宽，脉冲越窄，带宽越宽。UWB 系统不用载波，而是直接用持续时间非常短的脉冲对信号进行调制，调制脉冲的形状非常陡峭，其波形所占用的频谱宽度达数吉赫兹，因此 UWB 数据速率也是相当高的。

从香农的信道容量极限公式可以看出，超宽带系统具有大信道容量。

$$C = B\,\mathrm{lb}(1 + \mathrm{SNR})$$

式中，C 表示信道容量；B 表示信道带宽；SNR 为信噪比。

UWB 信号以基带方式传输，通过发送脉冲无线电信号来传送声音和图像数据，每秒可发送多达 10 亿个代表“0”和“1”的脉冲信号。这些脉冲信号的时域极窄((0.1 ns～1.5 ns)，频域极宽(数赫兹到数吉赫兹，可超过 10 GHz)，其中的低频部分可以实现穿墙通信，因此 UWB 信号具有很强的穿透能力。

传统的无线通信系统在通信时需要连续发射载波，消耗较多电能，而 UWB 信号发出的是脉冲电波，即直接按照“0”或“1”发送出去。由于只在需要时发送脉冲电波，因此大大减少了耗电量(仅为传统无线技术的 1/100)，因而手持设备的电池有较长的持续工作时间。

2) 超宽带通信与现代通信的比较

超宽带通信与现代通信的比较如下：

(1) 由于超宽带无线电是采用脉冲机制的实现方式，因此它与传统的无线电的发射信号是不同的。

(2) 通信器材不一样。超宽带通信所有元器件都必须具有超宽带性能，现有通信元器件为常规器件，可以容易在市场上购置。

(3) 检测手段不同。超宽带信号一般采用频域检测，测量谱密度。现有通信信号采用时域检测，测量峰值功率。

(4) 通信体制可以不同。UWB 通信可以被分类为一种扩频技术，但又与使用特定载波的常规扩频技术不同，它发送的是波形不变的窄脉冲，这种脉冲持续时间非常短(一般为纳秒级)，波形中有过零点。根据傅里叶变换原理，时域内信号持续时间越短，相应的频域上

占据的频带就越宽，信号能量在频谱内分布的也就越广，进而实现扩频。

在 UWB 通信系统中，为实现多用户同时通信(即多址通信)，采用了跳时多址(Time Hopping Multiple Access，THMA)方式，即用伪随机码改变脉冲在时间轴上出现的位置，利用不同的伪随机码来区分不同的用户，只有拥有相同伪随机码的用户才能相互通信。

(5) 优于“蓝牙”技术。超宽带通信适应复杂环境(城市、室内)，通信距离为 10 m～50 km(蓝牙技术小于 100 m)，可用于室内、通信和大范围蜂窝组网，且传输速率比蓝牙高，更适应多媒体业务，抗干扰能力比蓝牙强。

实现超宽带通信的首要任务是产生 UWB 信号。从本质上看，UWB 技术是发射和接收超短电磁脉冲的技术。可使用不同的方式来产生和接收这些信号以及对传输信息进行编码，这些脉冲可以单独发射或成组发射，并可根据脉冲幅度、相位和脉冲位置对信息进行编码(调制)。

3. UWB 技术的特点

UWB 系统相对于窄带通信系统有许多明显的优势，其特点如下：

(1) 带宽极宽，传输速率高。UWB 技术的工作频率在 3.1 GHz～10.6 GHz，使用的带宽在 1 GHz 以上，高达几个吉赫兹，系统容量大，其数据速率一般可以达到几十兆比特每秒到几百兆比特每秒，有望高于蓝牙 100 倍，也可高于 IEEE 802.11a 和 IEEE 802.11b。

(2) 抗干扰性能好。UWB 系统采用跳时扩频信号，使系统具有较大的处理增益，在发射时将微弱的无线电脉冲信号分散在极宽的频带中，输出功率甚至低于普通设备产生的噪声。接收时将信号能量还原出来，在解扩过程中产生扩频增益。在同等码速条件下，UWB 系统比 IEEE 802.11a、IEEE 802.11b 和蓝牙具有更强的抗干扰特性。

UWB 系统采用跳时序列，能够抗多径衰落。其每次的脉冲发射时间很短，在反射波到达之前，直射波的发射和接收已经完成，因此，反射波与直射波重叠并导致信号衰落的几率非常小。

(3) 消耗能量小，设备成本低。因为 UWB 技术不使用载波，只是发出瞬时脉冲电波，也就是直接按照“0”或“1”发送出去，并且在需要时才发送脉冲电波，其也不需要混频器和本地振荡器、功率放大器等，所以耗电少，设备成本低。

(4) 保密性好。UWB 技术采用跳时扩频，接收机只有在已知发送端扩频码时才能解出发射数据，而且系统的发射功率谱密度极低，用传统的接收机无法接收，所以 UWB 技术的保密性相当好。

(5) 发射功率非常小。UWB 设备可以用小于 1 mW 的发射功率就能实现通信。低发射功率大大延长了电池的持续工作时间。而且由于发射功率小，其电磁波辐射对人体的影响和对其他无线系统的干扰都很小。

UWB 系统存在的主要问题是系统占用的带宽很大，可能会干扰现有的其他无线通信系统。

另外，虽然 UWB 系统的平均发射功率很低，但由于它的脉冲持续时间很短，其瞬时峰值功率可能会很大，这甚至可能影响到民航等系统的正常工作。

4. UWB 技术的应用

目前，UWB 技术主要应用于高速短距离通信、雷达和精确定位等领域。在通信领域，UWB 技术可以提供高速的无线通信。在雷达方面，UWB 雷达具有高分辨率，当前的隐身技术采用的是隐身涂料和隐身特殊结构，但都只能在一个不大的频带内有效，在超宽频带内，目标就会原形毕露。另外，UWB 信号具有很强的穿透能力，能穿透树叶、土地、混凝土、水体等介质。在定位方面，UWB 技术可以提供很高的定位精度，使用极微弱的同步脉冲可以辨别出隐藏的物体或墙体后运动着的物体，定位的误差只有 1 cm～2 cm。

同一个 UWB 设备可以实现通信、雷达和定位三大功能，因此 UWB 技术会有很多应用。目前与 UWB 技术相关的潜在的应用领域包括以下几个方面。

1) UWB 在个域网中的应用

UWB 技术可以在限定的范围内(如 4 m)以很高的数据速率(如 480 Mb/s)、很低的功率(200 μW)传输信息，这比蓝牙好很多。UWB 技术能够提供快速的无线外设访问来传输照片、文件、视频。因此 UWB 技术特别适合于个域网。通过 UWB 技术可以在家里和办公室里方便地以无线的方式将视频摄像机中的内容下载到 PC 中进行编辑，然后送到 TV 中浏览，轻松地以无线的方式实现掌上电脑(PDA)、手机与 PC 数据同步，装载游戏和音频/视频文件到 PDA，音频文件在 MP3 播放器与多媒体 PC 之间传送等，如图 3-21 所示。

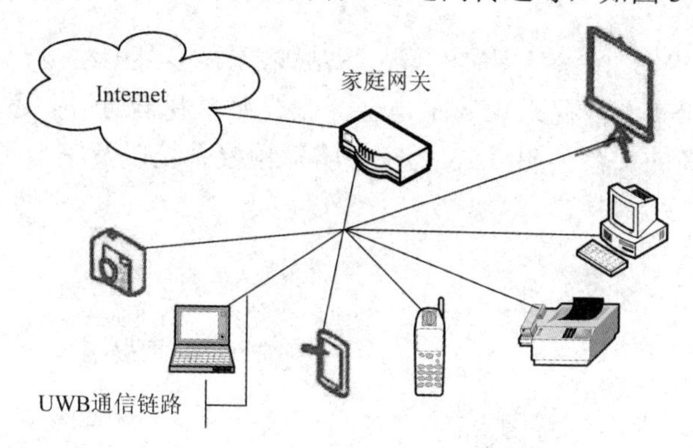

图 3-21　利用 UWB 技术构造的智能家庭网络示意图

2) UWB 在智能交通信息中的应用

由于 UWB 技术具有一次突发大于 100 Mb/s 的数据速率，利用 UWB 技术可还以建立智能交通管理系统，这种系统应该由若干个站台装置和一些车载装置组成无线通信网，两种装置之间通过 UWB 技术进行通信完成各种功能。

例如，将公路上的信息(如路况、建筑物、天气预报等信息)发给路过汽车内的乘客，从而使行车更加安全、方便，也可实现不停车的自动收费、对汽车的定位搜索和速度测量等，如图 3-22 所示。

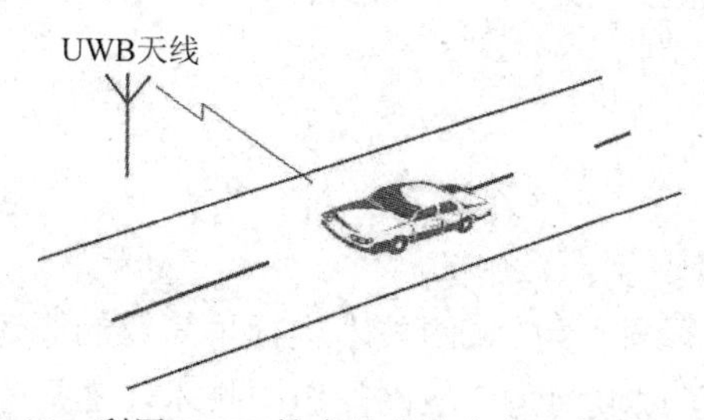

图 3-22　利用 UWB 技术的公路信息服务系统示意图

利用 UWB 技术的定位和搜索能力，可以制造防碰撞和防障碍物的雷达。装载了这种雷达的汽车会非常容易驾驶。当汽车的前方、后方、旁边有障碍物时，该雷达会提醒司机在停车的时候，这种基于 UWB 技术的雷达是司机强有力的助手。

3) 传感器联网

利用 UWB 技术低成本、低功耗的特点，可以将 UWB 技术用于无线传感网。在大多数的应用中，传感器被用在特定的局域场所。传感器通过无线的方式而不是有线的方式传输数据将特别方便。作为无线传感网的通信技术，它必须是低成本的；同时它应该是低功耗的，以免频繁地更换电池。UWB 技术是无线传感网通信技术的最合适候选者。

4) 成像应用

由于 UWB 技术具有好的穿透墙、楼层的能力，UWB 技术可以应用于成像系统。利用 UWB 技术，可以制造穿墙雷达、穿地雷达。穿墙雷达可以用在战场上和警察的防暴行动中，定位墙后和角落的敌人；地面穿透雷达可以用来探测矿产，在地震或其他灾难后搜寻幸存者。基于 UWB 技术的成像系统也可以用于避免使用 X 射线的医学系统。

5) 军事应用

在军事方面，UWB 技术可用来实现战术/战略无线多跳网络电台，服务于战场自组织网络通信；也可用来实现非视距 UWB 电台，完成海军舰艇通信；还可以用于飞机内部通信，如有效取代电缆的头盔。图 3-23 为空中防撞预警系统以及空中飞行器与地面的 UWB 数据传输示意图。

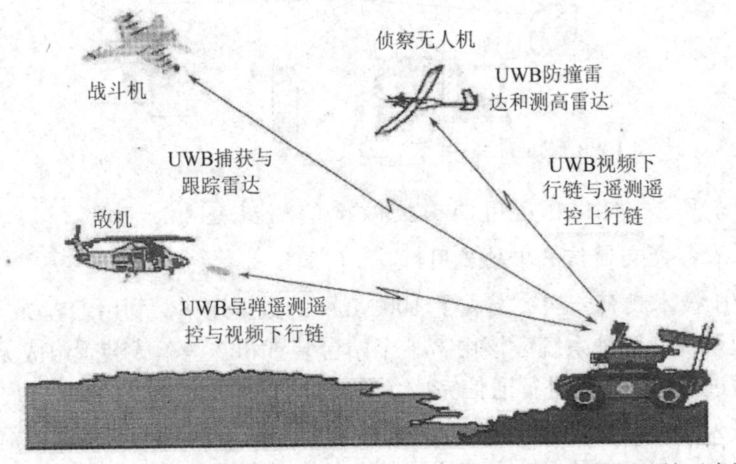

图 3-23　空中防撞预警系统以及空中飞行器与地面的 UWB 数据传输示意图

基于 UWB 技术的潜在应用很多，可以相信，随着对 UWB 技术的深入研究，UWB 的应用潜力会得以不断地被开拓。

本 章 小 结

本章首先对物联网的局域网及广域网技术进行了简要的概述，从网络拓扑结构上介绍了相应的工作原理，讲述了局域网与广域网的组网技术，然后重点讲解了无线局域网中的 Wi-Fi 技术及城域网 WiMAX 技术。接着分别讲解了移动通信技术及短距离无线通信技术。

移动通信是移动体之间的通信或移动体与固定体之间的通信。移动通信系统自从 20 世纪 80 年代诞生，到 2013 年，已经历了四代的发展历程。在 4G 时代，除蜂窝电话系统外，宽带无线接入系统、毫米波 LAN、智能传输系统(ITS)和同温层平台(HAPS)系统都将投入使用。未来几代移动通信系统最明显的趋势是要求高数据速率、高机动性和无缝漫游。

蓝牙技术属于一种短距离、低成本的无线连接技术，是一种能够实现语音和数据无线传输的开放性方案，其以时分方式进行全双工通信，采用跳频技术，能防止信号衰落；采用快跳频和短分组技术，能够有效地减少同频干扰，提高通信的安全性；采用前向纠错编码技术，以便在远距离通信时减少随机噪声的干扰，运行于在全球范围开放的 2.4 GHz 频段上，采用 FM 调制方式，使设备变得更为简单可靠。

在 ZigBee 网络中，节点分为三种类型，即路由器、协调器和终端。ZigBee 的体系结构由物理层、介质接入控制子层、网络层、应用层等组成。每一层为其上层提供特定的服务，即由数据服务实体提供数据传输服务；管理实体提供所有的其他管理服务。每个服务实体通过相应的服务接入点(SAP)为其上一层提供一个接口，每个服务接入点通过服务原语来完成所对应的功能。

UWB 技术是一种无形载波通信技术，利用纳秒级的非正弦波窄脉冲传输数据，因此其所占的频谱范围很宽。UWB 技术可实现非常宽的带宽上传输信号，美国 FCC 对 UWB 技术的规定是，在 3.1 GHz～10.6 GHz 频道中占有 500 MHz 以上的宽带。它在非常宽的频谱范围内采用低功率脉冲传送数据，而不会对常规窄带无线通信系统造成大的干扰，并可充分利用频谱资源。基于 UWB 技术而构建的高速率数据收发机有着广泛的用途。

习　题

1. 广域网结构分层体系结构是什么?
2. 简述广域网技术。
3. 什么是 Wi-Fi，其特点是什么?
4. 一个 Wi-Fi 连接点包括哪些组成部分?各部分的功能是什么?
5. Wi-Fi 的应用领域有哪些?
6. IEEE 802 系列标准把数据链路层分成哪几个部分?其主要功能是什么?
7. WiMAX 的组网模式是什么?
8. 简述 IEEE 802.16 系列标准。
9. GSM 移动通信系统由哪些部分组成?
10. CDMA 移动通信技术的主要特点是什么?
11. 3G 技术有哪几种技术标准，其各自的特点是什么?
12. 什么是蓝牙技术？蓝牙技术有什么特点?
13. 简述蓝牙技术的系统架构及蓝牙系统的功能单元。
14. ZigBee 研究的内容和实现的关键技术是什么?
15. 简述 ZigBee 技术体系结构及 ZigBee 网络拓扑结构。
16. UWB 技术有什么特点?
17. UWB 的调制技术有哪些?

第 4 章　应用层信息处理技术

4.1　云　计　算

4.1.1　云计算的起源

随着信息与数据的激增，大量的数据需要处理。人们为了实现系统的可扩展性和节约成本，云计算(Cloud Computing)的概念应运而生。

云计算概念是由 Google 首先提出的一个美妙的网络应用模式。2006 年，Google 的高级工程师克里斯托夫・比希利亚向 Google 董事长兼 CEO 施密特提出“云计算”的想法，在施密特的支持下，Google 推出了“Google 101 计划”，并正式提出“云”的概念。由此，一个划时代的计算机技术以及商业模式的变革拉开了。

Google 的云计算概念是一个形象的说法，包含两个层次的含义：一是商业层面，即“云”；另一个是技术层面，即“计算”。把云和计算相结合，用来说明 Google 在云计算的商业模式和计算架构上与传统的软件和硬件定义不同。

4.1.2　云计算的定义与分类

狭义云计算是指 IT 基础设备的交付和使用模式，它是指通过网络可以随时获取所需资源，无限扩展；广义云计算是指服务的交付和使用模式，可以是任意服务，如 IT 和软件。广义云计算意味着大量通过网络连接的计算资源可作为一种商品通过互联网进行流通。

云计算是传统计算机技术和网络技术进化融合的产物，是指通过网络把大量成本相对较低的计算实体整合成一个具有强大计算能力的完整系统，并且借助 SaaS (软件即服务)、IaaS(基础设施即服务)、PaaS(平台即服务)、MSP(Media Studio Pro，是针对专业人员所设计的一款视频非线性编辑软件)等先进的商业模式把强大的计算能力分布到终端用户手中。

云计算的一个核心概念就是通过不断提高“云”的计算能力，进而减少用户终端的负担，最终使终端变成单纯的输入/输出设备，并能根据需求使用户享受“云”的强大计算处理能力。

根据云计算平台所提供服务的类型，可以将云计算任务分为如下三类：

(1) SaaS(Software as a Service，软件即服务)：用户通过 Web 浏览器来使用云计算平台上的软件。用户不必购买软件，只用按需租用软件。

(2) IaaS(Infrastructure as a Service，基础设施即服务)：以服务的形式提供虚拟硬件资源。用户无需购买，只需租用硬件进行应用系统的搭建即可。

(3) PaaS(Platform as a Service，平台即服务)：提供应用服务引擎，如互联网应用编程接口/运行平台等。用户基于该应用服务引擎，可以构建该类应用。

4.1.3　云计算的特征

(1) 软件和硬件都是资源。将软件和硬件资源都进行抽象，通过互联网以服务的形式提供给用户。在传统的 IT 运行模式下，用户需要自己构建数据中心来满足应用，一般来说包括硬件和相关的管理人员等。在云计算模式中，用户不需要关系数据中心如何构建，也不需要关心如何进行维护和管理，只需要使用云计算中的资源即可。如果用户想发布自己的应用程序到云计算中，只需要购买云计算中提供的硬件资源服务，而不用自己构建 IT 数据中心，从而降低用户的投入成本。

(2) 云计算的资源可以根据需要动态的配置和扩展。云计算中的软件与硬件资源，可以通过按需配置来满足客户的业务需求，如图 4-1 所示。云计算的资源可动态配置、动态分配及动态扩展。例如，当客户现在访问的资源无法满足其业务需求时，云计算资源管理器会动态扩展客户需要的资源，来满足客户的服务需求，当客户不需要这些资源时，资源管理器会回收这些资源。如果客户需要对原来的存储容量进行扩展，从原来的 0.5 TB 扩展到 1TB，那么云计算资源管理器会自动根据需要进行硬件资源的分配，客户只需进行访问即可。云计算资源管理器通常只需要几分钟的时间即可完成资源的分配。

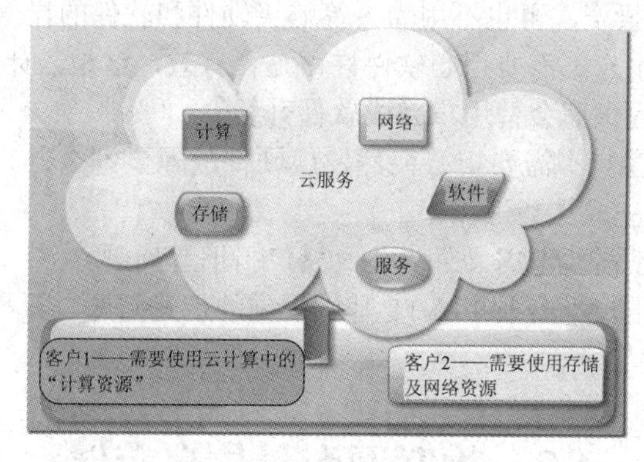

图 4-1　云计算中的资源

(3) 云计算的资源在物理上是以分布式存在的，在逻辑上是单一整体的呈现。云计算的资源在物理上是通过分布式的共享方式存在的，它一般分为两种形式：一种是计算密集型的应用，需要通过并行计算来完成计算需求，以并行计算的方式来提高计算效率，一般情况下是由多个集群服务器来完成的，这里比较著名的就是 Hadoop 的开源应用，基于 MapReaduce 的形式来完成；另一种是地域上的分布式，即分布式共享方式，例如，云计算的提供商在全世界建有存储服务器，用一个分布式的资源管理器对这些存储服务器进行统一的管理，实现异地的分布式备份服务器机制，当其中一个服务器发生故障时，其他服务器可以接替故障服务器的工作继续为用户服务。

(4) 按需使用资源，按用量付费。当用户通过互联网使用服务时，只需要根据使用量为已使用的资源进行付费，不需为不使用的资源付费。

4.1.4　云计算与物联网

云计算是物联网发展的基石，并且从以下两个方面促进物联网的实现：

(1) 云计算是实现物联网的核心，运用云计算模式可以实现物联网中以兆计算的各类物品的实时动态管理和智能分析。物联网通过将射频识别技术、传感技术、纳米技术等新技术充分运用在各行业之中，将各种物体充分连接，并通过无线网络将采集到的各种实时动态信息送达计算机处理中心进行汇总、分析和处理。建设物联网的三大基石包括：① 电子元器件；② 传输通道；③ 高效的、动态的、可大规模扩展的技术资源处理能力。它是通过云计算帮助实现的。

(2) 云计算促进物联网和互联网的融合。物联网和互联网的融合，需要更高层次的融合，需要“感知更透彻，互联互通更安全，智能化更深层次”，这同样也需要依靠高效的、动态的、可大规模扩展的技术资源处理能力，而这正是云计算所擅长的。同时，云计算的创新型服务交付模式，简便了服务的交付，加强了物联网和互联网内部及其之间的互联互通，实现了新商业模式的快速创新，促进了物联网和互联网的智能融合。

物联网的三大功能：全面感知、可靠传输、智能处理，其中特别是“智能处理”功能尤为重要。如果有海量的数据存储和计算的要求，则使用云计算是最理想的选择。

4.1.5 云计算的价值

云计算有着很大的潜力，对于某些组织机构而言，特别是对于中小型企业，云计算可以让他们节省不必要的投资，再也不用为大笔购买硬件和软件的投入而发愁。

(1) 使用云计算，用户不需要担心软件许可是否有效，这是云计算提供商考虑的事情。

(2) 使用云计算，提供商会替用户完成软件升级。

(3) 使用云计算，客户不需要担心突然发现硬件故障了怎么办、灾难恢复措施等，云计算提供商会有专人来完成这些工作。

(4) 使用云计算，不需要考虑硬件老化、资产折旧等问题。

(5) 使用云计算，用户不需要担心 IT 基础设施的扩建问题，只需要为新增的资源付费即可。

4.2 物联网海量信息存储

物联网必然需求海量信息存储。随着物联网时代的到来，信息量更加迅速增长，物联网中对象的数量将庞大到以百亿为单位。

物联网中的对象参与物联网业务流程，具有高强度的计算需求，要求数据具备在线可获取的特性，网络化存储和大型数据中心应运而生。

4.2.1 网络存储技术

网络存储技术(Network Storage Technologies)是指在特定的环境下，通过专用数据交换设备、磁盘阵列、磁带库等存储介质以及专用的存储软件，利用原有网络构建一个存储专用网络，从而为用户提供统一的信息存取和共享服务。网络存储结构大致分为三种：直连式存储(Direct Attached Storage，DAS)、网络存储设备(Network Attached Storage，NAS)和存储网络(Storage Area Network，SAN)。

1. 直连式存储(DAS)

DAS 即直连式存储，英文全称是 Direct Attached Storage，中文翻译成“直接附加存储”。

顾名思义，在这种方式中，存储设备通过电缆(通常是SCSI接口电缆或ATA，目前已扩展为FC、USB等)直连到主机或服务器，I/O(输入/输出)请求直接发送到存储设备。DAS也可称为SAS(Server Attached Storage，服务器附加存储)。它依赖于服务器，其本身是硬件的堆叠，不带有任何存储操作系统，主机操作系统独占该存储设备的使用权限，其他主机不能直接访问该设备。目前的PC机、通过SCSI卡接SCSI磁盘或磁盘阵列的服务器均属于DAS范畴。

DAS的优点是：对带宽的依赖程度低，服务器上每块SCSI卡可连接多个存储设备，便于扩容，存储设备和服务器可以分别购买。DAS出现的时间长，技术较成熟，标准统一，兼容性较好，价格较低，安装也简单，不需要复杂的软件和技术，维护成本较低。

DAS的缺点是：受服务器性能限制或发生故障时，将成为网络瓶颈，导致存储设备中的数据不能被存取。DAS的延伸性差，有几台服务器就必须有几台相应的DAS设备，容易形成数据信息孤立，不利于管理和共享。

但是到目前为止，DAS仍是计算机系统中最常用的数据存储方法。

2. 网络存储设备(NAS)

NAS是一种采用直接与网络介质相连的特殊设备实现数据存储的机制，即直接挂接在网上的存储设备，实际上就是一台专用的存储服务器。它不承担应用服务，分配有IP地址，通过网络接口与网络连接，客户机通过充当数据网关的服务器可以对其进行存取访问，甚至在某些情况下，不需要任何中间介质客户机也可以直接访问这些设备。数据通过网络协议进行传输，支持异构服务器间共享数据。NAS是文件服务器存储专门化的产物，也是文件服务器的替代者。

NAS的优点是：易于安装，即插即用，NAS设备的物理位置可灵活安排，价格也不太高，易于维护，可扩展性强，增加存储空间只需要在网上增加新的NAS设备即可。作为网络化存储产品，NAS具有较好的多平台共享能力、强大的数据集中能力和可扩展性。

NAS的缺点是：可扩展性受到设备容量的限制，新增加的NAS设备与原有的NAS设备不能集成为一体，不能形成一个连续的文件系统，备份过程中会形成带宽消耗，其性能也要受现有网络带宽的限制，不适合大型数据库的应用。

DAS是对已有服务器的简单扩展，并没有真正实现网络互联。NAS则是将网络作为存储实体，更容易实现文件级别的共享。NAS性能上比DAS有所提高。

3. 存储网络(SAN)

SAN是独立于服务器网络之外的高速存储专用网，采用高速的光纤通道作为传输媒体，以FC(Fiber Channel，光纤通道) + SCSI的应用协议作为存储访问协议，将存储子系统网络化，实现了真正高速共享存储的目标。SAN可以被看成是存储总线概念的一个扩展，它使用局域网(LAN)和广域网(WAN)中类似的单元，实现存储设备和服务器之间的相互联通。这些单元包括路由器、集线器、交换机和网关。SAN可在服务器间共享，也可以为某一服务器所专有，它既可以是本地的存储设备，也可以扩展到地理区域上的其他地方。SAN的接口可以是企业系统连接(ESCON)、小型计算机系统接口(SCSI)、串行存储结构(SSA)、高性能并行接口(HIPPI)、光纤通道(FC)或任何新的物理连接方法。作为新兴的存储技术，SAN以其快速的传输速度、灵活的扩展能力、极高的远程共享能力以及较高的可靠性，将成为主流的存储解决方案。

SAN 的优点是：引入存储网络的理念，实现数据存储的集中化；通过专用网络进行数据存储与备份，不占用原有网络带宽，有效地改善了网络的传输性能；允许多台服务器使用由 SAN 连接的磁盘存储设备组成的存储池，具有几乎无限的扩展能力；能方便地实现高性能的服务器集群、负载均衡、双机热备、异地容灾等应用，极大地提高了系统的性能和可靠性；光纤接口使得服务器和存储系统实现物理上分离，体现了部署的极大灵活性。

4. 三种网络存储结构的比较

三种网络存储结构的比较如图 4-2 所示，其分述如下：

(1) DAS：管理容易，结构简单，便于扩容，标准统一；但由于是集中式体系结构，故不能满足大规模数据访问的需求；存储资源利用率低，资源共享能力差。

(2) NAS：网络的存储实体，容易实现文件共享，但是其性能严重依赖于网络流量，当用户数过多，读/写过于频繁时，性能受限。

(3) SAN：存储管理简化，存储容量利用率提高；没有直接文件级别的访问能力，但可在 SAN 基础上建立文件系统。

上述三种网络存储结构的比较如图 4-2 所示。

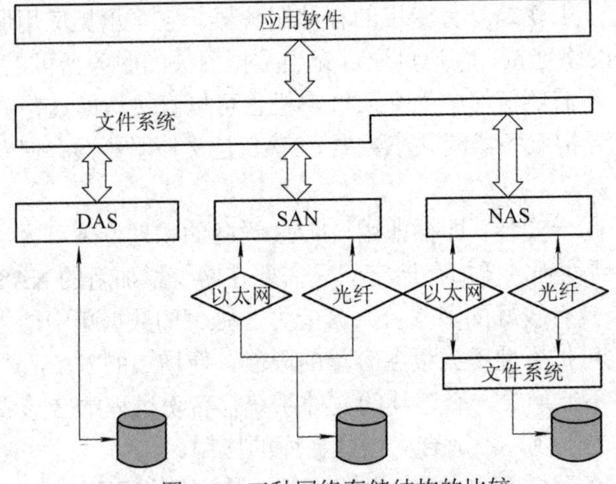

图 4-2　三种网络存储结构的比较

4.2.2　数据中心

对于大多数人来说，“数据中心”是个略显神奇的地方。但实际上，数据中心离大多数人并没有那么遥远，甚至可以说是紧密相连的。银行业务的整个交易流程都在银行的数据中心完成。浏览网页时，请求都被数据中心接收、处理和返回。如果说信息是血液，网络是血管，那么数据中心就是最关键的心脏，是信息世界的核心所在。本节将介绍数据中心的基本概念、核心功能、管理和维护工作。

1. 数据中心概述

1) 数据中心的概念

数据中心是以外包方式让许多网上公司存放它们设备(主要是网站)或数据的地方，是场地出租概念在因特网领域的延伸。维基百科给出的定义是：“数据中心是一整套复杂的设施。它不仅仅包括计算机系统和其他与之配套的设备(如通信和存储系统)，还包含冗余的数据通信连接、环境控制设备、监控设备以及各种安全装置”。Google 在其发布的《The Datacenter as a Computer》一书中，将数据中心解释为“多功能的建筑物，能容纳多个服务器以及通信设备。这些设备被放置在一起是因为它们具有相同的对环境的要求以及物理安全上的需求，并且这样放置便于维护”。

数据中心是信息系统的中心，通过网络向企业或公众提供服务。具体来说，数据中心是以特定的业务应用中的各类数据为核心，依托 IT 技术，按照统一的标准，建立数据处理、存储、传输、综合分析的一体化数据信息管理体系。信息系统为企业带来了业务流程的标准化和运营效率的提升，数据中心则为信息系统提供稳定、可靠的基础设施和运行环境，并保证可以方便地维护和管理信息系统。

图 4-3 为数据中心的逻辑示意图。一个完整的数据中心由计算设备、支撑系统和业务信息系统这三个逻辑部分组成。计算设备主要包括服务器、存储设备、网络设备、通信设备等，这些设备支撑着上层的业务信息系统；支撑系统主要包括建筑、电力设备、环境调节设备、照明设备和监控设备，这些系统是保证上层计算机设备正常、安全运转的必要条件；业务信息系统是为企业或公众提供特定信息服务的软件系统，信息服务的质量依赖于底层支撑系统和计算机设备的服务能力。只有整体统筹兼顾，才能保证数据中心的良好运行，为用户提供高质量、可信赖的服务。

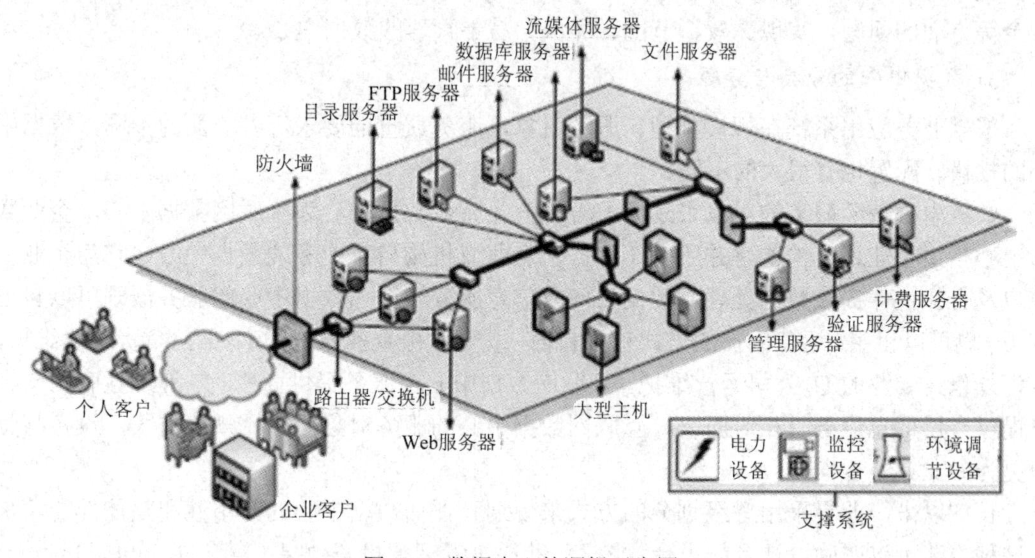

图 4-3　数据中心的逻辑示意图

由此可见，数据中心的概念既包括物理条件，也包括数据和应用条件。数据中心容纳了支撑业务系统运行的基础设施，为其中的所有业务系统提供运行环境，并具有一套完整的运行、维护体系用来保证业务系统高效、稳定、不间断地运行。

2) 数据中心的发展过程

早期的数据中心可以追溯到 20 世纪 50 年代，数据中心是存放大型主机的机房。当时的大型主机主要用于科学研究机构或国防军事领域，主要器件以晶体管和电子管为主，占地面积大，速度慢，散热量大，价格也十分昂贵。为了充分利用大型主机的资源，多个用户可通过终端和网络连接到主机上来共享计算资源。

20 世纪 70 年代以后，随着大规模集成电路的快速发展，计算机价格迅速下降，体积更小，功耗更低，速度更快，性能飞速提升。发展到20世纪80年代，计算机向微型机的方向不断演进，只要购买一台廉价的个人计算机，即可完成很多计算任务。在这一阶段，计算机的发展由集中走向分布，小型主机的机房得到了快速发展。

进入20世纪90年代，客户端/服务器的计算模式得到了广泛应用，用户安装客户端软件后，通过互联网或局域网与服务器相互配合完成计算任务。在这种计算模式中，数据中心存放服务器并提供服务。互联网将全球的计算机整合在一起，使得数据中心的发展又从分布逐渐走向了集中。互联网的蓬勃发展掀起了建设数据中心的高潮，不但政府机构和金融、电信等大型企业扩建自己的数据中心，中小企业也纷纷构建数据中心，提供协同办公、客户关系管理等信息服务系统以支持业务的发展。

最近几年，网上购物、网上银行和新闻资讯等网络服务逐渐普及，网络用户数量的激增，也促进了大大小小数据中心的涌现，数据中心的发展进入了鼎盛时期，数据中心的建设规模和服务器数量每年都以惊人的速度增长。

如今，飞速发展的信息服务和对IT系统的要求给数据中心带来了新的挑战。以往的数据中心往往只简单地追求计算力，而当前的环境让企业更加注重数据中心的建设成本，绿色环保的概念也逐渐深入人心。新一代的绿色数据中心通过自动化的管理方式、虚拟化的资源整合方式，结合新的能源管理技术，来解决数据中心日益突出的管理、能耗、成本及安全等方面的问题，实现高效、节能、环保、易于管理的数据中心。

3) 数据中心的分类与分级

依据业务应用系统在规模类型、服务对象、服务质量的要求等各方面的不同，数据中心的规模、配置也有很大的不同。

数据中心按照服务的对象来划分，可以分为企业数据中心和互联网数据中心。企业数据中心指由企业或机构构建并所有，服务于企业或机构自身业务的数据中心，它为企业、客户及合作伙伴提供数据处理、数据访问等信息服务。企业数据中心的服务器既可以自己购买，也可以租用；运营维护的方式也很自由，既可以由企业内部的IT部门负责运营维护，也可外包给专业的IT公司运营维护。互联网数据中心由服务提供商所有，通过互联网向客户提供有偿信息服务。相对而言，互联网数据中心的服务对象更广，规模更大，设备与管理更为专业。

长期以来，业界采用等级划分的方式来规划和评估数据中心的可用性和整体性能。采用这种方法可以明确设计者的设计意图，帮助决策者理解投资效果。美国的Uptime Institute提出的等级分类系统已经被广泛采用，成为设计人员在规划数据中心时的重要参考依据。在该系统中，数据中心按照其可用性的不同，被分为以下四个等级(Tier)：

(1) 第一等级(Tier Ⅰ)被称为“基础级”(Basic Site Infrastructure)，该级别的数据中心没有冗余设备(包括计算和存储)，所有设备由一套线路系统(包括电力和网络)相连接。

(2) 第二等级(Tier Ⅱ)被称为“具冗余设备级”(Redundant Capacity Components Site Infrastructure)，该级别数据中心具有冗余设备，但是所有设备仍由一套线路系统相连通。

(3) 第三等级(Tier Ⅲ)被称为“可并行维护级”(Concurrently Maintainable Site Infrastructure)，该级别数据中心具有冗余设备，所有计算机设备都具备双电源并按照数据中心的建筑结构合理安装。此外，Tier Ⅲ要求数据中心拥有多套线路系统，任何时刻只有一套线路被使用。

(4) 第四等级(Tier Ⅳ)被称为“容错级”(Fault Tolerant Site Infrastructure)，该级别数据中心具有多重的、独立的、物理上相互分隔的冗余设备，所有计算机设备都具备双电源并按照数据中心的建筑结构合理安装。此外，Tier Ⅳ要求数据中心拥有动态分布的多套线路系统来同时连通计算机设备。

可见，随着等级的提高，数据中心具有了更强的性能。目前，已落成的数据中心在进行升级改造时都在以 Tier Ⅳ为目标。而面向云计算的下一代数据中心在设计时更是以 Tier Ⅳ作为建设的基准。

2. 数据中心的设计和构建

数据中心的设计和构建是一项系统工程，其核心理念是简单、灵活、可扩展、模块化，相关人员需要相互协作来完成总体设计、建筑和基础设施的构建以及软/硬件的采购和上线。下面分为三步来介绍这些工作和相关的流程。

1) 总体设计

数据中心的设计是一个系统、复杂、迭代的过程。数据中心设计者要在特定预算的情况下，让数据中心能够满足公司现有及将来不断增长的业务需求。数据中心的设计过程需要各类参与者不断地协商，平衡多方面的因素，如在预算和性能之间进行平衡。通常情况下，设计阶段决定了建成后数据中心的等级。合理的评估规划、全面周详的设计是构建数据中心关键的第一步。

从 20 世纪 60 年代初开始，世界各地的工程人员在构建数据中心的过程中不断总结经验，形成了系统的数据中心建设标准，如我国的《电子信息系统机房设计规范》(GB50174—2008)和美国的《数据中心电信基础设施标准》(TIA-942)。这些标准为数据中心的设计，尤其是建筑、机电、通风等物理设施的规划提供了根本的依据。除了有标准可以依据，设计人员还可以参考以往工程中积累下来的实践经验，以现实需求为基础，合理运用新技术，提高数据中心的管理效率和整体性能。

构建数据中心的目标是为了满足信息化建设中的各项信息服务的需求，为它们提供高性能、更灵活、高可扩展的安全的基础设施及软件平台。建设数据中心包括建设机房环境，为数据中心提供可靠和易用的电力、照明、监控、消防等辅助配套设施，提供高效、安全的网络环境，构建高效、稳定的服务器系统和存储系统。

构建数据中心需要遵守一些核心设计理念，遵守这些理念可以使得数据中心的设计清晰、灵活、高效、有条理。简单的理念要求设计容易被理解和验证；灵活的理念保证数据中心能不断适应新的需求；可扩展的理念使数据中心系统机构和设备易于扩展，能够随着业务的增长而扩大；模块化的理念是将复杂的工程分解为若干个小规模任务，使设计工作可控而易管理；标准化的理念要求采用先进成熟的技术和设计规范，保证能够适应信息技术的发展趋势；经济性的理念要求选用性价比高的设备，系统可以方便地升级，充分利用原有资源。

2) 数据中心的构建

构建数据中心有多种方式，究竟采用什么方式取决于企业的发展战略和预算。对于资金欠缺的公司，租用机房是一个不错的选择，可以节省建设机房的投入和管理维护数据中心的花费；对于需要拥有独立数据中心的企业，可以选择利用现有的建筑构建数据中心或者设计修建一个新的建筑作为数据中心。数据中心的建筑在安全、高度和承重方面都有严格的标准，无论是利用现有的建筑，还是修建新的建筑，都需要考虑数据中心构建标准。

构建数据中心面临的第一个问题就是选址。选址要综合考虑多种因素，其中通信、电力和地理位置是选址的三个重点考虑因素。光纤通信技术的发展解决了信息传递距离长、利用大容量带宽快速传递的问题，因此，数据中心的选址不存在服务半径的问题，只要接入主干通信网方便，即可向全球提供服务。电力供应是构建数据中心需要考虑的另一个因素，数据中心所在位置必须能够提供充足、稳定的电力供应，并且电力成本够低，因为电力消耗是数据中心长期运营成本中的一大笔开销。为了提供可靠、稳定的服务，数据中心对可靠性和可用性都有严格的要求，所以在选择地理位置时，安全是必须考虑的因素，应该尽量远离核电站、化工厂、飞机场、通信基站、军事目标和自然灾害频发的地带。

其次，构建数据中心需要考虑建筑要求。数据中心的规模取决于企业的需求和预算，这直接关系到能承载多少服务器以及将来可扩展的规模。因为数据中心的服务器一般比较密集，大型机柜、网络设备的重量远远大于普通的家具和办公设备。因此在设计建筑的承重能力时需要综合考虑数据中心的容量，包括服务器的数量、制冷设备等相关辅助设备的数量。

数据中心对楼层的高度也有要求，设计时需要计算铺设地板和安装吊顶以后的净高。布局的设计要考虑到各个房间的大小、分布、面积和功能等。良好的布局能够提高制冷效率，降低制成本。此外，数据中心对室内环境要求较高，许多设备对温度、湿度和灰尘都有特定的要求，通常要避免室内设有窗户，要在屋顶布置照明、防火、安全监控等设施。

数据中心设计完成后，就进入了施工阶段，也就是根据设计实现数据中心的阶段。为了保证工程质量，需要有专门的监管部门控制施工进度，并根据设定的标准进行阶段性验收。项目完成后还需要进行全面细致的验收才能交付。

3) 网络设计

网络系统是信息的高速公路，在数据中心内及数据中心之间起着至关重要的作用。网络基础设施的设计与电力系统的设计类似，需要与企业的业务需求紧密结合，主要包括网络供应商的选择和内部网络拓扑的设计。由于现在多数业务都支持通过互联网进行访问，因此业务的可用性和服务质量在一定程度上取决于网络供应商的服务质量。如果业务对网络服务质量的要求比较高(如银行的 ATM 服务)，则需要考虑多家网络供应商接入。一般数据中心的网络包含至少三级结构：网络供应商的网络连接到数据中心的核心交换机；二级交换机向上连接到核心交换机，向下同数据中心的机架互连；机架内部的服务器则通过机架内置的网络交换模块同二级交换机连接。每级交换机的性能和出/入口的带宽选择都与数据中心内部的负载分布密切相关。

数据中心的网络设备主要有交换机和路由器。交换机是一种基于 MAC 地址识别的封装转发数据包功能的网络设备。与集线器共享带宽的广播方式不同，交换机可以识别数据帧的发送者和目标接收者，使数据帧直接从源地址到达目的地址。通过交换机的过滤和转发，可以有效地解决广播风暴问题，减少误包和错包的出现，避免共享冲突。

从传输速度上来划分，局域网交换机可分为以太网交换机、快速以太网交换机、千兆以太网交换机等。插槽与扩展槽数、支持的网络类型、背板吞吐量、最大可堆叠数等是选取以太网交换机的主要参数。路由器用于连接多个逻辑上分开的网络，当收到数据时，通过路由规则判断网络地址并选择路径，完成数据在多个子网间的传输。路由器的主要工作目标是尽可能选择通常快捷的网络路径，提高通信速度和网络畅通率，减轻网络系统通信负荷，节约网络资源，从而让网络发挥出更大的效益。选购路由器时，应重点考虑路由器所支持的路由协议类型、吞吐量、转发延时、路由表的容量以及路由器的稳定性等因素。

4) 数据中心上线

数据中心上线包括选择服务器、选择软件、机器上架及软件部署和测试等步骤，下面将分别介绍这些步骤。

(1) 选择服务器需要综合考虑多方面因素，如数据中心支持的服务器数量及数据中心将来要达到的规模和服务器的性能等。由于服务器是主要的耗电设备，因此节能也是一个需要考虑的重要因素。数据中心的服务器按照类型可以分为塔式服务器、机架式服务器和刀片服务器这三大类。下面将分别介绍这三种最常见的服务器：

① 塔式服务器的外观与个人计算机的主机差不多，如图 4-4 所示。与普通 PC 相比，塔式服务器的主板可扩展性较强，接口和插槽比普通 PC 多一些，机箱的尺寸比普通 PC 稍大。塔式服务器成本较低，能够灵活地定制，可以满足入门级服务器的需求，所以应用范围非常广泛。塔式服务器的缺点在于扩展性有限，很难满足规模较大的并行处理应用要求；占用空间较大，不便于挪动和管理。

② 机架式服务器是一种外观按照统一标准设计、配合机柜使用的服务器，如图 4-5 所示。由于采用统一的机架式结构，服务器可以方便地与其他网络设备连接，简化了机房的布线和管理。图 4-5 中分别描绘了从 1U 到 3U 三种不同尺寸的机架式服务器。与塔式服务器相比，机架式服务器的优点是占用空间较小，单位空间可放置更多的服务器且管理方便。机架式服务器的不足是对制冷要求较高。机架式服务器广泛适用于服务器第三方托管的企业，因为这种托管的费用常常是按照机器的空间收取的。另外，由于占用空间小，机架式服务器适用于服务器数量较大或者空间有限的数据中心。

图 4-4　塔式服务器

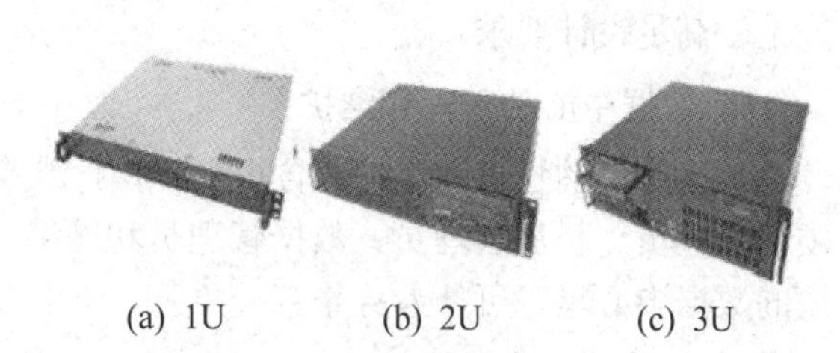

(a) 1U　　(b) 2U　　(c) 3U

图 4-5　机架式服务器

③ 刀片服务器是在标准高度的机箱上插装多个卡式的服务器单元，由于这些服务器单元的外观很薄，故得名刀片服务器，如图 4-6 所示。实际上，每一块“刀片”都是一个独立的服务器，包括系统主板、硬盘、内存等设备，可以通过板载硬盘启动操作系统。若干刀片服务器连接起来，就形成了一个集群服务器，由所在的机箱提供高速的网络环境，同时共享机箱中的其他资源，协同完成计算任务。

图 4-6　刀片服务器

刀片服务器支持热插拔，大大降低了系统维护的成本。刀片服务器比机架式服务器更加节省空间，光驱、显示器和制冷装置都是共享的，在一定程度上降低了成本。刀片服务器一般应用于大型数据中心或者计算密集的领域，如电信、金融行业和互联网数据中心等。对于企业和互联网服务提供商来说，随着业务的发展和对服务器需求的增长，刀片服务器在节约空间、便于管理、可扩展性方面拥有显著的优势，将成为未来服务器的主流产品。

(2) 数据中心的软件主要包括操作系统、数据中心的管理监控软件和与业务相关的Web服务软件，分述如下：

① 目前数据中心服务器操作系统主要有三大类：UNIX 系统、Windows 系统和 Linux 系统。数据中心要根据具体的业务需求选择适合的操作系统。

② 数据中心的管理和监控软件种类繁多，功能涵盖系统部署、软件升级、系统、网络、中间件及应用的监控等。如 IBM 的 Tivoli 系列产品和 Cisco 的网络管理产品等，用户可以根据自己的需要进行选择。

③ 数据中心大多以 Web 的形式向外提供服务。Web 服务一般采用三层架构，从前端到后端依次为表现层、业务逻辑层和数据访问层。三层架构目前均有相关中间件的支持，如表现层的 HTTP 服务器、业务逻辑层的 Web 应用服务器、数据访问层的数据库服务器。

(3) 机器上架和系统初始化阶段主要完成服务器和系统的安装和配置工作。首先将机架按照数据中心设计的拓扑结构进行摆放，服务器组装完成后进行网络连接，最后安装和配置操作系统、相应的中间件和应用软件。这几个阶段都需要专业人员完成，否则系统可能无法发挥最大的性能，甚至不能正常工作。目前已经有了一些系统管理方案，支持自动地进行系统部署、安装和配置，这在一定程度上减少了技术人员的工作复杂度，简化了系统初始化的流程，提高了系统部署的效率。

(4) 服务器和软件安装配置完成后，就要开始对数据中心进行联合测试，检验软件是否正常运行、网络带宽是否足够等。这个阶段需要参照设计阶段的标准逐条验证，测试系统是否满足设计要求。

3. 数据中心的管理和维护

数据中心的管理和维护包含很多工作，涉及多种角色，包括系统管理员、应用管理员、硬件管理员、机房管理员、数据管理员和网络管理员等，每个角色都不可或缺。在中小规模的数据中心里，可一人身兼若干角色。下面介绍数据中心管理和维护的主要工作。

1) 硬件的管理和维护

硬件的管理和维护包括对硬件的升级、定期维护和更新等。业务规模的增长和系统负载的增加要求对服务器进行升级以适应业务发展的需要。系统运行一段时间后要定期对硬件进行检查和维护，保证硬件的稳定运行。当服务器发生硬件故障时，需要及时检测和定位故障，更换发生故障的部件。

升级或者更换部件时，不但要考虑服务器内各种部件的兼容性，还要协调这些部件的性能，消除性能瓶颈。服务器的 CPU 频率、内存大小、磁盘容量、I/O 性能、网络带宽和电源供给能力等要达到均衡和协调，才能避免浪费并且使系统整体性能达到最优。在选取组件时，应尽量选取同一品牌和型号的组件，这样做一方面可以提高不同服务器组件之间的可替换性和兼容性；另一方面可以减少由于组件型号不同而对系统性能产生的影响。

灰尘是导致服务器故障的一个重要因素。服务器的散热风扇在运转时容易将尘土带入机箱，灰尘中含有水分和腐蚀物质，使相邻印制线间的绝缘电阻下降，甚至短路，影响电路的正常工作，严重的甚至会烧坏电源、主板和其他设备部件。过多的灰尘进入设备后，会起到绝缘作用，直接导致接插件触点间接触不良。同时，会使设备动作的摩擦阻力增加，轻者加快设备的磨损，重则将直接导致设备卡死损坏。可见，灰尘对服务器的危害是非常大的。因此，定期清理除尘是必不可少的。

2) 软件的管理和维护

数据中心的常见软件包括操作系统、中间件、业务软件和相关的一些辅助软件，其管理和维护工作包括软件的安装、配置、升级和监控等。

操作系统的安装主要有两种方式：通过文件安装和克隆安装。文件安装的优势是支持多种安装环境和机器类型，但是安装中大多需要人工干预，容易出错，而且效率较低。对同一类服务器，则可以采用镜像克隆方式安装，避免手动安装引入的错误，减少人为原因引起的配置差异，提高效率。系统升级需要遵守严格的流程，包括新补丁的测试、验证及最后在整个数据中心进行规模分发和安装。补丁的分发有两种方式：一种是“推”方式，由中央服务器将软件包分发到目标机器上，然后通过远程命令或者脚本安装；另一种是“拉”方式，在目标机器上安装一个代理，定期从服务器上获取更新。

安全性是操作系统管理和维护的重要内容，常见的措施包括安装补丁、设置防火墙、安装杀毒软件、设置账号密码保护和检测系统日志等。遵循稳定优先的原则，服务器一旦运行在稳定的状态，应避免不必要的升级，以免引入诸如软件和系统不兼容等问题。中间件和其他软件的管理和维护工作与操作系统类似，包括软件的安装、配置、维护和定期升级等。

3) 数据的管理和维护

数据是信息系统中最重要的资产。事实上，构建信息系统的目标就是对数据的管理，保证数据安全、有效和可用。采用有效的数据备份和恢复策略能保证数据的安全，即使在灾难发生后，也能快速地恢复数据。数据中常常包含商业机密，因此数据维护是数据中心维护工作的重中之重。随着信息技术的快速发展，数据量正在呈指数级增长。2003 年全球人均数据量仅为 0.8 GB，2006 年即上涨至 24 GB，在 2010 年突破 300 GB。如此快速的增长趋势给数据维护带来了更大的挑战。

数据管理和维护主要包括数据备份与恢复、数据整合数据存档和数据挖掘等，下面将逐一介绍这些内容：

(1) 数据备份与恢复是指创建数据的副本，在系统失效或数据丢失时通过副本恢复原有数据。数据备份的种类包括文件系统备份、应用系统备份、数据库备份和操作系统备份等。数据库备份应用最为广泛，主流的数据库产品都提供数据备份和恢复功能，支持不同策略的数据备份机制，并在需要时将系统数据恢复到备份前的时刻。目前数据库技术已经相当成熟，商业数据库软件的功能也很强大，管理员可在数据库中设置定时备份，也可以通过某种事件触发备份或者手动备份，使用起来很方便。例如，IBM DB2 数据库支持完全备份和增量备份两种策略，在实际使用中两者可以结合使用。为了保证数据安全，备份数据应存储在和原数据不同的物理介质上，以规避物理介质损坏所产生的风险。

(2) 数据整合是指通过将一种格式的数据转换成另一种格式，达到在多个系统之间共享数据和消除冗余的目的。一些企业由于历史原因拥有多个信息系统，各个系统承担不同的功能，在某种程度上又和其他系统有交叉，数据整合可以满足这些系统间的数据共享需求。

(3) 数据存档是指将长期不用的数据提取出来保存到其他数据库的过程。

(4) 数据挖掘是指从存档数据库中分析寻找有价值的信息的过程。

在业务系统运行过程中，会时刻产生新的业务数据，随着数据量的不断增大，数据库的规模越来越庞大，如果不能有效地处理这些数据，数据库的访问效率就会变差，进而影响业务系统的性能。存档数据库也被称为数据仓库，可以为企业经营决策提供数据依据。保存在数据仓库中的数据一般只能被添加和查找，不能被修改和删除。存档时可按需对数据进行一些处理：首先清洗数据，去除错误或无效的数据；其次精简数据，将数据中可用于统计分析的信息抽取出来，将无用的信息删除，从而减少存档数据量，数据精简往往需要进行数据格式的转换。

4) 资源管理

负载均衡是资源管理的重要内容，对数据中心进行管理和维护时应做到负载均衡，以避免资源浪费或形成系统瓶颈。系统负载不均衡主要体现在以下几个方面：

(1) 不同应用之间的资源分配不均衡。数据中心往往运行着多个应用，每个应用对资源的需求是不同的，应按照应用的具体要求来分配系统资源。

(2) 同一服务器内不同类型的资源使用不均衡。例如，内存已经严重不足，但 CPU 利用率仅为 10%。这种问题的出现多是由于在购买和升级服务器时没有很好地分析应用对资源的需求。对于计算密集型应用，应为服务器配置高主频 CPU；对于 I/O 密集型应用，应配置高速大容量磁盘；对于网络密集型应用，应配置高速网络。

(3) 时间不均衡。用户对业务的使用存在高峰期和低谷期，这种不均衡具有一定的规律，例如，对于在线游戏来说，晚上的负载大于白天，白天的负载大于深夜，周末和节假日的负载大于工作日。此外，从长期来看，随着企业的发展，业务系统的负载往往呈上升趋势。与前述其他情况相比，时间不均衡有其特殊性：时间不均衡不能通过静态配置的方式解决，只能通过动态调整资源来解决。这给系统的管理和维护工作提出了更高的要求。

(4) 同一应用不同服务器间的负载不均衡。Web 应用往往采用表现层、应用层和数据层的三层架构，三层协同工作处理用户请求。同样的请求对这三层的压力往往是不同的，因此要根据业务请求的压力分配情况决定服务器的配置。如果应用层压力较大而其他两层压力较小，则要为应用层提供较高的配置；如果仍然不能满足需求，可以搭建应用层集群环境，使用多个服务器平衡负载。

总之，有效的资源管理方式能提高资源利用率，合理的资源分配能够有效地均衡负载，减少资源浪费，避免出现系统瓶颈，保障业务系统的正常运行。

5) 安全管理

作为企业信息系统的心脏，数据中心的安全问题尤为重要。数据中心的安全包括物理安全和系统安全。为了保证物理安全，数据中心需要配备完善的安保系统，该系统应实现 365 × 24 小时全年不间断实时监控和录像、人员出入控制、人员远距离定位和联网报警功能。系统安全主要是防止恶意用户攻击系统或窃取数据。系统攻击大致分为两类：一类以扰乱服务器正常工作为目的，如拒绝服务攻击等；另一类以入侵或破坏服务器为目的，如窃取服务器机密数据、修改服务器网页等，这一类攻击的影响更为严重。数据中心需要采取安全措施，有效地避免这两类攻击。常见的安全措施有以下几种：

(1) 采用安全防御系统，包括防火墙、入侵检测系统等。防火墙可以防止黑客的非法访问和流量攻击，将恶意的网络连接挡在防火墙之外。入侵检测系统可以监视服务器的出入口，通过与常见的黑客攻击模式匹配，识别并过滤入侵性质的访问。此外，网络管理员与安全防御系统配合可以进一步提高安全系数。网络管理员需要熟悉路由器、交换机和服务器等各种设备的网络配置，包括IP地址、网关、子网掩码、端口、代理服务器等，了解网络拓扑结构，在发现问题后迅速定位。网络管理员还要根据不同IP和端口的访问流量统计，识别出非正常使用的情况并加以封禁。

(2) 关闭不必要的系统服务。黑客可能通过有漏洞的服务攻击系统，即使无法通过这些服务攻击，开启的服务也可以给黑客提供信息，因此应该关闭不必要的服务。

(3) 定时升级，及时给系统打补丁。不存在没有漏洞的系统，系统中的漏洞很多都隐藏在深处，不易被发现。一旦某个系统漏洞被黑客发现，就会对此类系统进行攻击或开发针对此类系统的病毒。与此同时，系统的开发者也会尽快发布补丁。攻击与防御是一场速度的比拼。系统使用者要争取在第一时间安装系统补丁，不给黑客和病毒可乘之机。

(4) 给服务器的账号设定安全的密码。账号和密码是保护服务器的最重要的一道防线，设定的密码要有足够的长度和强度，最好是数字、字母和符号的混合或大写和小写字母的混合，避免使用名字、生日等容易被猜中的密码，并且定期更换。

(5) 保留服务器的日志。虽然保留日志无法直接防止黑客入侵，但管理员可以根据日志分析出黑客利用了哪些系统漏洞、在系统中安装了哪些木马程序，以便快速定位和解决问题。

4.3　物联网搜索引擎

4.3.1　搜索引擎简介

搜索引擎是指根据一定的策略、运用特定的计算机程序从互联网上搜集信息，在对信息进行组织和处理后，为用户提供检索信息服务，将用户检索的相关信息展示给用户的系统。搜索引擎包含全文索引、目录索引、元搜索引擎、垂直搜索引擎、集合式搜索引擎、门户搜索引擎与免费链接列表等。搜索引擎的代表有百度和谷歌(Google)等。

物联网搜索引擎从工作原理区分，有两种基本类型：一类是纯技术型的全文检索搜索引擎；另一类称为分类目录型搜索引擎，简称分类目录。

对于分类目录型搜索引擎，当运用于网络营销时，一般需要人工提交网站相关信息资料(根据分类目录网站的在线提交表单填写网站相关内容，如网站名称、网址、类别、关键词简介等)，经过分类目录编辑人员审核才能决定是否收录网站，这样就对网站提出了较高的要求，必须符合分类目录的收录原则，而且往往有一定的限制。因此，分类目录型搜索引擎营销方法与技术性搜索引擎的方式有很大的不同，需要充分了解这种区别，才能充分发挥各种不同搜索引擎的作用。分类目录在网络营销中的应用主要有以下一些特点：

(1) 通常只能收录网站首页(或若干频道)，而不能将大量网页都提交给分类目录。

(2) 网站一旦被收录将在一定时期内保持稳定，有些分类目录允许用户自行修改网站介绍等部分信息。

(3) 无法通过“搜索引擎优化”等手段提高网站在分类目录中的排名。

(4) 对于付费分类目录登录，通常需要交纳年度费用。如果希望继续保持在分类目录中的地位，不要忘记定期交费。

(5) 在高质量的分类目录登录，对于提高网站在搜索引擎检索结果中的排名有一定价值。

(6) 由于分类目录收录大量同类网站，并且多数用户更习惯于用搜索引擎直接检索，因此紧靠分类目录被用户发现的机会相对较小，难以带来很高的访问量，通常还需要与其他网站推广手段共同使用。

4.3.2 搜索引擎的组成

搜索引擎一般由搜索器、索引器、检索器和用户接口四个部分组成。

(1) 搜索器。搜索器的功能是在互联网中漫游，发现和搜集信息。它常常是一个计算机程序，日夜不停地运行。它要尽可能多、尽可能快地搜集各种类型的新信息，同时因为互联网上的信息更新很快，所以还要定期更新已经搜集过的旧信息，以避免死链接和无效链接。目前有以下两种搜集信息的策略：

① 从一个起始 URL 集合开始，沿着这些 URL 中的超链接(Hyperlink)，以宽度优先、深度优先或启发式方式循环地在互联网中发现信息。这些起始 URL 可以是任意的 URL，但常常是一些非常流行、包含很多链接的站点(如“Yahoo!”)。

② 将 Web 空间按照域名、IP 地址或国家域名划分，每个搜索器负责一个子空间的穷尽搜索。搜索器搜集的信息类型多种多样，包括 HTML、XML、Newsgroup 文章、FTP 文件、字处理文档、多媒体等多种信息。

③ 搜索器的实现常常用分布式、并行计算技术，以提高信息发现和更新的速度。例如，商业搜索引擎的信息发现可以达到每天几百万网页。

(2) 索引器。索引器的功能是理解搜索器所搜索的信息，从中抽取出索引项，用于表示文档以及生成文档库的索引表。

索引项有客观索引项和内容索引项两种：客观索引项与文档的语意内容无关，如作者名、URL、更新时间、编码、长度、链接流行度(Link Popularity)等；内容索引项是用来反映文档内容的，如关键词及其权重、短语、单字等。内容索引项可以分为单索引项和多索引项(或称为短语索引项)两种。单索引项对于英文来讲是英语单词，比较容易提取，因为单词之间有天然的分隔符(空格)；对于中文等连续书写的语言，必须进行词语的切分。

在搜索引擎中，一般要给单索引项赋予一个权值，以表示该索引项对文档的区分度，同时用来计算查询结果的相关度。使用的方法一般有统计法、信息论法和概率法。短语索引项的提取方法有统计法、概率法和语言学法。

索引表一般使用某种形式的倒排表(Inversion List)，即由索引项查找相应的文档。索引表也可能要记录索引项在文档中出现的位置，以便检索器计算索引项之间的相邻或接近(Proximity)关系。

索引器可以使用集中式索引算法或分布式索引算法。当数据量很大时，必须实现即时索引(Instant Indexing)，否则不能够跟上信息量急剧增加的速度。索引算法对索引器的性能(如大规模峰值查询时的响应速度)有很大的影响。一个搜索引擎的有效性在很大程度上取决于索引的质量。

(3) 检索器。检索器的功能是根据用户的查询在索引库中快速检出文档，进行文档与查询的相关度评价，对将要输出的结果进行排序，并实现某种用户相关性反馈机制。

检索器常用的信息检索模型有集合理论模型、代数模型、概率模型和混合模型四种。

(4) 用户接口。用户接口的功能是输入用户查询、显示查询结果、提供用户相关性反馈机制，主要的目的是方便用户使用搜索引擎，高效率、多方式地从搜索引擎中得到有效、及时的信息。用户接口的设计和实现使用人机交互的理论和方法，以充分适应人类的思维习惯。

用户接口可以分为简单接口和复杂接口两种：简单接口只提供用户输入查询串的文本框；复杂接口可以让用户对查询进行限制，如逻辑运算(与、或、非；+、–)、相近关系(相邻、Near)、域名范围(如 .edu、.com)、出现位置(如标题、内容)、信息时间、长度等。目前一些公司和机构正在考虑制定查询选项的标准。

4.3.3　搜索引擎的工作原理

搜索引擎的工作原理，大致可以分为以下几个方面：

(1) 搜集信息。搜索引擎的信息搜集基本都是自动的。搜索引擎利用被称为网络蜘蛛的自动搜索机器人程序来连上每一个网页上的超链接。机器人程序根据网页连到其他网页中的超链接，就像日常生活中所说的“一传十，十传百……”一样，从少数几个网页开始，连到数据库上所有到其他网页的链接。理论上，若网页上有适当的超链接，机器人便可以遍历绝大部分网页。

(2) 整理信息。搜索引擎整理信息的过程称为“建立索引”。搜索引擎不仅要保存搜集起来的信息，还要将它们按照一定的规则进行编排。这样，搜索引擎根本不用重新翻查它所有保存的信息而迅速找到所要的资料。想象一下，如果信息是不按任何规则地随意堆放在搜索引擎的数据库中，那么它每次找资料都得把整个资料库完全翻查一遍，如此一来再快的计算机系统也没有用。

(3) 接受查询。用户向搜索引擎发出查询，搜索引擎接受查询并向用户返回资料。搜索引擎每时每刻都要接到来自大量用户的几乎是同时发出的查询，它按照每个用户的要求检查自己的索引，在极短时间内找到用户需要的资料，并返回给用户。目前，搜索引擎返回主要是以网页链接的形式提供的，这样通过这些链接，用户便能到达含有自己所需资料的网页。通常搜索引擎会在这些链接下提供一小段来自这些网页的摘要信息以帮助用户判断此网页是否含有自己需要的内容。

在整理信息及接受查询的过程，大量应用了文本信息检索技术，并根据网络超文本的特点，索引到更多的信息。搜索引擎有以下几种形式：

(1) 全文搜索引擎。全文搜索引擎是名副其实的搜索引擎，国外的代表有 Google，国内则有著名的百度搜索。它们从互联网提取各个网站的信息(以网页文字为主)，建立起数据库，并能检索与用户查询条件相匹配的记录，按一定的排列顺序返回结果。

根据搜索结果来源的不同，全文搜索引擎可分为两类：一类拥有自己的检索程序

(Indexer)，俗称“蜘蛛(Spider)”程序或“机器人(Robot)”程序，能自建网页数据库，搜索结果直接从自身的数据库中调用，上面提到的Google和百度就属于此类；另一类则是租用其他搜索引擎的数据库，并按自定的格式排列搜索结果，如Lycos搜索引擎。

(2) 目录搜索引擎。目录搜索引擎虽然有搜索功能，但严格意义上不能称为真正的搜索引擎，只是按目录分类的网站链接列表而已。用户完全可以按照分类目录找到所需要的信息，不依靠关键词(Keywords)进行查询。目录搜索引擎中最具代表性的莫过于大名鼎鼎的“Yahoo!”、新浪分类目录搜索引擎。

(3) 元搜索引擎(META Search Engine)。元搜索引擎接受用户查询请求后，同时在多个搜索引擎上搜索，并将结果返回给用户。著名的元搜索引擎有InfoSpace、Dogpile、Vivisimo等，中文元搜索引擎中具代表性的是搜星搜索引擎。在搜索结果排列方面，有的直接按来源排列搜索结果，如Dogpile；有的则按自定的规则将结果重新排列组合，如Vivisimo。

(4) 其他非主流搜索引擎。

① 集合式搜索引擎：该搜索引擎类似元搜索引擎，区别在于它并非同时调用多个搜索引擎进行搜索，而是由用户从提供的若干搜索引擎中选择，如HotBot在2002年底推出的搜索引擎。

② 门户搜索引擎：AOL Search、MSN Search等虽然提供搜索服务，但自身既没有分类目录也没有网页数据库，其搜索结果完全来自其他搜索引擎。

③ 免费链接列表(Free For All Links，FFA)：一般只简单地滚动链接条目，少部分有简单的分类目录，不过规模要比“Yahoo！”等目录搜索引擎小很多。

4.4 物联网数据挖掘与智能决策

4.4.1 数据库与数据仓库技术

1. 数据库技术

数据库技术是信息系统的核心技术，也是一种计算机辅助管理数据的方法，它研究如何组织和存储数据、如何高效地获取和处理数据，是指通过研究数据库的结构、存储、设计、管理以及应用的基本理论和实现方法，并利用这些理论来实现对数据库中的数据进行处理、分析和理解的技术。即数据库技术是研究、管理和应用数据库的一门软件科学。

由于数据库技术研究和管理的对象是数据，因此数据库技术所涉及的具体内容主要包括：通过对数据的统一组织和管理，按照指定的结构建立相应的数据库和数据仓库；利用数据库管理系统和数据挖掘系统设计出能够实现对数据库中的数据进行添加、修改、删除、处理、分析、理解、报表和打印等多种功能的数据管理和数据挖掘应用系统；并利用应用管理系统最终实现对数据进行分类、组织、编码、输入、存储、检索、维护和输出、分析和处理。

2. 数据仓库技术

1) 简介

随着20世纪90年代后期Internet的兴起与飞速发展，大量的信息和数据产生，需要用科学的方法去整理数据，从而从不同视角对企业经营各方面信息进行精确分析、准确判断，比以往更为迫切，实施商业行为的有效性也比以往更受关注。

使用数据仓库技术建设的信息系统被称为数据仓库系统。随着数据仓库技术应用的不断深入，近几年数据仓库技术得到长足的发展。典型的数据仓库系统，如经营分析系统、决策支持系统等。随着数据仓库系统带来的良好效果，各行各业的单位已经能很好地接受“整合数据，从数据中找知识，运用数据知识、用数据说话”等新的关系到改良生产活动各环节、提高生产效率、发展生产力的理念。

数据仓库技术就是基于数学及统计学严谨逻辑思维的并达成“科学的判断、有效的行为”的一个工具，它也是一种达成“数据整合、知识管理”的有效手段。

数据仓库是面向主题的、集成的、与时间相关的、不可修改的数据集合。这是数据仓库技术特征的定位。

2) 特点

数据仓库最根本的特点是物理地存放数据，而且这些数据并不是最新的、专有的，而是来源于其他数据库的。数据仓库的建立并不是要取代数据库，它要建立在一个较全面和完善的信息应用的基础上，用于支持高层决策分析，而事务处理数据库在企业的信息环境中承担的是日常操作性的任务。数据仓库是数据库技术的一种新的应用，而且到目前为止，数据仓库还是用关系数据库管理系统来管理其中的数据。

3) 基本特征

数据仓库技术的基本特征如下：

(1) 面向主题：与传统数据库面向应用进行数据组织的特点相对应，数据仓库中的数据是面向主题进行组织的。面向主题的数据组织方式，就是在较高层次上对分析对象的数据的一个完整、一致的描述，能完整、统一地刻画各个分析对象所涉及的各项数据及数据之间的联系。

(2) 集成化特性：数据仓库中的数据是从原有分散的数据库中抽取出来的，由于数据仓库的每一主题所对应的源数据在原有分散的数据库中可能有重复或不一致的地方，加上综合数据不能从原有数据库中直接得到。因此数据在进入数据仓库之前必须要经过统一和综合形成集成化的数据。

(3) 不可更新性：数据仓库的数据主要供分析决策之用，所涉及的操作主要是查询，一般不进行修改操作。

(4) 随时间不断变化：数据仓库中数据的不可更新性是针对应用来说的，即用户进行分析处理时是不进行数据更新操作的；但并不是说，从数据集成入库到最终被删除的整个数据生成周期中，所有数据仓库中的数据都永远不变，而是随时间不断变化的。

4.4.2　数据挖掘

数据挖掘(Data Mining，DM)又称为数据库中的知识发现(Knowledge Discover in Database，KDD)，是目前人工智能和数据库领域研究的热点问题。所谓数据挖掘，是指从数据库的大量数据中揭示出隐含的、先前未知的并有潜在价值的信息的非平凡过程。数据挖掘是一种决策支持过程，它主要基于人工智能、机器学习、模式识别、统计学、数据库、可视化技术等，高度自动化地分析企业的数据，做出归纳性的推理，从中挖掘出潜在的模式，帮助决策者调整市场策略，减少风险，做出正确的决策。

数据挖掘是通过分析每个数据，从大量数据中寻找其规律的技术，主要有数据准备、规律寻找和规律表示三个步骤。数据准备是从相关的数据源中选取所需的数据并整合成用于数据挖掘的数据集；规律寻找是用某种方法将数据集所含的规律找出来；规律表示是尽可能以用户可理解的方式(如可视化)将找出的规律表示出来。

数据挖掘的任务有关联分析、聚类分析、分类分析、异常分析、特异群组分析和演变分析等。

并非所有的信息发现任务都被视为数据挖掘。例如，使用数据库管理系统查找个别的记录，或通过因特网的搜索引擎查找特定的 Web 页面，则是信息检索(Information Retrieval)领域的任务。虽然这些任务是重要的，可能涉及复杂的算法和数据结构，但是它们主要依赖传统的计算机科学技术和数据的明显特征来创建索引结构，从而有效地组织和检索信息。尽管如此，数据挖掘已用来增强信息检索系统的能力。

数据挖掘的进化历程如表 4-1 所示。

表 4-1　数据挖掘的进化历程

进化阶段	商业问题	支持技术	产品厂家	产品特点
数据收集(20世纪 60 年代)	“过去五年中我的总收入是多少”	计算机、磁带和磁盘	IBM、CDC	提供历史性的、静态的数据信息
数据访问	“在新英格兰的分部去年三月的销售额是多少”	关系数据库(RDBMS)、结构化查询语言(SQL)、ODBC Oracle、Sybase、Informix、IBM、Microsoft	Oracle、Sybase、Informix、IBM、Microsoft	在记录级提供历史性的、动态的数据信息
数据仓库；决策支持(20 世纪 90 年代)	“在新英格兰的分部去年三月的销售额是多少？波士顿据此可得出什么结论”	联机分析处理(OLAP)、多维数据库、数据仓库	Pilot、Comshare、Arbor、Cognos、Microstrategy	在各种层次上提供回溯的、动态的数据信息
数据挖掘(正在流行)	“下个月波士顿的销售会怎么样”	高级算法、多处理器计算机、海量数据库	Pilot、Lockheed、IBM、SGI、其他初创公司	提供预测性的信息

数据挖掘综合了各个学科技术，具有强大的功能，其当前的主要功能如下：

(1) 数据总结：继承于数据分析中的统计分析。数据总结的目的是对数据进行浓缩，给出它的紧凑描述。传统的统计方法如求和值、平均值、方差值等都是有效方法。另外还可以用直方图、饼状图等图形方式表示一些值。广义上讲，多维分析也可以归入这一类。

(2) 分类：目的是构造一个分类函数或分类模型(也称为分类器)，该模型能把数据库中的数据项映射到给定类别中的某一个。要构造分类器，需要有一个训练样本数据集作为输入。训练集由一组数据库记录或元组构成，每个元组是一个由有关字段(又称为属性或特征)值组成的特征向量，此外，训练样本还有一个类别标记。一个具体样本的形式可表示为：(v_1，v_2，…，v_n；c)，其中 v_i 表示字段值，c 表示类别。

例如，银行部门根据以前的数据将客户分成了不同的类别，现在就可以根据这些来区分新申请贷款的客户，以采取相应的贷款方案。

(3) 聚类：是指把整个数据库分成不同的群组。它的目的是使群与群之间差别很明显，而同一个群之间的数据尽量相似。这种方法通常用于客户细分。在开始细分之前不知道要把用户分成几类，因此通过聚类分析可以找出客户特性相似的群体，如客户消费特性相似或年龄特性相似等。在此基础上可以制定一些针对不同客户群体的营销方案。如将申请人分为高度风险申请者、中度风险申请者和低度风险申请者。

(4) 关联分析：是指寻找数据库中值的相关性。两种常用的技术是关联规则和序列模式。关联规则是寻找在同一个事件中出现的不同项的相关性；序列模式与此类似，寻找的是事件之间时间上的相关性，如银行利率的调整、股市的变化等。

(5) 预测：把握分析对象发展的规律，对未来的趋势做出预见。例如，对未来经济发展的判断。

(6) 偏差的检测：对分析对象的少数的、极端的特例的描述，揭示内在的原因。例如，在银行的 100 万笔交易中有 500 例的欺诈行为，银行为了稳健经营，就要发现这 500 例的内在因素，减小以后经营的风险。

以上提到的所有功能都不是独立存在的，它们在数据挖掘中互有联系。通过以上功能介绍，不难发现数据挖掘的常用技术有人工神经网络和决策树。

4.4.3　机器学习

1. 基本概念

所谓机器学习，是指要让机器能够模拟人的学习行为，通过获取知识和技能不断对自身进行改进和完善。

机器学习在人工智能的研究中具有十分重要的地位。一个不具有学习能力的智能系统难以称得上是一个真正的智能系统，但是以往的智能系统都普遍缺少学习的能力。正是在这种情形下，机器学习逐渐成为人工智能研究的核心之一。它的应用已遍及人工智能的各个分支，如专家系统、自动推理、自然语言理解、模式识别、计算机视觉、智能机器人等领域。其中尤其典型的是在专家系统中的知识获取瓶颈问题，人们一直在努力试图采用机器学习的方法加以克服。

2. 机器学习的发展

机器学习是继专家系统之后人工智能应用的又一重要研究领域，也是人工智能和神经计算的核心研究课题之一。机器学习是人工智能领域中较为年轻的分支，其发展过程可分为四个时期：

(1) 20 世纪 50 年代中期到 60 年代中期，属于热烈时期。

(2) 20 世纪 60 年代中期至 70 年代中期，被称为机器学习的冷静时期。

(3) 20世纪70年代中期至80年代中期，称为复兴时期。

(4) 1986年开始是机器学习的最新阶段。这个时期的机器学习具有以下一些特点：

① 机器学习已成为新的边缘学科并在高校成为一门独立课程。

② 融合了各种学习方法且形式多样的集成学习系统研究正在兴起。

③ 机器学习与人工智能各种基础问题的统一性观点正在形成。

④ 各种学习方法的应用范围不断扩大，一部分应用研究成果已转化为商品。

⑤ 与机器学习有关的学术活动空前活跃。

3. 学习系统

所谓学习系统，是指能够一定程度上实现机器学习的系统。1973年，Saris曾对学习系统给出定义：如果一个系统能够从某个过程或环境的未知特征中学到相关信息，并且能把学到的信息用于未来的估计、分类、决策或控制，以便改进系统的性能，那么它就是学习系统。1977年Smith等人又给出了一个类似的定义：如果一个系统在与环境相互作用时，能利用过去与环境作用时得到的信息并提高其性能，那么这样的系统就是学习系统。

一个机器学习系统通常应该具有以下主要特征：

(1) 目的性：系统必须知道学习什么内容。

(2) 结构性：系统必须具备适当的知识存储机构来记忆学到的知识，能够修改和完善知识表示与知识的组织形式。

(3) 有效性：系统学到的知识应受到实践的检验，新知识必须对改善系统的行为起到有益的作用。

(4) 开放性：系统的能力应在实际使用过程中，在同环境进行信息交互的过程中不断改进。

4.4.4 人工智能技术

物联网从物物相连开始，最终要达到智慧地感知世界的目的，而人工智能就是实现智慧物联网最终目标的技术。人工智能(Artificial Intelligence，AI)是计算机科学、控制论、信息论、神经生理学、心理学、语言学等多种学科高度发展、紧密结合、互相渗透而发展起来的一门交叉学科，其诞生的时间可追溯到20世纪50年代中期。人工智能研究的目标是如何使计算机能够学会运用知识，像人类一样完成富有智慧的工作。当前，人工智能技术的研究与应用主要集中在以下几个方面。

1. 自然语言理解

自然语言理解的研究开始于20世纪60年代初，它研究用计算机模拟人的语言交互过程，使计算机能理解和运用人类社会的自然语言(如汉语、英语等)，实现人机之间通过自然语言的通信，以帮助人类查询资料、解答问题、摘录文献、汇编资料以及对一切有关自然语言信息的加工处理。自然语言理解的研究涉及计算机科学、语言学、心理学、逻辑学、声学、数学等学科。自然语言理解分为语音理解和书面理解两个方面，分述如下：

(1) 语音理解是指用语音输入，使计算机“听懂”人类的语言，用文字或语音合成方式输出应答。由于理解自然语言涉及对上下文背景知识的处理，同时需要根据这些知识进行一定的推理，因此实现功能较强的语音理解系统仍是一个比较艰巨的任务。目前，在人工智能研究中，在理解有限范围的自然语言对话和理解用自然语言表达的小段文章或故事方面的软件，已经取得了较大进展。

(2) 书面语言理解是指将文字输入到计算机，使计算机“看懂”，文字符号，并用文字输出应答。书面语言理解又称为光学字符识别(Optical Character Recognition，OCR)技术。OCR 技术是指用扫描仪等电子设备获取纸上打印的字符，通过检测和字符比对的方法，翻译并显示在计算机屏幕上。书面语言理解的对象可以是印刷体或手写体。目前已经进入广泛应用的阶段，包括手机在内的很多电子设备都成功地使用了 OCR 技术。

2. 数据库的智能检索

数据库系统是存储某个学科大量事实的计算机系统。随着应用的进一步发展，存储信息量越来越庞大，因此解决智能检索的问题便具有实际意义。将人工智能技术与数据库技术结合起来，建立演绎推理机制，变传统的深度优先搜索为启发式搜索，从而有效地提高了系统的效率，实现数据库智能检索。智能信息检索系统应具有一些功能：能理解自然语言，允许用自然语言提出各种询问；具有推理能力，能根据存储的事实，演绎出所需的答案；系统具有一定常识性知识，以补充学科范围的专业知识。系统根据这些常识，能够演绎出更一般的答案来。

3. 专家系统

专家系统是人工智能中最重要的也是最活跃的一个应用领域，它实现了人工智能从理论研究走向实际应用。从一般推理策略探讨转向运用专门知识的重大突破。专家系统是一个智能计算机程序系统，该系统存储有大量的、按某种格式表示的特定领域专家知识构成的知识库，并且具有类似于专家解决实际问题的推理机制，能够利用人类专家的知识和解决问题的方法，模拟人类专家来处理该领域问题。同时，专家系统具有自学习能力。

专家系统的开发和研究是人工智能研究中面向实际应用的课题，在多个领域受到了极大重视，已经开发的系统涉及医疗、地质、气象、交通、教育、军事等。目前的专家系统主要采用基于规则的演绎技术，开发专家系统的关键问题是知识表示、应用和获取技术，困难在于许多领域中专家的知识往往是琐碎的、不精确的或不确定的。因此目前的研究仍集中在这一核心课题上。

此外，对专家系统开发工具的研制发展也很迅速，这对扩大专家系统应用范围，加快专家系统的开发过程，起到了积极的作用。

4. 机器定理证明

将人工证明数学定理和日常生活中的推理变成一系列能在计算机上自动实现的符号演算的过程和技术称为机器定理证明和自动演绎。机器定理证明是人工智能的重要研究领域，它的成果可应用于问题求解、程序验证、自动程序设计等方面。数学定理证明的过程尽管每一步都很严格，但决定采取什么样的证明步骤，却依赖于经验、直觉、想象力和洞察力，需要人的智能。因此，在数学定理的机器证明和其他类型的问题求解，就成为人工智能研究的起点。

5. 计算机博弈

计算机博弈(或称为机器博弈)是指让计算机学会人类的思考过程，能够像人一样有思想意识。计算机博弈有两种方式：一是计算机和计算机之间对抗；二是计算机和人之间对抗。

20世纪60年代就出现了西洋跳棋和国际象棋的程序，并达到了大师级的水平。进入20世纪90年代后，IBM公司以其雄厚的硬件基础，支持开发后来被称之为“深蓝”的国际象棋系统，并为此开发了专用的芯片，以提高计算机的搜索速度。IBM公司负责“深蓝”研制开发项目的是两位华裔科学家谭崇仁博士和许峰雄博士。1996年2月，“深蓝”与国际象棋世界冠军卡斯帕罗夫进行了第一次比赛，经过6个回合的比赛之后，“深蓝”以2∶4告负。

博弈问题也为搜索策略、机器学习等问题的研究提供了很好的实际应用背景，它所产生的概念和方法对人工智能其他问题的研究也有重要的借鉴意义。

6. 自动程序设计

自动程序设计是指采用自动化手段进行程序设计的技术和过程，也是实现软件自动化的技术。研究自动程序设计的目的是提高软件生产效率和软件产品质。

自动程序设计的任务是设计一个程序系统。它将关于所设计的程序要求实现某个目标的非常高级的描述作为其输入，然后自动生成一个能完成这个目标的个体程序。自动程序设计具有多种含义按广义的理解，自动程序设计是尽可能借助计算机系统，特别是自动程序设计系统完成软件开发的过程。软件开发是指从问题的描述、软件功能说明、设计说明，到可执行的程序代码生成、调试、交付使用的全过程。按狭义的理解，自动程序设计是从形式的软件功能规格说明到可执行的程序子代码这一过程的自动化。因而自动程序设计所涉及的基本问题与定理证明和机器人学有关，要用到人工智能的方法来实现，它也是软件工程和人工智能相结合的课题。

7. 组合调度问题

许多实际问题都属于确定最佳调度或最佳组合的问题，如互联网中的路由优化问题、物流公司要为物流确定一条最短的运输路线问题等。这类问题的实质是对由几个节点组成的一个图的各条边，寻找一条最小耗费的路径，使得这条路径只对每一个节点经过一次。在大多数这类问题中，随着求解节点规模的增大，求解程序所面临的困难程度按指数方式增长。人工智能研究者研究过多种组合调度方法，使“时间-问题大小”曲线的变化尽可能缓慢，为很多类似的路径优化问题找出最佳的解决方法。

8. 感知问题

视觉与听觉都是感知问题。计算机对摄像机输入的视频信息以及话筒输入的声音信息的处理的最有效方法应该建立在“理解”(即能力)的基础上，使得计算机只有视觉和听觉。视觉是感知问题之一。机器视觉的前沿研究领域包括实时并行处理、主动式定性视觉、动态和时变视觉、三维景物的建模与识别、实时图像压缩传输和复原、多光谱和彩色图像的处理与解释等。机器视觉已在机器人装配、卫星图像处理、工业过程监控、飞行器跟踪和制导以及电视实况转播等领域获得极为广泛的应用。

4.4.5 智能决策支持系统

智能决策支持系统是指人工智能(Artificial Intelligence，AI)和决策支持系统(Decision

Support System，DSS)相结合，在应用专家系统(Expert System，ES)技术的支持下，使 DSS 更能够充分地应用人类的知识。如关于决策问题的描述性知识、过程性知识，求解问题的推理性知识，通过逻辑推理来帮助解决复杂的决策问题。

较完整与典型的 DSS 结构是在传统三库 DSS 的基础上增设知识库与推理机，在人机对话子系统加入自然语言处理系统(LS)，与三库之间插入问题处理系统(PSS)而构成的四库系统。智能决策支持系统结构框图如图 4-7 所示。

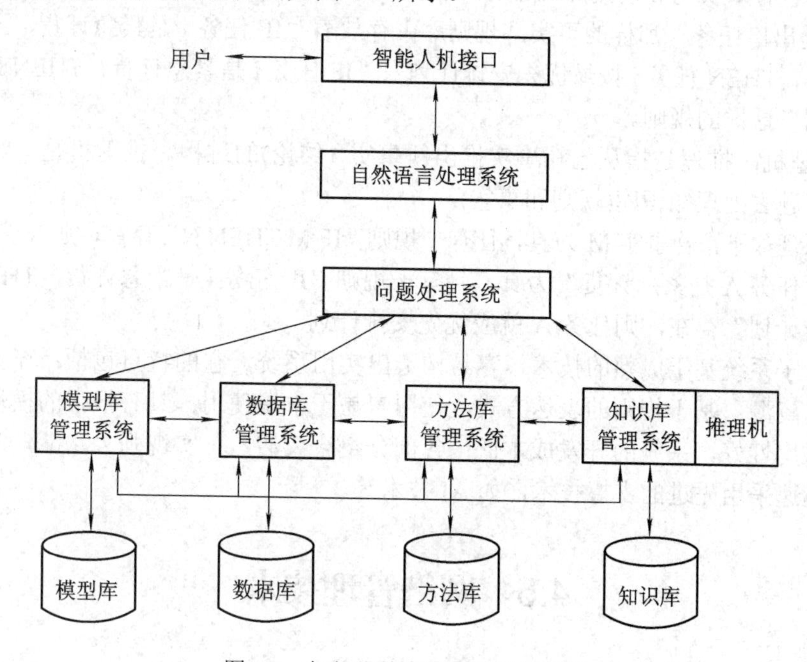

图 4-7　智能决策支持系统结构框图

智能决策支持系统的组成分述如下：

(1) 智能人机接口。四库系统的智能人机接口接受用自然语言或接近自然语言的方式来表达决策问题及决策目标，这较大程度地改变了人机界面的性能。

(2) 问题处理系统。问题处理系统处于 DSS 的中心位置，是联系人与机器及所存储的求解资源的桥梁，主要由问题分析器与问题求解器两部分组成。问题处理系统是 DSS 中最活跃的部件，它既要识别与分析问题，设计求解方案，又为问题求解调用四库系统中的数据、模型、方法及知识等资源，对半结构化或非结构化问题还要触发推理机进行推理或新知识的推求。

(3) 自然语言处理系统。自然语言处理系统有两个功能：转换产生的问题描述，由问题分析器判断问题的结构化程度，对结构化问题选择或构造模型，采用传统的模型计算求解；对半结构化或非结构化问题则由规则模型与推理机制来求解。

(4) 知识库子系统。知识库子系统的组成可分为知识库管理系统、知识库及推理机三部分，其分述如下：

① 知识库管理系统。它的功能主要有两个：一是回答对知识库知识增、删、改等知识维护的请求；二是回答决策过程中问题分析与判断所需知识的请求。

② 知识库。知识库是知识库子系统的核心。知识库中存储的是那些既不能用数据表示，

也不能用模型方法描述的专家知识和经验，这些即是决策专家的决策知识和经验知识，同时也包括一些特定问题领域的专业知识。

知识库中的知识表示：是为描述世界所做的一组约定，也是知识的符号化过程。对于同一知识，可有不同的知识表示形式，知识的表示形式直接影响推理方式，并在很大程度上决定着一个系统的能力和通用性，是知识库系统研究的一个重要课题。

知识库包含事实库和规则库两部分。例如，事实库中存放了“任务 A 是紧急订货”、“任务 B 是出口任务”那样的事实。规则库中存放着“IF 任务 i 是紧急订货，AND 任务 i 是出口任务，THEN 任务 i 按最优先安排计划”、“IF 任务 i 是紧急订货，THEN 任务 i 按优先安排计划”这样的规则。

③ 推理机。推理是指从已知事实推出新事实 (结论)的过程。推理机是一组程序，它针对用户问题去处理知识库(规则和事实)。

推理原理如下：若事实 M 为真，且有一规则“IF M THEN N”存在，则 N 为真。因此，如果事实“任务 A 是紧急订货”为真，且有一规则“IF 任务 i 是紧急订货，THEN 任务 i 按优先安排计划”存在，则任务 A 就应优先安排计划。

知识库子系统基于成熟的技术，容易构造出实用系统。它的特点包括：充分利用了各层次的信息资源；基于规则的表达方式，使用户易于掌握使用；具有很强的模块化特性，并且模块重用性好，系统的开发成本低；各部分组合灵活，可实现强大功能，并且易于维护；可以迅速采用先进的支撑技术，如 AI 技术等。

4.5 网络管理技术

4.5.1 数据管理

1. 定义

数据管理是指利用计算机硬件和软件技术对数据进行有效地收集、存储、处理和应用的过程。其目的在于充分有效地发挥数据的作用。实现数据有效管理的关键是数据组织。随着计算机技术的发展，数据管理经历了人工管理、文件系统、数据库系统三个发展阶段。在数据库系统中所建立的数据结构，更充分地描述了数据之间的内在联系，便于数据修改、更新与扩充，同时保证了数据的独立性、可靠、安全性与完整性，减少了数据冗余，故提高了数据共享程度及数据管理效率。

2. 管理阶段

1) 人工管理阶段

20 世纪 50 年代中期以前，计算机主要用于科学计算。这一阶段数据管理的主要特征如下：

(1) 数据不保存。由于当时计算机主要用于科学计算，一般不需要将数据长期保存，只是在计算某一课题时将数据输入，用完就撤走。不仅对用户数据如此处置，对系统软件有时也是这样。

(2) 应用程序管理数据。数据需要由应用程序自己设计、说明和管理，没有相应的软件系统负责数据的管理工作。首先数据不共享，数据是面向应用程序的，一组数据只能对应一个程序，因此程序与程序之间有大量的冗余。其次数据不具有独立性。数据的逻辑结构或物理结构发生变化后，必须对应用程序做相应的修改，这就加重了程序员的负担。

2) 文件系统阶段

20世纪50年代后期到60年代中期，这时硬件方面已经有了磁盘、磁鼓等直接存取存储设备；在软件方面，操作系统中已经有了专门的数据管理软件，一般称为文件系统；在处理方式方面，不仅有了批处理，而且能够联机实时处理。用文件系统管理数据具有如下特点：

数据可以长期保存。由于大量用于数据处理，数据需要长期保留在外存上反复进行查询、修改、插入和删除等操作。同时，文件系统也存在着一些缺点，其中主要的是数据共享性差，冗余度大。在文件系统中，一个文件基本上对应于一个应用程序，即文件仍然是面向应用的。当不同的应用程序具有部分相同的数据时，也必须建立各自的文件，而不能共享相同的数据，因此数据冗余度大，浪费存储空间。同时，由于相同数据的重复存储、各自管理，容易造成数据的不一致性，给数据的修改和维护带来了困难。

3) 数据库系统阶段

自20世纪60年代后期以来，计算机管理的对象规模越来越大，应用范围有越来越广泛，数据量急剧增长，同时多种应用、多种语言互相覆盖地共享数据集合的要求越来越强烈，数据库技术便应运而生，出现了统一管理数据的专门软件系统——数据库管理系统。

用数据库系统来管理数据便于数据修改、更新与扩充，同时保证了数据的独立性、可靠、安全性与完整性，减少了数据冗余，故提高了数据共享程度及数据管理效率。从文件系统到数据库系统，标志着数据库管理技术的飞跃。

4.5.2 用户管理

用户管理包括用户、用户组(组织结构)、角色和权限管理，具体分述如下：

(1) 用户组是指用户集合，在系统中就是组织结构，如计算中心、研发室、运行室等。一个用户组拥有对网站的操作权限，当用户加入用户组时，该用户自动拥有本用户组的权限。用户组(组织结构)是存在上下级关系的，下级用户组(组织结构)是可以选择是否继承上级用户组(组织结构)的相应权限。

(2) 角色是指具有特定权限的一类人。如内容管理系统的站点管理员、信息发布员等。一个用户对应一个角色(也可对应多个角色)，也可以一个用户组(组织结构)对应一个角色(也可对应多个角色)，每个角色有不同的权限，最终确定一个人的权限是这个人本身角色所对应的权限与他所在用户组(组织结构)所对应角色的权限以及他所在用户组(组织结构)的上级(如果选择了继承关系)所对应角色的权限的一个并集。通过用户→角色→权限或用户组(组织结构)→角色→权限，实现了用户权限的灵活定义。

(3) 权限管理需要可以配置某一站点下某一栏目下的具体一篇文章的维护、浏览等权限，也需要下级可以继承上级权限且可以实现完善的分级授权机制。如将某一个站点的管理员的角色赋予一个人，那么这个人的权限范围应该是：

① 只能对这个站点内的栏目、文章有相应的管理权限。

② 只能管理和使用站点相对应的用户组(组织关系)以及相对应的用户信息。

③ 只能管理和使用本站点的角色。

④ 只能给本站点的角色授予和本站点相关的权限。

⑤ 只能管理和使用本站点的资源文件。

系统设有一个超级用户 admin，不能删除，保证系统能正常运行。

1. 用户、用户组(组织关系)列表

1) 同步用户

要考虑一种同步机制，把统一认证中的用户基本信息，同步到内容管理系统(Content Management System，CMS)中。初步考虑一种简单有效的方案：

首先要将统一身份认证系统中的用户基本信息一次性导入 CMS 中。这一步具体怎样做，需要再讨论确定。

其次，在 CMS 集成了统一身份认证后，通过认证的用户，取出统一身份认证中所存的用户基本信息，然后与 CMS 的用户比较，如果这个用户不存在，那么将在 CMS 中新增一个用户，否则更新相关的用户基本信息。没有通过统一身份认证的用户可以通过本地认证(但必须保证这个用户确实不存在与统一身份认证系统)。这样可以保证一个相对及时的更新同步，也可以给自定义用户留个接口。

用户新建一般由管理员来进行。系统安装后，首先做的工作是根据系统需要，创建使用此系统的用户。这个功能可以保留。

注意：这个管理员是由超级用户 admin 分配的一个站点管理员或子站点管理员、用户管理员等。这个管理员在管理组织关系、用户信息时，只能管理权限范围内的组织关系、用户信息。例如，一个站点所对应的一个部门的组织关系、用户信息。新增用户只能新增本部门的用户信息。

2) 搜索查找用户

(1) 默认列出管理员权限范围内的组织结构树，通过组织结构树的节点来浏览用户信息，组织结构树有可能比较复杂、比较大，但一定要保证数据读取要快。可以考虑异步读取或其他更快、更准确、更实用的方法。

(2) 在用户列表页面可以通过一些组合查询条件查询用户信息，如姓名(模糊)、证件号(精确)、性别(选择列表)、职务(选择列表)等，并可以选择是否在相应的组织节点中查询以及按如姓名、证件号、职务等排序，最好是可以对查询的结果再排序。

3) 修改用户信息

管理员可以通过组织结构或组合查询，找到用户，并修改其扩展信息(不在统一身份认证的用户基本信息范围内)，如昵称、电子邮件、联系电话等。

注意：这个管理员是由超级用户 admin 分配的一个站点管理员或子站点管理员、用户管理员等。这个管理员在管理组织关系、用户信息时是根据权限的划分，只能管理权限范围内的组织关系、用户信息。如一个站点所对应部门的组织关系、用户信息。修改用户只能修改本部门的用户信息。

4) 修改密码

管理员可以通过组织结构或组合查询，找到用户，并修改其密码。

注意：这个管理员是由超级用户 admin 分配的一个站点管理员或子站点管理员、用户管理员等。这个管理员在管理组织关系、用户信息时是根据权限的划分，只能管理权限范围内的组织关系、用户信息。如一个站点所对应部门的组织关系、用户信息。修改用户密码只能修改本部门的用户密码。

5) 设置用户的系统角色

管理员可以通过组织结构或组合查询，找到具体用户，进入该用户的角色管理，具体包括以下几个方面：

(1) 在用户角色管理中能查看用户已有的所有角色，如果某角色来自用户所在的组织关系或上级组织关系，那么需要在该角色旁边标注是来自哪个组织关系的，如果是上级组织关系则需要标明组织关系的层次(如父组织 a—子组织 b)。

(2) 在用户角色管理中能为用户新增角色，根据角色查询，将找到的角色分配给用户。

(3) 在用户角色管理中能删除用户的某些角色，但角色来自用户所在的组织关系或上级组织关系是不可以在此删除该角色的。

(4) 可以查看用户现有的权限列表。

注意：这个管理员是由超级用户 admin 分配的一个站点管理员或子站点管理员、用户管理员等。这个管理员在管理组织关系、用户信息时是根据权限的划分，只能管理权限范围内的组织关系、用户信息。如一个站点所对应部门的组织关系、用户信息。

6) 设置用户组(组织关系)

管理员可以通过组织结构或组合查询，找到具体用户。可以根据组织结构树来变更用户的组织关系，并要考虑用户组织关系变更后的一些关联关系问题，如角色、权限、统计等。

注意：这个管理员是由超级用户 admin 分配的一个站点管理员或子站点管理员、用户管理员等。这个管理员在管理组织关系、用户信息时是根据权限的划分，只能管理权限范围内的组织关系、用户信息。如一个站点所对应部门的组织关系、用户信息。

7) 删除用户

管理员可以通过组织结构或组合查询，找到具体用户。删除不需要的用户。删除了的用户不能够再重新登录，以后可以重新创建相同登录名的用户。要删除用户的所有信息，包括所有的关联关系。避免数据库冗余。默认的系统管理员用户 admin 是不能够删除的。

8) 激活或禁用用户

用户管理员可以激活或禁用某个用户，用户只有被激活的状态下才能够登录系统，否则就不能登录系统。

2. 角色列表

1) 角色与用户

具体关系有以下几个方面：

(1) 可以查看某一角色目前所拥有的用户，如果用户来自于某个组织关系，那么要标明所在组织关系以及结构。

(2) 可以为某一角色添加用户。通过组织结构或组合查询，找到具体用户，并将用户添加到角色中。同一用户不可在同一角色下重复添加。包括来自于某个组织关系中的用户。

(3) 可以删除某一角色中的用户，如果用户来自于某个组织关系，不可删除。

2) 角色与用户组(组织关系)

具体关系有以下几个方面：

(1) 可以查看某一角色目前所拥有的组织关系，如果是继承了上级组织关系，那么需要标明。

(2) 可以为某一角色添加组织关系。通过组织结构树，找到具体组织，并将组织添加到角色中。同一组织可以在同一角色下重复添加，包括继承了上级组织角色的组织。

(3) 可以删除某一组织，如果组织是继承上级组织角色，那么不可删除。如果删除了某个组织，那么继承它的下级组织也将从这个角色中删除。同时该组织下的包括继承它的下级组织中的用户，也将与该角色没有任何关系。

角色信息中要含有站点、栏目等标识。管理员只能管理并使用权限范围内的角色。

3. 权限管理

权限管理可以对一个站点、一个栏目、一篇文章授予新增、修改、删除、查询、浏览、授权等权限。如需对文章授权，需要着重考虑数据量迅速大量增加所有可能带来的访问效率低、系统负荷大以及数据冗余等问题。站点、栏目可以选择是否继承上级的权限。

如果有资源管理，那么资源的管理与使用都要有严格的权限控制，如本栏目的资源只能由本栏目管理员或上级管理员使用。资源管理中要有资源的使用率、被使用状态的统计功能。

如果没有资源管理，那么发布信息时所上载的附件，要与信息有同生命周期。避免文件泄密与冗余出现。

站点、栏目要和用户组(组织关系)有对应关系，这只是为了方便实现分级授权。让管理员只管理权限对应的用户组与用户。

要实现完善的分级授权。例如，将某一个站点的管理员的角色赋予一个人，那么这个人的权限范围应该是：只能对这个站点内的栏目、文章有相应的管理权限；只能管理和使用站点相对应的用户组(组织关系)以及相对应的用户信息；只能管理和使用本站点的角色；只能给本站点的角色授予和本站点相关的权限；只能管理和使用本站点的资源文件。

本章小结

云计算平台所提供服务的类型，可以将云计算任务分为 SaaS (软件即服务)、IaaS(基础设施即服务)和 PaaS(平台即服务)三类。网络存储结构大致分为直连式存储(DAS)、网络存储设备(NAS)和存储网络(SAN)三种。搜索引擎一般由搜索器、索引器、检索器和用户接口四个部分组成。数据管理技术的发展大致经过了人工管理、文件系统和数据库系统三个阶段。

习　题

1. 云计算的特征有哪些？
2. 云计算的价值有哪些？
3. 网络存储技术有哪三种？
4. 简述数据中心的概念及作用。
5. 搜索引擎的工作原理是怎样的？
6. 请简述数据库、数据挖掘、机器学习、人工智能、智能决策技术与物联网的关系。
7. 网络管理技术经历了哪几个发展阶段？

第5章　物联网安全

安全是物联网得以广泛应用的必要且重要的因素之一，物联网作为物物相联的智能网络，存在传统的网络安全问题。同时，物理空间和信息空间的耦合关联使得物联网面临更为多样复杂的安全威胁，物联网混杂性和非确定性也对其安全带来了巨大的挑战。物联网终端能力差异巨大，脆弱的终端存在计算能力与安全可信算法资源消耗之间的矛盾。物联网移动频繁，而终端或子网也可能在某些时间与物联网其他部分断开连接，从而增加访问控制、授权、认证的难度。物联网是超大规模的网络，组成形态复杂，终端和子网的异构性使得跨域跨子网的可信安全具有极大的技术难度。物联网中大量逻辑或物理实体基于网络相互连接，物理实体可能被偷窃、屏蔽或转移，从而引发新的安全威胁，容易造成个人隐私、商业机密和国家设施信息泄露。

5.1　物联网安全概述

物联网应用和发展很快会融入社会和生活的方方面面，据权威机构估计，到2020年全世界的智能物体(Smart Things)有近500亿会连接到网络中去，物联网通过感知与控制，而物联网融入到我们的生活、生产和社会中，其安全问题不容忽视。如果忽视物联网的安全问题，人们的隐私会由于物联网的安全性薄弱而暴露无遗。另外，随着物联网逐渐渗透到生产和生活的各个空间，一旦物联网的安全受到威胁，就会破坏正常的生产和生活秩序，从而严重影响我们的正常生活。因此，在发展物联网的同时，必须对物联网的安全及隐私问题更加重视，保证物联网的健康发展。

5.1.1　物联网安全的特点

与互联网不同，物联网的特点在于无处不在的数据感知、以无线为主的信息传输和智能化的信息处理。从物联网的整个信息处理过程来看，感知信息经过采集、汇聚、融合、传输、决策与控制等过程，体现了与传统的网络安全不同的特点。

物联网的安全特征体现了感知信息的多样性、网络环境的异构性和应用需求的复杂性，呈现出网络的规模大、数据的处理量大及决策控制复杂等特点，这对物联网安全提出了新的挑战。物联网除了面对传统TCP/IP网络、无线网络和移动通信网络等传统网络安全问题之外，还存在着大量自身的特殊安全问题。具体地讲，物联网的安全主要有以下特点：

(1) 物联网的设备、节点等无人看管，容易受到操纵和破坏。物联网的许多应用中，设备代替人完成一些复杂、危险和机械的工作，物联网中设备、节点的工作环境大都是无人监控。因此攻击者很容易接触到这些设备，从而对设备或嵌入其中的传感器节点进行破坏。攻击者甚至可以通过更换设备的软硬件，对它们进行非法操控。例如，在远程输电过程中，电力企业可以使用物联网来远程操控一些变电设备。由于缺乏看管，攻击者可轻易地使用非法装置来干扰这些变电设备上的传感器。如果变电设备的某些重要参数被篡改，后果将会极其严重。

(2) 信息传输主要靠无线通信方式，信号容易被窃取和干扰。物联网在信息传输中多使用无线传输方式，暴露在外的无线信号很容易成为攻击者窃取和干扰的对象，这会对物联网的信息安全产生严重的影响。例如，攻击者可以通过窃取感知节点发射的信号，来获取所需要的信息，甚至是用户的机密信息并据此来伪造身份认证，其后果不堪设想。同时，攻击者也可以在物联网无线信号覆盖的区域内，通过发射无线电信号来进行干扰，从而使无线通信网络不能正常工作，甚至瘫痪。例如，在物流运输过程中，嵌入在物品中的标签或读/写设备的信号受到恶意干扰，很容易造成一些物品的丢失。

(3) 出于低成本的考虑，传感器节点通常是资源受限的。物联网的许多应用通过部署大量的廉价传感器覆盖特定区域。廉价的传感器一般体积较小，使用能量有限的电池供电，其能量、处理能力、存储空间、传输距离、无线电频率和带宽都受到限制，因此传感器节点无法使用较复杂的安全协议，因而这些传感器节点或设备也就无法拥有较强的安全保护能力。攻击者针对传感器节点的这一弱点，可以通过采用连续通信的方式使节点的资源耗尽。

(4) 物联网中物品的信息能够被自动地获取和传送。物联网通过对物品的感知实现物物相联，如通过 RFID(射频识别)、传感器、二维识别码和 GPS 定位等技术能够随时随地且自动地获取物品的信息。同样这种信息也能被攻击者获取，在物品的使用者没有察觉的情况下，物品的使用者将会不受控制地被扫描、定位及追踪。这无疑对个人的隐私构成了极大的威胁。

物联网安全的总体需求是物理安全、信息采集的安全、信息传输的安全和信息处理的安全，而最终目标要确保信息的机密性、完整性、真实性和网络的容错性。一方面，物联网的安全性要求物联网中的设备自己必须是安全可靠的，不仅要可靠地完成设计规定的功能，更不能发生故障危害到人员或者其他设备的安全；另一方面，它们必须有能力防护自己，在遭受黑客攻击和外力破坏的时候仍然能够正常工作。

物联网的信息安全建设是一个复杂的系统工程，需要从政策引导、标准制定、技术研发等多个方面向前推进，提出坚实的信息安全保障手段，保障物联网健康、快速地发展。

5.1.2 物联网安全的特殊性

在传统的网络中，网络层的安全和业务层的安全相互独立，而物联网的特殊安全问题在很大一部分上是由于物联网是在现有移动网络基础上集合感知网和应用平台而形成的，移动网络中的大部分机制仍然可以适用于物联网并能够提供一定的安全机制，如认证机制、加密机制等，但需要根据物联网的特征对安全机制进行调整和补充。这使得物联网除面对移动通信网络的传统网络安全问题之外，还存在一些与已有的移动网络安全不同的特殊安全问题。

1. RFID 系统安全问题

RFID 作为一种非接触式的自动识别技术，通过射频信号自动识别目标对象并获取相关数据，可识别高速运动物体并可同时识别多个标签。识别工作无需人工干预，操作也非常方便。但是，RFID 技术的应用也面临一个不可忽视的安全问题，RFID 标签、网络和数据等各个环节都存在安全隐患。例如，消费物品的 RFID 标签可能被用于追踪及侵犯人们的位置隐私，贴有标签的商品可能被商业间谍充分利用，隐私侵犯者通过重写标签可以篡改物品信息等。

虽然与计算机和网络的安全问题类似，但 RFID 技术的安全问题要严峻得多，主要表现在以下几个方面：

(1) 各组件的安全脆弱性。在 RFID 系统中，数据随时受到攻击，不管是在传输中还是已经保存在标签、阅读器或在后端系统中。

(2) 数据的脆弱性。一方面每个标签拥有一个 IC，即一个带存储器的微芯片，攻击者可以通过阅读器或其他手段读取标签中的数据，在读/写标签的情况下，甚至可能改写或删除标签中的内容；另一方面，阅读器在收到数据以后，要进行一些相关的处理，在处理过程中，数据安全可能会受到类似计算机安全脆弱的问题。

(3) 通信的脆弱性。标签和阅读器互相传送数据通过无线电波进行，在这种交换中，攻击者可能截取数据或者阻塞、欺骗数据通信，甚至采用非法标签发送数据。

RFID 系统的主要安全攻击可简单地分为主动攻击和被动攻击两种类型。主动攻击包括以下三种：

(1) 利用获得的 RFID 标签实体，通过物理手段在实验室环境中去除芯封装。使用微探针获取敏感信号，进而进行目标 RFID 标签重构的复杂攻击。

(2) 通过软件并利用微处理器的通用通信接口，从而扫描 RFID 标签和响应阅读器的探询，寻求安全协议、加密算法及它们实现的弱点，进而删除 RFID 标签内容或篡改可重写 RFID 标签内容的攻击。

(3) 通过干扰广播、阻塞信道或其他手段，产生异常的应用环境，使合法处理器产生故障，拒绝服务的攻击等。

被动攻击主要包括以下两个方面：

(1) 通过采用窃听技术，分析微处理器正常工作过程中产生的各种电磁特征，以获得 RFID 标签和阅读器之间或其他 RFID 通信设备之间的通信数据。

(2) 通过阅读器等窃听设备，跟踪商品流通动态等。

主动攻击和被动攻击都使 RFID 应用系统承受巨大的安全风险。主动攻击通过物理或软件方法篡改标签内容，以及通过删除标签内容、干扰广播及阻塞信道等方法来扰乱合法处理器的正常工作，这是影响 RFID 应用系统正常使用的重要安全要素。尽管被动攻击不改变 RFID 标签的内容，也不影响 RFID 应用系统的正常工作，但它是获取 RFID 信息、个人隐私和物品流通信息的重要手段，这也是 RFID 应用系统的重要安全隐患。

2. 感知网络的传输与信息安全

物联网在很多场合都需要无线传输，对这种暴露在公开场所之中的信号，如果没有合适适的保护机制，很容易被窃取，也更容易被干扰。在这个过程中，它所面临的安全风险与 RFID 并没有本质区别。此外，感知节点呈现多源异构性，感知节点通常情况下功能简单、携带能量少，使得它们无法拥有复杂的安全保护能力；感知网络多种多样，从温度测量到水文监控、从道路导航到自动控制，它们的数据传输和消息没有特定的标准，因此没办法提供统一的安全保护体系。

1) 传感器节点被俘获

无线传感器网络(简称为传感器网络)在部署时，节点数目成千上万，管理者很难对每个节点进行有效的监控和保护，因而每个节点都是一个潜在的被攻击点，都能被攻击者进行物理和逻辑攻击。此外，传感器网络通常都部署在无人维护的野外环境中，这更加方便攻击者在俘获传感器节点后，可以通过传感器的编程接口(JTAG 接口)，修改或获取传感器节点中的敏感信息或代码，依据相关研究的分析，攻击者可利用简单的工具(计算机、UISP 自由软件)在不到一分钟的时间内可以把 EEPROM、Flash 和 SRAM 中所有的信息传输到计算机，通过汇编软件可以很方便地把获取的信息转换成汇编文件格式，从而分析出传感器节点所存储的程序代码、路由协议及密钥等机密信息，同时还可以修改程序代码，并加载到传感器节点。

很显然，目前通用的传感器节点具有很大的安全漏洞，攻击者通过此漏洞，可方便地获取传感器节点中的机密信息、修改传感器节点中的程序代码，如 Sybil 攻击使得传感器节点具有多个 ID，从而以多个身份在传感器网络中进行通信。另外，攻击者还可以通过获取存储在传感器节点中的密钥、代码等信息，从而伪造或伪装成合法节点加入传感器网络。一旦控制传感器网络中的一部分节点，攻击者就可发动很多种攻击，如监听传感器网络中传输的信息，向传感器网络中发布错误或虚假的路由信息、传送虚假的传感信息，进行拒绝服务攻击等。

针对传感器节点被攻击者俘获后可能产生严重的后果，同时又因为传感器节点容易被物理操纵是传感器网络不可回避的安全问题，所以必须通过其他的相关技术方案提高传感器网络的安全性能。

2) 信息窃听

根据无线传感器网络的传感信道经由无线传播网络随机部署的特点，网络攻击者很容易通过节点之间的传输而获得敏感或者私有的信息，如在通过无线传感器网络监控室内温度和灯光的应用中，部署在室外的无线接收器可以获取室内传感器发送过来的温度和灯光信息；同样，攻击者通过监听室内和室外节点间的信息传输，也可以获知室内信息，从而知道房屋主人的生活习性。目前，信息传输主要面临的威胁有以下几种：

(1) 中断。路由协议分组，特别是路由发现和更新消息时，会被恶意节点中断和阻塞。攻击者可以有选择地过滤控制消息和路由更新消息，并中断路由协议的正常工作。

(2) 拦截。路由协议传输的信息，如“保持有效”等命令和“是否在线”等查询，会被攻击者中途拦截，并重定向到其他节点，从而扰乱网络的正常通信。

(3) 篡改。攻击者通过篡改路由协议分组，破坏分组中信息的完整性，并建立错误的路由，造成合法的节点被排斥在网络之外。

(4) 伪造。无线传感器网络内部的恶意节点可能伪造虚假的路由信息，并把这些信息插入到正常的协议分组中，对网络造成破坏。

显然，如果对传输信息加密可以解决敏感信息被窃听的问题，但需要一个灵活强健的密钥管理方案，密钥管理方案必须容易部署且适合传感器节点资源有限的特点；另外，密钥管理方案还必须保证部分节点在被俘获后，不破坏整个网络的安全。由于传感器节点的内存资源有限，使得在传感器网络中实现大多数节点之间端到端的安全不切实际。

3) 信息私密性

无线传感器网络主要是用于收集监测对象的信息，网络攻击者可以通过窃听、加入伪造的非法节点等方式获取这些敏感信息，如果攻击者知道怎样从多路信息中获取有限信息的相关算法，就可通过大量获取的信息导出有效信息。攻击者通过远程监听无线传感器网络，从而获得大量的信息，并根据特定算法分析其中的私密问题。因此，攻击者无需使用物理接触传感器节点这种高风险的方式，使用远程监听这种方式单个攻击者就可同时获取多个节点传输信息的信息窃听方式。

3. 核心网络的传输与信息安全

相对于感知网络，核心网络具有相对完整的安全保护能力，但是由于物联网中节点数量庞大且以集群方式存在，因此在数据传播时，大量机器发送的数据使网络拥塞，从而产生拒绝服务攻击(DoS)。

DoS 主要用于破坏网络的可用性，减少、降低网络或系统执行某一功能的能力，如试图中断、颠覆或毁坏传感器网络，另外还包括硬件失败、软件 Bug、资源耗尽、环境条件等。这里主要考虑协议和设计层面的漏洞，很难确定一个错误(或一系列错误)是否是 DoS 所造成的。特别是在大规模的网络中，此时的传感器网络本身具有比较高的单个节点失效率。DoS 可以发生在物理层，如信道阻塞，这可能包括在网络中恶意干扰网络协议的传送或者物理损害传感器节点。攻击者还可以发起快速消耗传感器节点能量的攻击，例如，向目标节点连续发送大量无用信息，目标节点消耗能量处理这些信息，并把这些信息传送给其他节点。如果攻击者捕获传感器节点，那么还可伪造或伪装成合法节点发起这些 DoS，例如，它可以产生循环路由，从而耗尽这个循环中节点的能量。

4. 物联网业务的安全

由于物联网设备可能是先部署后连接网络，而物联网节点又无人看守，因此如何对物联网设备进行远程签约信息和业务信息配置就成了难题。另外，庞大且多样化的物联网平台必然需要一个强大而统一的安全管理平台，否则独立的平台会被各式各样的物联网应用淹没，这使得如何对物联网机器的日志等安全信息进行管理成为了新的问题，并且可能割裂网络与业务平台之间的信任关系，从而导致新一轮的安全问题。

5. 加密机制安全问题

信息在物联网中以数字信封的方式传送，以保证信息传输的机密性和完整性。信息发送者使用对称算法及对称密钥加密待传输的信息，再使用接收者的公钥加密对称密钥信息，拼装后发送。数字信封的加密可采用节点到节点加密(即逐跳加密)或端到端加密两种方式。如果采用逐跳加密，则数字信封的加密头在每跳节点需替换信封加密头，直至传送至终点。但是，由于逐跳加密方式在各节点都存在将加密消息解密的风险，因此逐跳加密对传输路径中各传送节点的可信任度要求很高。对于端到端的加密方式，它可以根据业务类型选择不同的安全策略，从而为高安全要求的业务提供高安全等级的保护措施。不过，其弊端是加密不能对消息的目的地址进行保护，因为每一个消息所经过的节点都以此目的地址确定如何传输消息。这导致端到端的加密方式不能掩盖被传输消息的源点与终点，并容易受到对通信业务的进一步分析而发起的恶意攻击。

6. 隐私安全问题

射频识别技术所具有的无线通信特点和物联网便捷的信息获取能力，导致信息安全措施不到位或者数据管理存在漏洞时，物联网就能使我们所生活的世界“无所遁形”，即可能面临黑客、病毒的袭击等威胁；嵌入射频识别标签的物品还可能不受控制地被跟踪、被定位和被识读，这势必带来对物品持有者个人隐私的侵犯或企业机密泄漏等问题，从而破坏信息被合法有序使用的要求，可能导致人们的生活、工作完全崩溃，社会秩序混乱，甚至直接威胁到人类的生命安全。发展物联网还会对现有的一些法律法规政策形成挑战，如信息采集的合法性问题、公民隐私权问题等。

5.1.3 物联网安全的关键技术

作为一种多网络融合的产物，物联网安全涉及各个网络的不同层次，在这些独立的网络中已实际应用了多种安全技术。

1. 密钥管理机制

密钥系统是安全的基础，是实现感知信息隐私保护的手段之一，了解密钥管理机制的原理是应用其解决物联网安全问题的前提。密钥管理机制要求其具备以下一些特性：

(1) 可扩展性：随传感器网络节点规的扩大，密钥协商过程所需的计算、存储和通信开销都随之增大，密钥管理机制必须适应不同规模的传感器网络。

(2) 有效性：由于传感器节点的存储、处理和通信能力严格受限，在设计传感器网络密钥管理机制时应考虑以下几个方面：

① 存储复杂度，用于保存通信密钥的存储空间使用情况。

② 计算复杂度，为生成通信密钥而必须进行的计算量的情况。

③ 通信复杂度，在通信密钥协商过程中必须传送的信息量的情况。

(3) 密钥连接：密钥连接是指节点之间直接建立通信密钥的概率。保持足够高的密钥连接概率是传感器网络发挥其功能的必要条件。由于传感器节点不可能与距离较远的其他节点直接通信，因此无需保证节点与其他所有节点保持安全连接，仅需确保相邻节点之间保持较高的密钥连接。

(4) 抗毁性：抗毁性是指密钥管理机制抵御节点受损的能力。抗毁性可表示为当部分节点受损后，未受损节点的密钥被暴露的概率。抗毁性越好，链路的受损程度越低。

密钥管理机制依赖基本的密码机制，可分为以下三类：① 采用对称密码技术的机制；② 采用非对称密码技术的机制；③ 采用对称、非对称技术结合的机制。不同的机制适用于不同的应用需求。对称密码技术的机制适用于对安全级别要求较低的传感器网络，如安全级别在三级以下的传感器网络宜采用基于对称密码技术的机制。对于安全级别要求较高的传感器网络，则采用基于非对称密码技术的机制。

一个密钥从产生到销毁必须经历一系列的状态，这些状态确定其生存周期，如图 5-1

所示，其三种主要的状态分别为：① 待激活状态。在待激活状态，密钥已产生好但并未激活来使用；② 激活状态。在激活状态，密钥用于按密码术处理信息；③ 次激活状态。若已知某个密钥已被泄露，应立即变为本状态，此时密钥将只用于解密或验证。

密钥在由一种状态向另一种状态变化时，经历如图 5-1 所示的转移过程："产生"是指产生密钥的过程，应根据指定的密钥产生规则进行；"激活"是使密钥生效，以便进行密码运算；"次激活"是限制密钥的使用，在密钥已过期或已被撤销的情况下执行该过程；"再激活"是使一个次激活密钥可重新用于密码运算；"销毁"是终止密钥的生存期，该过程不可逆，包括密钥的逻辑销毁，也可能包括物理销毁。传感器网络密钥管理机制涉及不同类型的密钥：密钥材料、共享密钥(包括直接密钥和路径密钥)、会话密钥。每种密钥从建立到撤销的整个有效期之内可能处在多个不同阶段，需根据具体应用需求对密钥进行维护和更新。

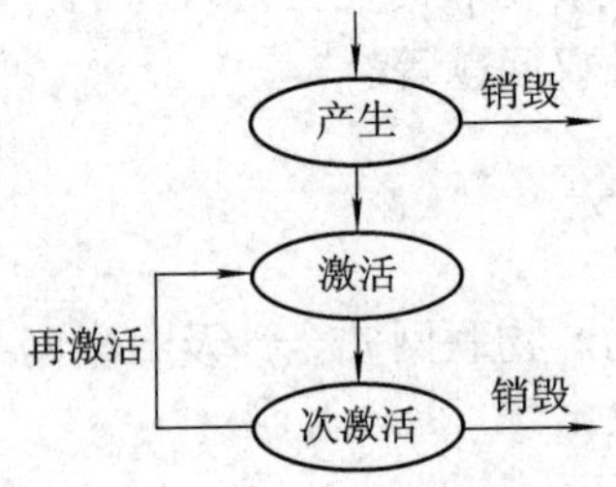

图 5-1 密钥的生存周期

不同的密钥类型生存期的长短不同，在同一个密钥材料的有效期内，共享密钥可能撤销和更新多次；在同一个共享密钥的有效期内，会话密钥可能撤销和更新多次。会话密钥在通信双方节点通信完成后即被销毁。会话密钥的泄露不能影响到共享密钥的安全。若某个共享密钥泄露，则可信第三方将其撤销，并与相关节点交互，分发更新的密钥。共享密钥的泄露并不说明密钥材料的泄露。但是，若某个密钥材料泄露，则相应的共享密钥必须撤销，并在密钥材料更新后重新建立共享密钥。

由于互联网不存在计算资源的限制，非对称和对称密钥系统都可以适用，互联网面临的安全问题主要来源于其最初的开放式管理模式的设计，它是一种没有严格管理中心的网络。移动通信网是一种相对集中管理的网络，而无线传感器网络和感知节点由于受计算资源的限制，对密钥系统提出了更多的要求。因此，物联网密钥管理系统面临两个主要问题：一是如何构建一个贯穿多个网络的统一密钥管理系统，并与物联网的体系结构相适应；二是如何解决传感器网络的密钥管理问题，如密钥的分配、更新、组播等问题。

实现统一的密钥管理系统可以采用两种方式：一是以互联网为中心的集中式管理方式，由互联网的密钥分配中心负责整个物联网的密钥管理，一旦传感器网络接入互联网，通过密钥中心与传感器网络汇聚节点进行交互，实现对网络中节点的密钥管理；二是以各自网络为中心的分布式管理方式，在此模式下，互联网和移动通信网比较容易解决，但在传感器网络环境中对汇聚点的要求比较高，尽管可以在传感器网络中采用簇头选择的方法，推选簇头，形成层次式网络结构，每个节点与相应的簇头通信，簇头之间及簇头与汇聚节点之间进行密钥的协商，但是对多跳通信的边缘节点以及由于簇头选择算法和簇头本身的能量消耗而言，使传感器网络的密钥管理成为解决问题的关键。

无线传感器网络密钥管理系统的设计在很大程度上受限于其自身的特征，因此在设计需求上与有线网络和传统的资源不受限制的无线网络有所不同，需特别充分考虑到无线传感器网络的传感器节点的限制和网络组网、路由的特征。它的安全需求主要体现在以下五个方面：

(1) 密钥生成或更新算法的安全：利用该算法生成的密钥应具备一定的安全强度，不能被网络攻击者轻易破解或者花很小的代价破解，即是加密后保障数据包的机密性。

(2) 前向私密：对中途退出无线传感器网络或者被俘获的恶意节点，在周期更新的密钥或者撤销后无法再利用先前所获知的密钥信息生成合法的密钥继续参与网络通信，即无法参加与报文解密或者生成有效的可认证的报文。

(3) 后向私密和可扩展：新加入无线传感器网络的合法节点可利用新分发或者周期更新的密钥参与网络的正常通信，即进行报文的加解密和认证行为等，而且能保障网络可扩展，即允许大量新节点加入。

(4) 抗同谋攻击：在无线传感器网络中，若干节点被俘获后，其所掌握的密钥信息可能造成网络局部范围泄密，但不应对整个网络的运行造成破坏性或损毁性的后果，即密钥系统要具有抗同谋攻击。

(5) 源端认证和新鲜：源端认证要求发送方身份可认证和消息可认证，即任何一个网络数据包都能通过认证和追踪寻找到其发送源，且不可否认。“新鲜”则保证合法的节点在一定的时延许可内能收到所需的信息。“新鲜”除和密钥管理方案紧密相关外，与无线传感器网络的时间同步技术和路由算法也有很大的关联。

2. 数据处理与隐私

物联网的数据经过信息感知、获取、汇聚、融合、传输、存储、挖掘、决策和控制等处理流程，而末端的感知网络几乎涉及上述信息处理的全过程，只是由于传感器节点与汇聚点的资源限制，在信息的挖掘和决策方面不占据主要的位置。物联网应用不仅面临信息采集的安全，也要考虑到信息传送的私密，要求信息不能篡改，也不被非授权用户使用，同时，还应考虑到网络可靠、可信和安全。

物联网能否大规模推广应用，很大程度上取决于其是否能保障用户数据和隐私的安全。就传感器网络而言，在信息的感知采集阶段应进行相关的安全处理，如对 RFID 标签采集的信息进行轻量级的加密处理后，再传送到汇聚节点。这里应关注的是对光学标签的信息采集处理与安全，作为感知端的物体身份标识，光学标签显示独特的优势，而虚拟光学的加密解密技术为基于光学标签的身份标识提供手段，基于软件的虚拟光学密码系统由于可以在光波的多个维度进行信息的加密处理，具有比一般传统的对称加密系统更高的安全性，数学模型的建立和软件技术的发展极大地推动该领域的研究和应用推广。数据处理过程涉及基于位置的服务与在信息处理过程中的隐私保护问题。

ACM 于 2008 年成立 SIGSPATIAL，致力于空间信息理论与应用研究。基于位置的服务是物联网提供的基本功能，也是定位、电子地图、基于位置的数据挖掘和发现、自适应表达等技术的融合。定位技术目前主要有 GPS 定位、基于手机的定位、无线传感器网络定位等。

无线传感器网络的定位主要是利用射频识别、蓝牙及 ZigBee 技术等。基于位置的服务面临严峻的隐私保护问题，这既是安全问题，也是法律问题。欧洲通过《隐私与电子通信法》，对隐私保护问题给出明确的法律规定。基于位置服务的隐私内容涉及两个方面：一是位置隐私；二是查询隐私。位置隐私的位置是指用户过去或现在的位置，而查询隐私是指对敏感信息的查询与挖掘，如某用户经常查询某区域的餐馆或医院，可以分析该用户的居住位置、收入状况、生活行为、健康状况等敏感信息，这容易泄露个人隐私信息，查询隐私是数据处理过程中的隐私保护问题。所以，出现了一个困难的选择：一方面希望提供尽可能精确的位置服务；另一方面又希望个人的隐私得到保护。这需要在技术上给以保证。目前的隐私保护方法主要有位置伪装、时空匿名、空间加密等。

3. 安全路由协议

物联网的路由跨越多类网络，有基于 IP 地址的互联网路由协议、有基于标识的移动通信网和无线传感器网络的路由算法。因此物联网至少解决两个问题：一是多网融合的路由问题；二是无线传感器网络的路由问题。前者可以考虑将身份标识映射成类似的 IP 地址，实现基于地址的统一路由体系；后者由于传感器网络计算资源的局限性和易受到攻击的特点，设计抗攻击的安全路由算法。目前，国内外学者提出多种无线传感器网络路由协议，这些路由协议最初的设计目标通常是以最小的通信、计算、存储开销完成节点间数据传输，但是这些路由协议大都没有考虑到安全问题。实际上，由于无线传感器节点的电量、计算能力、存储容量有限以及部署野外等特点，使它极易受到各类攻击。

无线传感器网络路由协议常受到的攻击主要有以下几类：虚假路由信息攻击、选择转发攻击、污水池攻击、女巫攻击、虫洞攻击、Hello 洪泛攻击、确认攻击等。针对无线传感器网络中数据传送的特点，目前已有许多较为有效的路由技术。按路由算法的实现方法划分，有洪泛式路由，如 Gossiping 等；以数据为中心的路由，如 Directed Diffusion、SPIN 等；层次式路由，如 LE、ACH、TEEN 等；基于位置信息的路由，如 GPSR、GEAR 等。

4. 认证与访问控制

认证指使用者采用某种方式“证明”身份，网络中的认证主要包括身份认证和消息认证。身份认证可以使通信双方确信对方的身份并交换会话密钥。保密性和及时性是认证的密钥交换中两个重要的问题。为了防止假冒和会话密钥泄密，用户标识和会话密钥必须以密文的形式传送，这就必须事先已有能用于这一目的的主密钥或公钥。因为可能存在消息重放，所以及时性非常重要，在最坏的情况下，攻击者可以利用重放攻击威胁会话密钥或者成功假冒另一方。

消息认证主要是指接收方希望能保证其接收的消息确实来自真正的发送方。有时收发双方不同时在线，例如，在电子邮件系统中，电子邮件消息发送到接收方的电子邮件，并一直存放在邮箱中直至接收方读取为止。广播认证是一种特殊的消息认证形式，其一方广播的消息被多方认证。传统的认证区分不同层次，网络层的认证负责网络层的身份鉴别，业务层的认证负责业务层的身份鉴别，两者独立存在。但是，在物联网中，业务应用与网络通信紧密结合，认证有其特殊性。例如，当物联网的业务由运营商提供时，那么可以充分利用网络层认证的结果而无需进行业务层认证；当业务是敏感业务如金融类业务时，一般业务提供者不信任网络层的安全级别，而使用更高级别的安全保护，那么这时需业务层认证；当业务是普通业务时，如气温采集业务等，业务提供者认为网络认证已经足够，那么无需业务层认证。

5. 入侵检测与容侵容错技术

容侵是指在网络中存在恶意入侵的情况下，网络仍然能正常地运行。无线传感器网络的安全隐患在于网络部署区域的开放特性及无线电网络的广播特性，攻击者往往利用这两个特性，阻碍网络中节点的正常工作，进而破坏整个传感器网络的运行，降低网络的可用性。无人值守的恶劣环境导致无线传感器网络缺少传统网络中的物理方面的安全，传感器节点很容易被攻击者俘获、毁坏或妥协。现阶段无线传感器网络的容侵技术主要集中于网络的拓扑容侵、安全路由容侵及数据传输过程中的容侵机制。

无线传感器网络可用性的另一个要求是网络的容错。一般意义上的容错是指在故障存在的情况下系统不失效，仍然能正常工作的特性。无线传感器网络的容错是指当部分节点或链路失效后，网络能恢复传输数据或者网络结构自愈，从而尽可能减小节点或链路失效对无线传感器网络功能的影响。由于传感器节点在能量、存储空间、计算能力和通信带宽等诸多方面都受限，而且通常工作在恶劣的环境中，网络的传感器节点经常出现失效的状况。因此，容错成为无线传感器网络中一个重要的设计因素，容错技术也是无线传感器网络研究的一个重要领域。

目前，相关领域的研究主要集中在以下三个方面：

(1) 网络拓扑中的容错。通过对无线传感器网络设计合理的拓扑结构，保证网络出现断裂的情况下能正常进行通信。

(2) 网络覆盖中的容错。无线传感器网络的部署阶段主要研究在部分节点、链路失效的情况下，如何事先部署或事后移动、补充传感器节点，从而保证对监测区域的覆盖和保持网络节点之间的连通。

(3) 数据检测中的容错机制。主要研究在恶劣的网络环境中，当一些特定事件发生时，处于事件发生区域的节点如何能正确获取数据。

目前，已有的一种无线传感器网络的容侵框架，其包括以下三个部分：

(1) 判定恶意节点。其主要任务是找出网络中的攻击节点或被妥协的节点。一种判定机制是基站随机发送一个通过公钥加密的报文给节点，为回应这个报文，节点必须利用其私钥对报文进行解密并回送给基站，如果基站长时间接收不到节点的回应报文，则认为该节点可能遭受入侵；另一种判定机制是利用邻居节点的签名。如果节点发送数据包给基站，则必须获得一定数量的邻居节点对该数据包的签名，当数据包和签名到达基站后，基站通过验证签名的合法性来判定数据包的合法性，进而判定节点为恶意节点的可能性。

(2) 发现恶意节点后启动容侵机制。当基站发现网络中可能存在的恶意节点后，则发送一个信息包告知恶意节点周围的邻居节点可能的入侵情况。因为还不能确定节点是恶意节点，邻居节点只是将该节点的状态修改为容侵，即节点仍然能在邻居节点的控制下进行数据转发。

(3) 通过节点之间的协作，对恶意节点的处理决定(排除或是恢复)：一定数量的邻居节点产生编造的报警报文，并对报警报文进行正确的签名，然后将报警报文转发给恶意节点。邻居节点监测恶意节点对报警报文的处理情况。正常节点在接收到报警报文后，产生正确的签名，而恶意节点则可能产生无效的签名。邻居节点根据接收到恶意节点的无效签名的数量确定节点是恶意节点的可能性。通过各个邻居节点对节点是恶意节点信息的判断，选择攻击或放弃。根据无线传感器网络中不同的入侵情况，可以设计出不同的容侵机制，如无线传感器网络中的拓扑容侵、路由容侵和数据传输容侵等机制。

6. 决策与控制安全

物联网的数据是双向流动的信息流，主要表现是：一是从感知端采集物理世界的各种信息，经过数据的处理，存储在网络的数据库中；二是根据用户的需求，进行数据的挖掘、决策和控制，实现与物理世界中任何互连物体的互动。在数据采集处理中讨论相关的隐私等安全问题，而决策控制又涉及另一个安全问题，如可靠性等。前面讨论的认证和访问控制机制可以对用户进行认证，合法的用户才能使用相关的数据，并对系统进行控制操作，但问题是如何保证决策和控制正确和可靠。在传统的无线传感器网络中，侧重对感知端的信息获取，对决策控制的安全考虑不多，互联网的应用也侧重于信息的获取与挖掘，较少应用对第三方的控制。物联网中对物体的控制是重要的组成部分，需进一步更深入研究。

5.2 物联网分层安全体系

物联网会遇到各式各样的安全问题，如智能感知节点的自身安全问题、假冒攻击、数据驱动攻击、恶意代码攻击、拒绝服务、物联网业务的安全问题、信息安全问题、传输层和应用层的安全隐患等。

综合而言，物联网从安全上讲涉及信息安全感知、可靠感知数据传输和安全信息操控。从层面上讲，涉及感知层、网络层、处理层和应用层四个层面，如图 5-2 所示。

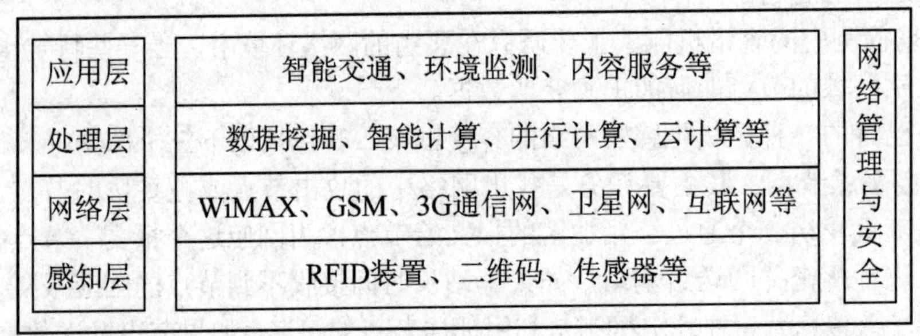

图 5-2　物联网的网络安全管理层面

一般认为，物联网系统的安全性主要有八个尺度：读取控制、隐私保护、用户认证、不可抵耐性、数据保密性、通信层安全、数据完整性、随时可用性。

以上前四项主要处在物联网的应用层，后四项主要位于网络层和感知层。其中“隐私权”和“可信度”(数据完整性和保密性)问题在物联网体系中尤其受关注。另外，对于物联网的安全，可以参照互联网所设计的安全防范体系，在感知层、网络层和应用层分别设计相应的安全防范体系。物联网的安全技术架构如图 5-3 所示。

在感知层中，目前主要的安全技术包括基本安全框架、密钥分配、安全路由、入侵检测和加密技术等。入侵检测技术常常作为信息安全的第二道防线。由于物联网节点资源受限，不可能在每个节点上运行一个全功能的入侵检测系统，因此如何在传感网中合理地分布，有待进一步研究。在传输层中，物联网接入方式主要依靠移动通信网络，主要和移动网的安全相关，还与接入设备、接入方式有关，存在无线窃听、身份假冒和数据篡改等不安全的因素。在应用层中，海量数据信息处理和业务控制策略将在安全性和可靠性方面面临巨大挑战，特别是业务控制、管理和认证机制、中间件以及隐私保护等安全问题尤为突出。

应用环境安全技术 可信终端、身份验证、访问控制、安全审计等
网络环境安全技术 无线网安全、虚拟专用网、传输安全、安全路由、防火墙 安全域策略、安全审计等
信息安全防御关键技术 攻击监测、内容分析、病毒防治、访问控制、应急反应、战略预警等
信息安全基础核心技术 密码技术、高速密码芯片、公钥基础设施PKI、信息系统平台安全等

图 5-3 物联网的安全技术架构

下面针对感知层、网络传输层、信息处理及应用层的安全问题分别进行阐述。

5.2.1 感知层的安全问题

感知层处于物联网的最底层，是物联网的原始数据来源地，也是许多物联网应用层控制硬件实现端。因此，物联网感知层要实现感知和控制的功能，一旦感知层的节点受到攻击，不仅可以破坏数据的正确来源，还会造成控制的失败，从而破坏物联网的正常工作。

物联网感知层的典型设备包括 RFID 装置、各类传感器(如红外、超声、温度、湿度、速度等传感器)、图像捕捉装置(摄像头)、全球定位系统(GPS)、激光扫描仪等。物联网在感知层采集数据时，其信息传输方式主要采用无线网络传输，对这种暴露在公共场所中的信号，如果缺乏有效保护措施，很容易被非法监听、窃取、干扰；而且在物联网的应用中，大量使用传感器来标示设备，由人或计算机远程控制来完成一些复杂、危险或高精度的操作，在此种情况下，物联网中的这些设备大多部署在无人监控的地点完成任务，那么攻击者就会比较容易地接触到这些设备，从而可以对这些设备或其承载的传感器进行破坏，甚至通过破译传感器通信协议，对它们进行非法操控。感知节点的另外一个问题是功能单一、能量有限、数据传输和消息也没有特定的标准，这也为提供统一的安全保护体系带来了障碍。

在感知层，一般感知信息要通过一个或多个与外界网连接的网关节点(Sink 或 Gateway)作为感知层和网络层的联系渠道，但一旦网关节点被破坏，感知层的信息将无法传递到网络层。

感知层的安全问题主要有以下几个方面：

(1) 传感器网络的普通节点被敌手捕获，为入侵者对物联网发起攻击提供了可能性。

(2) 传感器网络的网关节点被敌手控制，安全性全部丢失。

(3) 尽管现有的互联网具备相对完整的安全保护能力，但由于互联网中存在着数量庞大的节点，将会导致大量的数据同时发送，使得传感器节点(普通节点或网关节点)容易受到来自于网络的拒绝服务攻击(DoS)。

(4) 对接入到物联网的超大量传感器节点的标识、识别、认证和控制问题。

根据物联网本身的特点和上述列举的物联网感知层在安全方面存在的问题，需要采取有效的防护对策，主要有以下几个方面：

(1) 加强对传感器网络机密性的安全控制。在传感器网络内部，需要有效的密钥管理机制，用于保障传感器网络内部通信的安全。机密性需要在通信时建立一个临时会话密钥，确保数据安全。例如，在物联网构建中选择射频识别系统，应该根据实际需求考虑是否选择有密码和认证功能的系统。

(2) 加强节点认证。个别传感器网络(特别当传感数据共享时)需要节点认证，确保非法节点不能接入。认证性可以通过对称密码或非对称密码方案解决。使用对称密码的认证方案需要预置节点间的共享密钥，在效率上也比较高，消耗网络节点的资源较少，许多传感器网络都选用此方案；而使用非对称密码技术的传感器网络一般具有较好的计算和通信能力，并且对安全性要求更高。在认证的基础上完成密钥协商是建立会话密钥的必要步骤。

(3) 加强入侵监测。一些重要传感器网络需要对可能被敌手控制的节点行为进行评估，以降低敌手入侵后的危害。对于敏感场合，节点要设置封锁或自毁程序，发现节点离开特定应用和场所，启动封锁或自毁，使攻击者无法完成对节点的分析。

5.2.2 网络层的安全问题

处于网络末端的节点的传输如感知层的问题一样，节点功能简单，能量有限，使得它们无法拥有复杂的安全保护能力，这给网络层的安全保障带来困难。

物联网的传输层主要用于把感知层收集到的信息安全可靠地传输到信息处理层，然后根据不同的应用需求进行信息处理，而网络层是一个高度异构的网络。物联网的网络系统包括四大支撑网络：短距离无线通信网，包括十多种已存在的短距离无线通信(如 ZigBee、蓝牙、RFID 等)标准网络以及组合形成的无线网状网(Mesh Networks)；长距离无线通信网，包括 GPRS/CDMA、3G、4G 网以及真正的长距离 GPS 卫星移动通信网；短距离有线通信网，主要依赖十多种现场总线(如 ModBus、DeviceNet 等)标准以及 PLC 电力线载波等网络；长距离有线通信网，包括支持 IP 协议的网络，包括计算机网、广电网和电信网以及国家电网的通信网等。

物联网传输层的异构网络信息交换的安全性是其中的脆弱点，特别在网络认证方面，难免存在中间人攻击和其他类型的攻击。这些攻击都需要有更高的安全防护措施。目前局部的或小规模的物联网示范工程项目尚不存在太多的信息安全问题，一方面，由于这些示范工程一般自成体系，很少与其他网络互通，因此受到的攻击来源少；另一方面，由于示范工程使用规模有限，潜在的攻击者也不愿意为此花费太大的投入，因此相对比较安全。但是，一旦这些示范工程将来发展成为真正物联网的一部分，当前看似安全的体系可能在将来会面临重大安全隐患。如何在物联网建立初期就建立严格规范的信息安全架构，关系到这些系统能否在真正物联网系统下提供良好的安全措施或能够对安全措施进行升级，以保障系统的可用性。

对于核心承载网络而言，虽然它具有相对完整的安全保护能力，但由于物联网中节点数量庞大，且常以集群方式存在。对于事件驱动的应用，大量数据的同时发送可以致使网络拥塞，产生拒绝服务攻击。物联网中的感知层所获取的感知信息，通常由无线网络传输至系统，相比 TCP/IP 网络，恶意程序在无线网络环境和传感器网络环境中有无穷多的入口。

对这种暴露在公开场所之中的信息如果没做合适保护的话更容易被入侵，例如，类似于蠕虫这样的恶意代码，一旦入侵成功，其传播性、隐蔽性、破坏性等更加难以防范，在这样的环境中检测和清除这样的恶意代码将很困难，这将直接影响到物联网体系的安全。物联网建立在互联网的基础上，对互联网的依赖性很高，在互联网中存在的危害信息安全的因素在一定程度上同样也会造成对物联网的危害。随着互联网的发展，病毒攻击、黑客入侵、非法授权访问均会对互联网用户造成损害。物联网中感知层的传感器设备数量庞大，所采集的数据格式多种多样，而且其数据信息具有海量、多源和异构等特点，因此，在传输层会带来更加复杂的网络安全问题。大量节点的数据传输需求会导致网络拥塞，产生拒绝服务攻击。此外，现有通信网络的安全架构都是以人通信的角度设计的，对以物为主体的物联网需要建立新的传输与应用安全架构。

传输层的安全要求有以下几个方面：

(1) 数据机密性：要保证数据在传输过程中不泄露内容。

(2) 数据完整性：要保证数据在传输过程中不被非法篡改，并且被篡改的数据容易被检测出。

(3) 数据流机密性：对数据流量进行保密，防止数据流量信息被非法窃取。

(4) 分布式拒绝服务攻击(DDoS)的检测与预防：DDoS 是网络中常见的攻击现象，在物联网中要能及时检测到 DDoS 的发生，并能对脆弱节点如网关的 DDoS 进行防护。

(5) 移动网络中认证与密钥协商(AKA)机制的一致性或兼容性、跨越认证和跨网认证等，如不同无线网络所使用的不同 AKA 机制对跨网认证不利。

传输层的信息安全问题主要有以下几个方面：

(1) DoS 和 DDoS。

(2) 假冒攻击、中间人攻击等。

(3) 跨异构网络的网络攻击。

物联网传输层的信息安全防护：

传输层的安全机制分为端到端的机密性和节点到节点的机密性。端到端的机密性的安全机制可以保证数据完整性，其主要安全机制包括：端到端的认证机制；端到端的密钥协商机制；端到端的密钥管理机制；端到端的机密性算法选取机制等。对于节点到节点的安全性机制主要包括节点的认证和密钥协商机制。对于跨网络的安全形式需要建立不同网络环境的认证衔接机制。此外，网络传输可以根据需要分为单播通信、组播通信和广播通信，针对不同类型的通信模式要有相应的认证机制和机密性保护机制。

综合以上情况，传输层的安全架构主要包括以下几个方面：

(1) 节点认证、数据机密性、完整性、数据流机密性、DDoS 的检测与预防。

(2) 移动网中 AKA 机制的一致性或兼容性、跨域认证和跨网认证。

(3) 密钥管理、端对端加密和节点对节点加密、密码算法和协议等。

(4) 组播和广播通信的认证性、机密性和完整性机制等。

5.2.3 处理层的安全问题

物联网的处理层是信息技术与行业应用紧密结合的产物，充分体现了物联网智能处理的特点，涉及业务管理、中间件、云计算、分布式系统、海量信息处理等部分。上述这些支撑平台要为上层服务管理和大规模行业应用建立起一个高效、可靠和可信的系统，而大规模、多平台、多业务类型使物联网业务层次的安全面临新的挑战，例如，针对不同的行业应用建立相应的安全策略，还是建立一个相对独立的安全架构。另外考虑到物联网涉及多领域多行业，海量数据信息处理和业务控制策略将在安全性和可靠性方面面临巨大挑战，特别是业务控制、管理和认证机制、中间件以及隐私保护等安全问题显得尤为突出。

物联网处理层的智能信息处理主要包括如何从网络中接收信息，并判断哪些信息是真正有用的信息，哪些是垃圾信息甚至是恶意信息。实际上，智能处理就是按照一定的规则、定义或者计算模型，对数据信息进行过滤和判断的过程，在这个处理过程中，除病毒、蠕虫之外，攻击者还会利用系统漏洞实施拒绝服务攻击(DoS)、分布式拒绝服务攻击(DDoS)、木马程序、间谍软件、垃圾邮件以及网络钓鱼等攻击。应用层的系统本身还可能存在安全漏洞，这些系统安全漏洞是指系统在逻辑设计上的缺陷或错误，这个缺陷或错误可以被攻击者利用，通过植入木马、病毒等方式来攻击或控制整个系统，从而窃取重要资料和信息，甚至破坏系统。漏洞会影响到的范围很大，包括系统本身及其支撑软件，网络客户和服务器软件，网络路由器和安全防火墙等。在这些不同的软硬件设备中都可能存在不同的安全漏洞问题，在不同种类的软、硬件设备，同种设备的不同版本之间，由不同设备构成的不同系统之间以及同种系统在不同的设置条件下，都会存在各自不同的安全漏洞问题。

1. 处理层的安全挑战和安全需求。

物联网处理层的智能技术需要自动处理技术，其目的是使处理过程方便迅速，而非智能的处理手段可能无法应对海量数据。但自动过程对恶意数据特别是恶意指令信息的判断能力是有限的，而智能也仅限于按照一定规则进行过滤和判断，攻击者很容易避开这些规则，因此处理层的安全挑战包括以下几个方面：

(1) 来自于超大量终端的海量数据的识别和处理。

(2) 智能变为低能。

(3) 自动变为失控(可控性是信息安全的重要指标之一)。

(4) 灾难控制和恢复。

(5) 非法人为干预(内部攻击)。

(6) 设备(特别是移动设备)的丢失。

物联网需要处理的信息是海量的，需要处理的平台也是分布式的。当不同性质的数据通过一个处理平台处理时，该平台需要多个功能各异的处理平台协同处理。但首先应该知道将哪些数据分配到哪些处理平台，因此数据类别分类是必需的。同时，安全的要求使得许多信息都是以加密形式存在的，因此如何快速有效地处理海量加密数据是智能处理阶段遇到的一个重大挑战。

计算技术的智能处理过程较人类的智力来说还是有本质的区别，但计算机的智能判断在速度上是人类智力判断所无法比拟的，由此，期望物联网环境的智能处理在智能水平上不断提高，而且不能用人的智力去代替。也就是说，只要智能处理过程存在，就可能让攻击者有机会躲过智能处理过程的识别和过滤，从而达到攻击目的。因此，物联网的传输层需要高智能的处理机制。

如果智能水平很高，那么可以有效识别并自动处理恶意数据和指令。但再好的智能也存在失误的情况，特别在物联网环境中，即使失误概率非常小，因为自动处理过程的数据量非常庞大，因此失误的情况还是很多。在处理发生失误而使攻击者攻击成功后，如何将攻击所造成的损失降低到最小，并尽快从灾难中恢复到正常工作状态，是物联网智能处理层的另一重要问题，也是一个重大挑战。

智能处理层虽然使用智能的自动处理手段，但还是允许人为干预的。人为干预可能发生在智能处理过程无法做出正确判断的时候，也可能发生在智能处理过程有关键中间结果或最终结果的时候，还可能发生在其他任何原因而需要人为干预的时候。人为干预的目的是为了处理层更好地工作，但也有例外，那就是实施人为干预的人试图实施恶意行为。来自于人的恶意行为具有很大的不可预测性，防范措施除了技术辅助手段外，更多地需要依靠管理手段。因此，物联网的信息保障还需要科学的管理手段。

智能处理平台的大小不同，大的可以是高性能工作站，小的可以是移动设备，如手机等。工作站的威胁是内部人员恶意操作，而移动设备的一个重大威胁是丢失。由于移动设备不仅是信息处理平台，而且其本身通常携带大量重要机密信息，因此，如何降低作为处理平台的移动设备丢失所造成的损失是重要的安全挑战之一。

2. 处理层的安全机制

处理层的安全机制主要有以下几个方面：

(1) 可靠的认证机制和密钥管理方案。

(2) 高强度数据机密性和完整性服务。

(3) 可靠的密钥管理机制，包括 PKI 和对称密钥的有机结合机制。

(4) 可靠的高智能处理手段。

(5) 入侵检测和病毒检测。

(6) 恶意指令分析和预防，访问控制及灾难恢复机制。

(7) 保密日志跟踪和行为分析，恶意行为模型的建立。

(8) 密文查询、秘密数据挖掘、安全多方计算、安全云计算技术等。

(9) 移动设备文件(包括秘密文件)的可备份和恢复。

(10) 移动设备识别、定位和追踪机制等。

5.2.4 应用层的安全问题

物联网应用层是综合的或有个体特性的具体应用业务，它所涉及的某些安全问题通过前面几个逻辑层的安全解决方案可能仍然无法解决。在这些问题中，隐私保护就是典型的一种。无论感知层、传输层还是处理层，都不涉及隐私保护的问题，但它却是一些特殊应用场景的实际需求，即应用层的特殊安全需求。物联网的数据共享有多种情况，涉及不同权限的数据访问。此外，在应用层还将涉及知识产权保护、计算机取证、计算机数据销毁等安全需求和相应技术。由于物联网需要根据不同应用需求对共享数据分配不同的访问权限，而且不同权限访问同一数据可能得到不同的结果。例如，道路交通监控视频数据用于城市规划时只需要很低的分辨率即可，因为城市规划需要的是交通堵塞的大概情况；而当用于交通管制时就需要清晰一些，因为需要知道交通实际情况，以便能及时发现哪里发生了交通事故以及交通事故的基本情况等；当用于公安侦查时可能需要更清晰的图像，以便能准确识别汽车牌照等信息。因此如何以安全方式处理信息是应用中的一项挑战。

随着个人和商业信息的网络化，越来越多的信息被认为是用户隐私信息。物联网实现对物体的监控，如位置信息、状态信息等，而这些信息与人的本身密切相关。如当射频标签被嵌入人们的日常生活用品中，那么这个物品可能被不受控制地扫描、定位和追踪，这就涉及隐私问题，需要利用技术保障安全与隐私。另外，由物联网的应用带来的隐私问题，也会对现有的一些法律法规政策形成挑战，如信息采集的合法性问题、公民隐私权问题等。例如，如果个人的信息在任何一个读卡器上都能随意读出，或者个人的生活起居信息、生活习性都可以被全天候监视而暴露无遗，这不仅仅需要技术实现保障安全，也需要制定法律法规来保护物联网时代的安全与隐私问题。

一般认为需要隐私保护的应用至少包括以下几种：

(1) 移动用户既需要知道(或被合法知道)其位置信息，又不愿意非法用户获取该信息。

(2) 用户既需要证明自己合法使用某种业务，又不想让他人知道自己在使用某种业务，如在线游戏。

(3) 病人急救时需要及时获得该病人的电子病历信息，但又要保护该病历信息不被非法获取，包括病历数据管理员。事实上，电子病历数据库的管理人员可能有机会获得电子病历的内容，但隐私保护采用某种管理和技术手段使病历内容与病人身份信息在电子病历数据库内无关联。

(4) 许多业务需要匿名性，如网络投票。在很多情况下，用户信息是认证过程的必要信息，如何对这些信息提供隐私保护，是一个具有挑战性的问题，但又必须要解决的问题。例如，医疗病历的管理系统需要病人的相关信息来获取正确的病历数据，但又要避免该病历数据跟病人的身份信息相关联。在应用过程中，主治医生知道病人的病历数据，这种情况下对隐私信息的保护具有一定困难性，但可以通过密码技术掌握医生泄露病人病历信息的证据。

在使用互联网的商业活动中，特别是在物联网环境的商业活动中，无论采取了什么技术措施，都难免恶意行为的发生。如果能根据恶意行为所造成后果的严重程度给予相应的惩罚，那么就可以减少恶意行为的发生。在技术上这需要搜集相关证据。因此，计算机取证就显得非常重要，当然有一定的技术难度，主要是因为计算机平台种类太多，包括多种计算机操作系统、虚拟操作系统、移动设备操作系统等。与计算机取证相对应的是数据销毁。数据销毁的目的是销毁那些在密码算法或密码协议实施过程中所产生的临时中间变量，一旦密码算法或密码协议实施完毕，这些中间变量将不再有用。但这些中间变量如果落入攻击者手里，可能为攻击者提供重要的参数，从而增大成功攻击的可能性。因此，这些临时中间变量需要及时安全地从计算机内存和存储单元中删除。计算机数据销毁技术不可避免地会被计算机犯罪提供证据销毁工具，从而增大计算机取证的难度。因此如何处理好计算机取证和计算机数据销毁这对矛盾是一项具有挑战性的技术难题，也是物联网应用中需要解决的问题。

物联网的主要市场将是商业应用，在商业应用中存在大量需要保护的知识产权产品，包括电子产品和软件等。在物联网的应用中，对电子产品的知识产权保护将会提高到一个新的高度，对应的技术要求也是一项新的挑战。

应用层的安全挑战和安全需求主要有以下几个方面：

(1) 如何根据不同访问权限对同一数据库内容进行筛选。

(2) 如何提供用户隐私信息保护，同时又能正确认证。

(3) 如何解决信息泄露追踪问题。

(4) 如何进行计算机取证。

(5) 如何销毁计算机数据。

(6) 如何保护电子产品和软件的知识产权。

基于物联网综合应用层的安全挑战和安全需求，需要以下的安全机制：

(1) 有效的数据库访问控制和内容筛选机制。

(2) 不同场景的隐私信息保护技术。

(3) 叛逆追踪和其他信息泄露追踪机制。

(4) 有效的计算机取证技术。

(5) 安全的计算机数据销毁技术。

(6) 安全的电子产品和软件的知识产权保护技术。

针对这些安全架构，需要发展相关的密码技术，包括访问控制、匿名签名、匿名认证、密文验证(包括同态加密)、门限密码、叛逆追踪、数字水印和指纹技术等。

5.3 物联网面临的其他安全风险

5.3.1 云计算面临的安全风险

鉴于云计算是架构在传统服务器设施上的一种服务的交互和使用模式，因此传统互联网环境下存在的诸多安全问题都可能在云计算环境中出现，加之云计算规模大、价格低、资源共享等自身特点，可能会在网络上引入新的安全风险或改变原有的安全风险影响程度和范围。下面针对云计算的几个特点，简要分析一下云计算可能面临的安全风险。

(1) 云计算资源被滥用的风险。如上所述，“云”拥有非常庞大的资源。首先，基础设施即服务(IaaS)供应商为方便用户租用资源，通常其登记程序管理都是不很严格的，目前任何一个持有有效信用卡的人都可以注册并能立即使用云计算服务；其次，由于云计算资源租用服务价格低廉，因此网络犯罪分子可以很容易地租用到海量的计算和带宽资源进行分布式拒绝服务攻击(DDoS)或进行恶意破解盗取身份。当前，企业甚至网络运营商所部署的流量清洗系统的规模，是很难抵御来自云计算的攻击的。

(2) 对网络违法行为调查和溯源的风险。首先，由于在云计算广泛应用的情况下，计算、存储、带宽服务可在全球跨国获取，并可使用被盗窃的信用卡支付，因此对网络犯罪行为很难进行追查。甚至部分资源可以是第三方普通用户租用给云计算服务商的，溯源尤为困难；同时，不同国家和地域的有关云计算服务提供者的法律法规不尽相同，对各种违法行为调查和溯源的取证需求也各不相同。例如，在某些国家展开调查时，云计算服务商可能有权拒绝提交所托管的数据。因此可以预期，在云计算环境下对网络犯罪行为的调查和溯源可能会存在着风险。

(3) 安全管理的风险。虽然企业用户将数据交给云计算服务商，但是网络信息安全的相关事宜却仍然由企业自身负责。一般而言，企业用户会委托第三方安全服务机构进行安全审计、安全评估及安全认证。但在云计算环境下，首先，由于用户甚至不知道其数据存放的地点，因此很难实施安全审计、评估及认证，云计算拥有者也可能不会配合用户自身发起的安全审计与评估；其次，云计算拥有者即使委托第三方进行相关安全审计，其结果也未必能适用于各个云计算用户；同时，云计算环境下的用户信息设施安全审计、评估及认证方法，目前也还在研究之中。

(4) 数据访问优先权的风险。一般而言，租用云计算存储、虚拟机、平台等资源的用户都希望能保障数据的机密性。但是，在用户将数据交给云计算服务提供商后，数据实际的最高权限属于云计算服务提供商，而不是数据的真正拥有者。这样，如果云计算服务提供商内部有恶意员工(这种可能通常是存在的)，用户的企业秘密就很可能被泄露出去。虽然不少云计算服务提供商也意识到了这种风险的存在，并提供了一些管理和技术手段(如风险提示机制、同态加密技术等)予以防范，但是用户还是应该关注此类风险。

(5) 计算和存储共享的风险。在云计算服务平台上，用户可能通过虚拟化技术共享CPU、内存、硬盘、网络带宽。如果为此采用加密技术，可能需增加额外的计算能力和处理时间，并因此而降低效率，且即使是采用了加密手段，也不能保证万无一失。在虚拟化技术下，如果恶意用户非法取得虚拟机权限，就有可能威胁到同一台物理服务器上其他虚拟机。一般而言，隔离措施是现在最好的手段，但具体隔离技术的选择及效果评估目前仍在进一步研究之中。

(6) 高可靠性的风险。一般而言，云计算可能会采用一些不是最先进最强大的服务器和存储设备，而是通过采用虚拟化技术将计算和存储能力分摊到很多物理设备上。即使某一时刻服务所在设备的可靠性达不到用户所要求的99.99%，甚至99.999%，云计算服务提供商可通过迁移来虚拟资源以保障其高可靠性。但即使采用了技术 / 管理措施，也仍然存在着云计算服务平台高可靠性方面的风险忧虑，用户应当充分了解服务提供者在业务可持续性、数据可恢复性能力及恢复时间等方面的真实水平。

(7) 企业用户长期发展方面的风险。在当前云计算环境下，无论是基础设施即服务(IaaS)、平台即服务(PaaS)或是软件即服务(SaaS)，都还缺乏服务整体迁移方面的标准和手段。如果用户选用了某一家云计算服务提供商，最理想的状态是双方共同发展与共赢。但是，如果云计算服务提供商破产或被并购而不能有效提供服务，用户的业务和服务则有可能会出现中断或不稳定等风险。

(8) 非技术领先国家面临的风险。云计算的主要技术都是由美国 Google、IBM、微软等公司提出并推动的。虽然国外公司在云计算方面并不封锁，例如，Google 公司还以发表学术论文的形式公开了其云计算核心技术(如 GFS、MapReduce、BigTable)并在高校开设了云计算编程课程，但是对包括我国在内的非技术领先国家来说，在虚拟化等关键技术方面并不掌握核心技术(大多是在一些开源代码上做一些修改)。因此，与大规模采用进口设备可能存在的“后门”风险一样，大规模部署云计算同样也会存在着类似的安全风险。

(9) 其他未知的风险。自 2006 年推出云计算概念以来公用云服务也才刚开始推出。虽然当前云计算服务并没有暴露出太多的问题，但是毕竟还没有经受过长时间的考验，因此可能还存在着其他众多的技术、管理、法规上的未知风险。

5.3.2 WLAN面临的安全风险

1. WLAN的安全现状

由于无线局域网通过无线电波在空中传输数据，因此在数据发射机覆盖区域内的几乎任何一个无线局域网用户都能接触到这些数据。无论接触数据者是在另外一个房间、另一层楼或是在本建筑之外，无线就意味着会让人接触到数据。与此同时，要将无线局域网发射的数据仅仅传送给一名目标接收者是不可能的。而防火墙对通过无线电波进行的网络通信起不了作用，任何人在视距范围之内都可以截获和插入数据。因此，虽然无线网络和无线局域网的应用扩展了网络用户的自由，它安装时间短，增加用户或更改网络结构时灵活、经济，可提供无线覆盖范围内的全功能漫游服务。然而，这种自由同时也对网络安全性带来了新的挑战。

安全性包括两个方面：一个是访问控制；另一个是保密性。访问控制确保敏感的数据仅由获得授权的用户访问。保密性则确保传送的数据只被目标接收者接收和理解。由上述可见，真正需要重视的是数据保密性，但访问控制也不可忽视，如果没有在安全性方面进行精心的建设，部署无线局域网将会给黑客和网络犯罪开启方便之门。无线局域网必须考虑的安全威胁有以下几种：

(1) 所有常规有线网络存在的安全威胁和隐患都存在。

(2) 外部人员可以通过无线网络绕过防火墙，对公司网络进行非授权存取。

(3) 无线网络传输的信息没有加密或者加密很弱，易被窃取、窜改和插入。

(4) 无线网络易被拒绝服务攻击(DoS)和干扰。

(5) 内部员工可以设置无线网卡为P2P模式与外部员工连接。

(6) 无线网络的安全产品相对较少，技术相对比较新。

2. WLAN面临的主要风险

事实上，无线网络受大量安全风险和安全问题的困扰，其中主要包括以下几个方面：

(1) 来自网络用户的进攻。

(2) 未认证的用户获得存取权。

(3) 来自公司的窃听泄密等。

针对以上威胁问题，常规的无线网络安全技术有以下几种：

(1) 服务集标识符(Service Set ID，SSID)。通过对多个无线接入点AP设置不同的SSID，并要求无线工作站出示正确的SSID才能访问AP，这样就可以允许不同群组的用户接入，并对资源访问的权限进行区别限制。但是这只是一个简单的口令，所有使用该网络的人都知道该SSID，很容易泄漏，只能提供较低级别的安全；而且如果配置AP向外广播其SSID，那么安全程度还将下降，因为任何人都可以通过工具得到这个SSID。

(2) 介质访问控制(Media Access Control，MAC)过滤又称为物理地址过滤。由于每个无线工作站的网卡都有唯一的物理地址，因此可以在AP中手工维护一组允许访问的MAC地址列表，实现物理地址过滤。这个方案要求AP中的MAC地址列表必须随时更新，可扩展性差，无法实现机器在不同AP之间的漫游；而且MAC地址在理论上可以伪造，因此这也是较低级别的授权认证。

(3) 连线对等保密(Wired Equivalent Privacy，WEP)。链路层采用RC4对称加密技术，

用户的加密金钥必须与 AP 的密钥相同时才能获准存取网络的资源，从而防止非授权用户的监听以及非法用户的访问。WEP 提供了 40 位(有时也称为 64 位)和 128 位长度的密钥机制，但是它仍然存在许多缺陷，例如，一个服务区内的所有用户都共享同一个密钥，一个用户丢失或者泄漏密钥将使整个网络不安全。而且由于 WEP 加密被发现有安全缺陷，可以在几个小时内被破解。

(4) 虚拟专用网络(Virtual Private Network，VPN)。VPN 是指在一个公共 IP 网络平台上通过隧道以及加密技术保证专用数据的网络安全性，它不属于 IEEE 802.11 标准定义；但是用户可以借助 VPN 来抵抗无线网络的不安全因素，同时还可以提供基于 Radius 的用户认证以及计费。

(5) 端口访问控制技术(IEEE 802.1x)。该技术是用于无线局域网的一种增强性网络安全解决方案。当无线工作站与 AP 关联后，是否可以使用 AP 的服务要取决于 IEEE 802.1x 的认证结果。如果认证通过，则 AP 为用户打开这个逻辑端口，否则不允许用户上网。IEEE 802.1x 除提供端口访问控制能力之外，还提供基于用户的认证系统及计费，特别适合于无线接入解决方案。

5.3.3 IPv6 面临的安全风险

1. 针对密码的攻击

基于密码的攻击很具有生命力，在 IPv6 环境下同样面临着这样的威胁。虽然在 IPv6 环境下，IPsec 是强制实施的，但是在这种情况下，用户使用的操作系统与其他访问控制的共同之处就是基于密码进行访问控制。对计算机与网络资源的访问都是由用户名与密码决定的。对那些版本较老的操作系统，有些组件不是在通过网络传输标识信息进行验证时而对该信息加以保护。这样窃听者能够获取有效的用户名与密码，就拥有了与实际用户同样的权限。攻击者就可以进入到机器内部进行恶意破坏。

2. 针对泄漏密钥攻击的分析

在 IPv6 环境下，IPsec 工作的两种模式(传输模式和隧道模式)都需要密钥交换这样的过程，因此对密钥的攻击仍然具有威胁。尽管对于攻击者来说确定密钥是一件艰难而消耗资源的过程，但是这种可能性实实在在存在。当攻击者确定密钥之后，攻击者使用泄露密钥便可获取对于安全通信的访问权，而发送者或接收者却全然没有察觉攻击，使后面所进行的数据传输等遭到没有抵抗的攻击。进而使攻击者用泄露密钥即可解密或修改其他需要的数据。同样攻击者还会试图使用泄露密钥计算其他密钥，从而使其获取对其他安全通信的访问权。

3. 针对应用层服务攻击

应用程序层攻击的目标是应用程序服务器，即导致服务器的操作系统或应用程序出错。这会使攻击者有能力绕过正常访问控制。攻击者利用这一点便可控制应用程序、系统或网络，并可进行任意操作：① 读取、添加、删除或修改数据或操作系统；② 引入病毒，即使用计算机与软件应用程序将病毒复制到整个网络；③ 引入窃探器来分析网络与获取信息，并最终使用这些信息导致网络停止响应或崩溃；④ 异常关闭数据应用程序或操作系统；⑤ 禁用其他安全控制以备日后攻击。

由于 IPsec 在网络层进行数据包加密，在网络传输过程中防火墙无法有效地将加密的、带有病毒的数据包进行监测，这样就对在接收端的主机或路由器构成了威胁。

4. 可能发生的拒绝服务攻击

密钥管理分为手工密钥管理和自动密钥管理。Internet 密钥管理协议被定位在应用程序的层次，IETF 规定了 Internet 安全协议和密钥管理协议，(Internet Security Association and Key Management Protocol，ISAKMP)来实现 IPsec 的密钥管理需求，为身份验证的 SA 设置以及密钥交换技术定义了一个通用的结构，可以使用不同的密钥交换技术；IETF 还设计了 OAKLEY 密钥确定协议(Key Determination Protocol)来实施 ISAKMP 的具体功能，其主要目的是使需要保密通信的双方能够通过这个协议证明自己的身份、认证对方的身份、确定采用的加密算法和通信密钥，从而建立起安全的通信连接。

对 IPsec 最主要的难应用性在于它们所强化的系统的复杂性和缺乏清晰性。IPsec 中包含太多的选项和太多的灵活性。对于相同的或者类似的事情常常有多种做法。高系统复杂性引起的直接后果是系统规范的及其晦涩。

IKE 协议容易受到拒绝服务攻击。攻击者可以在因特网初始化许多连接请求就可以做到，这时服务器将会维护这些恶意的“小甜饼”。

加密是有代价的。进行模数乘幂运算或计算两个非常大的质数的乘积，甚至对单个数据包进行解密和完整性查验，都会占用 CPU 的时间。发起攻击的代价远远小于被攻击对象响应这种攻击所付出的代价。例如，甲想进行一次 Diffie-Hellman 密钥交换，但丙向甲发送了几千个虚假的 Diffie-Hellman 公共值，其中全部填充伪造的返回地址。这样发起攻击方乙被动地进入这种虚假的交换，显然会造成 CPU 的大量浪费。

IPsec 对相应的攻击提出了相应的对策。由于它并不是通过抵挡服务否认攻击来进行主动防御的，只是增大发送这种垃圾包的代价及复杂度来进行一种被动防御。因此攻击者仍然可以利用 IKE 协议的漏洞使服务中断。

5.3.4 无线传感器网络面临的安全风险

无线传感器网络是一种大规模的分布式网络，常部署于无人维护、条件恶劣的环境当中，且大多数情况下传感器节点都是一次性使用的，从而决定了传感器节点是价格低廉、资源极度受限的无线通信设备。大多数无线传感器网络在进行部署前，其网络拓扑是无法预知的，同时部署后，整个网络拓扑、传感器节点在网络中的角色也是经常变化的，因而不像有线网、无线网那样对网络设备进行完全配置，对传感器节点进行预配置的范围是有限的，很多网络参数、密钥等都是传感器节点在部署后进行协商后形成的，所以无线传感器网络所面临的安全风险主要源自以下两个方面。

1. 通信安全需求

1) 节点的安全保证

传感器节点是构成无线传感器网络的基本单元，节点的安全性包括节点不易被发现和节点不易被篡改。无线传感器网络中普通传感器节点分布密度大，少数节点被破坏不会对网络造成太大影响；但是，一旦节点被俘获，入侵者可能从中读取密钥、程序等机密信息，甚至可以重写存储器将节点变成一个“卧底”。为防止为敌所用，要求节点具备抗篡改能力。

2) 被动抵御入侵能量

无线传感器网络安全系统的基本要求是：在局部网络发生入侵的情况下，保证网络的整体可用性。被动防御是指当网络遭到入侵时网络具备的对抗外部攻击和内部攻击的能力。它对抵御网络入侵至关重要。外部攻击者是指那些没有得到密钥，无法接入网络的节点。外部攻击者虽然无法有效地注入虚假信息，但可以通过窃听、干扰、分析通信量等方式，为进一步的攻击行为收集信息，因此对抗外部攻击首先需要解决保密性问题；其次，要防范能扰乱网络正常运转的简单网络攻击，如重放数据包等，这些攻击会造成网络性能的下降；再次，要尽量减少入侵者得到密钥的机会，防止外部攻击者演变成内部攻击者。内部攻击者是指那些获得了相关密钥，并以合法身份混入网络的攻击节点。由于无线传感器网络不可能阻止节点被篡改，而且密钥可能被对方破解，因此总会有入侵者在取得密钥后以合法身份接入网络。由于至少能取得网络中一部分节点的信任，内部攻击者能发动的网络攻击种类更多，危害更大，也更隐蔽。

3) 主动反击入侵的能力

主动反击能力是指网络安全系统能够主动地限制甚至消灭入侵者。为此需要至少具备以下一些能力：

(1) 入侵检测能力。与传统的网络入侵检测相似，首先需要准确识别网络内出现的各种入侵行为并发出警报；其次，入侵检测系统还必须确定入侵节点的身份或者位置，只有这样才能在随后发动有效的攻击。

(2) 隔离入侵者能力。网络需要具有根据入侵检测信息调度网络正常通信来避开入侵者，同时丢弃任何由入侵者发出的数据包的能力。这相当于把入侵者和己方网络从逻辑上隔离开来，可以防止它继续危害网络。

(3) 消灭入侵者的能力。由于无线传感器网络的主要用途是为用户收集信息，因此让网络自主消灭入侵者是较难实现的。

2. 信息安全需求

信息安全就是要保证网络中传输信息的安全性。就无线传感器网络而言，具体的需求有：

(1) 数据机密性：保证网络内传输的信息不被非法窃听。

(2) 数据鉴别：保证用户收到的信息来自己放的节点而非入侵节点。

(3) 数据的完整性：保证数据在传输过程中没有被恶意篡改。

(4) 数据的时效性：保证数据在其时效范围内被传输给用户。

综上所述，无线传感器网络安全技术的研究内容包括两方面内容，即通信安全和信息安全。通信安全是信息安全的基础，通信安全保证无线传感器网络内数据采集、融合、传输等基本功能正常进行，是面向网络基础设施的安全性；信息安全侧重于网络中所传消息的真实性、完整性和保密性，是面向用户应用的安全。

5.3.5 基于 RFID 的物联网应用安全

随着 RFID 技术的不断发展和基于 RFID 技术的物联网系统的广泛应用，物联网在现有的传统网络基础上增加了传感网络和智能处理平台，传统网络安全措施已不能提供可靠的安全保障，从而出现了新的安全隐患。RFID系统主要存在隐私和认证两个方面的安全隐患：在隐私方面主要是防止攻击者对RFID标签进行任何形式的非法跟踪；在认证方面主要是要确保标签层只能与合法的读写器进行通信。

1. 造成安全隐患出现的主要原因

1) 存储空间局限性

由于成本的限制，RFID标签的存储空间非常有限，有的甚至仅能容纳唯一的标识。RFID标签在计算能力和功耗方面具有一定的局限。同时标签自身不具备足够的安全能力，因此会造成一些非法的与标签进行通信，甚至篡改、删除标签内信息。所以标签的安全性、完整性、可用性、真实性、有效性在足够可信任的安全机制的保护下才能够得到保障。

2) 通信网络脆弱性

标签层和读写器层采用无线射频信号通过电磁波进行通信，通信过程中没有任何物理和可见的接触，物联网感知层节点和设备一般存在于开放环境中，导致其节点和设备能量、处理能力和通信范围受限，不能进行高强度的加密运算，使得在给应用系统数据采集提供灵活性和方便性的同时，也使传递的信息缺乏复杂的安全保护能力。

网络连接和业务使用紧密性：传统的互联网中，网络层和业务层的安全是相互独立的，而在物联网中网络层和业务层有着密不可分的关系，它们是紧密结合的，这就产生了物联网中传输信息的安全性和隐私性问题，而隐私安全也成为了制约物联网进一步发展的重要原因。

2. 造成安全隐患的主要攻击方式

利用软硬件对读写器和RFID标签进行获取数据信息是RFID物联网系统安全的主要威胁。就一般应用RFID技术所设计的系统而言，通常的攻击方式包括篡改、伪造、重放和中断信息，非法跟踪RFID标签，干扰读写器和RFID标签的正常工作，截取标签数据传递信息等。

本章小结

本章主要讲述物联网的传统安全问题及特殊安全问题，对物联网的安全风险及相关的关键技术进行了介绍，同时讲述了物联网的分层安全体系以及物联网所面临的其他安全风险。

习　题

1. 物联网的认证方式有哪些?优缺点各是什么?
2. 物联网的安全与隐私保护主要有什么特点?
3. 简述物联网各层的安全问题。

第6章 物联网应用

感知、传输、应用三个环节构成物联网产业的关键要素：感知(识别)是基础和前提；传输是平台和支撑；应用是目的，也是物联网的标志和体现。物联网发展不仅需要技术，更需要应用，应用是物联网发展的强大推动力。

物联网的应用领域非常广阔，被认为是将对21世纪产生巨大影响力的技术之一，物联网从日常的家庭个人应用，到工业自动化应用，再到军事反恐、城建交通。当物联网与因特网、移动通信网相连时，可随时随地全方位“感知”对象(物理世界)，人们的生活方式将从“感觉”跨入“感知”，从“感知”到“控制”。目前，物联网已经在智能交通、智能安防、智能物流、公共安全等领域有初步的实际应用。比较典型的应用包括水电行业的无线远程自动抄表系统、数字城市系统、智能交通系统、危险源和家居监控系统、产品质量监管系统等。物联网的主要应用类型如表6-1所示。

表6-1 物联网的主要应用类型

应用分类	用户／行业	典型应用
数据采集	公共事业基础设施、机械制造、零售连锁行业、质量监管行业、石油化工、气象预测、智能农业	自动水表与电表抄读、智能停车场、环境监控及治理、电梯监控、物品信息跟踪、自动售货机、产品质量监管等
自动控制	医疗、机械制造、智能建筑、公共事业基础设施、工业监控	远程医疗及监控、危险源集中监控、路灯监控、智能交通(包括导航定位)、智能电网等
日常生活便利性应用	数字家庭、个人保健、金融、公共安全监控	交通卡、新型电子支付、智能家居、工业和楼宇自动化等
定位类应用	交通运输、物流管理及控制	警务人员定位监控、物流及车辆定位监控等

6.1 智能电网应用

随着经济的发展，电网负荷增长迅猛，造成能源消耗猛增，这给资源环境保护带来巨大的挑战，世界各国对节能减排和可持续发展的呼声越来越高，与此同时，电力市场运行因素对电网运行的影响日益显现以及各种灾害造成的影响越来越严重。这些都对电网安全稳定工作提出了诸多新挑战，为此欧美国家率先提出“智能电网”，并进行了相关研究，引起了世界各国电力工业界的广泛关注，智能电网也逐渐成为现代电网发展的新趋势和新潮流。

智能电网是“未来电网”的代名词。智能电网欧洲技术论坛认为，未来电网应具有高灵活性、高可接入性、高可靠性、高经济性；而美国国家能源技术实验室则认为，未来电网应更为可靠、坚固、经济、高效、友好、安全。智能电网涵盖了较多内容，它不是一件事物，而是一个愿景，一个必须从它的核心价值、主要特征、关键技术等多方面来进行描述的愿景。

智能电网是以物理电网为基础，将现代先进的传感测量技术、通信技术、信息技术、计算机技术和控制技术与物理电网高度集成而形成的新型的电网，其核心内涵是实现电网的信息化、数字化、自动化和互动化。其中，建立高速、双向通信系统是迈向智能电网的第一步。没有高速、双向、实时、集成的信息通信系统，任何智能电网的特征都无法实现。因此，物联网技术在智能电网中的应用是智能电网技术及网络技术发展到一定阶段的必然产物，该技术的应用，能有效地对电力系统基础设施资源进行整合，进而提高电力系统通信水平，提高当前电力系统基础设施的利用率。

6.1.1 智能电网需求、存在问题及发展趋势

1. 智能电网需求

作为整个社会经济最为重要的基础设施之一，电网输送的电能为整个人类社会的持续性发展带来了光明和动力。相应地，社会经济对电力的依赖程度也越来越高。如果一味地扩展电网规模而不解决传统电网中固有的电力流失大、用电难以调控等复杂问题，电网系统将难以适应经济发展的要求；同时随着风力发电、太阳能发电、燃料电池发电等分布式可再生能源发电资源数量的不断增加，电网与电力市场、用户之间的协调和交换越加紧密，对电能的质量水平要求逐渐提高，传统的电网以及控制措施已经难以支持如此多的发展要求。

发展智能电网是国家战略发展的需要。我国人口数量众多，人均资源相对匮乏，能源缺口较大，且环境污染问题比较严重。发达国家以石油为主的经济发展模式已不再适合中国未来的发展。解决能源危机、保护环境，必须改变能源开发途径和消费方式，走资源节约型、环境友好型的发展道路。智能电网将解决电能输送和新能源发电的并网问题。智能电网既能提高新能源发电的比重，有利于风能、光能等新能源的开发，又将改变能源消费方式，加快建设以电能为主导的能源消费结构，减少石化能源的消耗。

早些时期，国内的电力行业就进行了企业信息化建设，其中国国家电网公司于2006年提出了在全系统实施“SG186”工程，建成数字化电网、信息化企业的规划。国家对电力系统的信息安全非常重视，曾多次发文指导电力系统的信息安全，如《电网和电厂计算机监控系统及调度数据网络安全防护的规定》和《电力二次系统安全防护总体方案》等，这些制度和方案对电力系统的安全体系建设具有指导意义。由此可以看出，信息化建设和信息系统的安全对电力行业，甚至国计民生都有着重大的影响。

2. 智能电网存在的问题

智能电网建设将是我国电网未来发展的主要方向，未来将实现自愈、抵御攻击、提供满足21世纪用户需求的高质量电能、接入各种不同发电形式、实现资产的优化管理等。然而智能电网相关产业的发展还面临着一系列挑战：目前还没有形成完整的技术标准体系，无法在一个统一的框架内协同工作；各种技术的融合、产品的集成及一体化方面的研究力度与国外相比还远远不够，需要政府有关部门投入大量的精力，与科研单位及生产厂商共

同努力；投资和利益分摊机制还不明确，无法吸引资金及技术力量雄厚的具备国际竞争能力和影响力的大型企业，导致智能电网产业发展动力不足；在智能电网相关技术的研究和开发中缺乏主导地位；智能电网的应用还存在一些体制和机制障碍等。

3. 智能电网的发展趋势

相比欧美国家，中国独特的能源分布特点使智能电网的发展驱动力和路径有所不同，资源与负荷呈逆向分布。我国规划将在甘肃、新疆、河北、吉林、内蒙古、江苏 6 个省区建成 7 个千万瓦级风电基地，同时在甘肃、内蒙古等地建成百万千瓦级光伏基地。这对电网的接纳能力和资源优化配置能力提出了很高要求。并且，随着数字经济和 IT 时代的到来，电力消费者对于供电可靠性、电能质量以及多元化服务的要求也随之越来越高。

针对目前国内电力行业存在的远距离输电能力不足、电网建设标准较低及电网调配信息化能力不足等问题，国家电网公司提出了“坚强智能电网”的发展战略，明确了“以特高压电网为骨干网架、各级电网协调发展的坚强智能电网为基础，将现代先进的传感器测量技术、通信技术、信息技术、计算机技术和控制技术与物理电网高度集成的新型电网”的发展目标。

坚强智能电网可以看成是电力系统的“中枢神经控制系统”，将最新的信息化、通信、计算机控制技术和原有的输、配电基础设施高度结合，形成一个新型电网，实现电力系统的智能化。坚强智能电网与传统电网的不同之处在于互动性。通过终端传感器及各种通信网络将用户之间、用户和电网公司之间形成即时连接的网络互动，从而实现数据读取的实时、高速、双向的效果，整体提高了电网的综合效率。目前在国家电网公司的“坚强智能电网”项目计划中，有 60%～80%的投资将用于实现远程采集、远程控制、远程测试、智能交互等非传统项目，急需 ICT 技术的支持。

6.1.2 智能电网系统体系结构

智能电网基于物理电网，是以通信信息平台为基础的，具有信息化、自动化、互动化特征，包含电力系统的发电、输电、变电、配电、用电和调度各个环节，覆盖所有电压等级，是“电力流、信息流、业务流”高度一体化融合的现代电网。为满足建设智能电网所需要的异构需求，物联网需要一个开放的、分层的、可扩展的网络架构，因此，面向智能电网的物联网架构大致分为感知层、网络层和应用层三个层次，如图 6-1 所示。

1. 感知层

感知层是物联网实现“物物相联，人物互动”的基础，它通常分为感知控制子层和通信延伸子层。其中，感知控制子层实现对物理世界的智能感知识别、信息采集处理及自动控制；通信延伸子层通过通信终端模块或其延伸网络将物理实体与上层互连。

具体而言，感知控制子层主要通过各种新型 MEMS 传感器、基于嵌入式系统的智能传感器、智能采集设备等，实现对电网状态信息的大规模、分布式获取。通信延伸子层采用光纤通信方式传递电网监控数据。而对于输电线路在线监测、电气设备状态监测信息，除利用光纤传递信息外，还应用了无线传感技术进行数据传输。用电信息数据采集和智能用电方面，主要涉及宽带电力线通信、电力载波通信、短距离无线通信、光纤复合低压电缆及无源光通信、公网通信等。

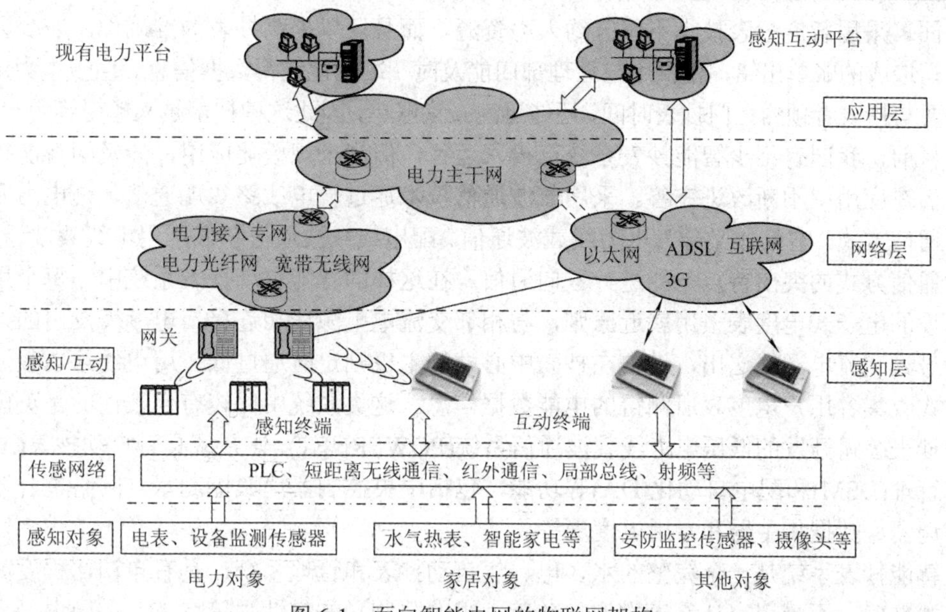

图6-1 面向智能电网的物联网架构

2. 网络层

网络层以电力光纤网为主，电力线载波通信网、无线宽带网为辅，对感知层设备采集的数据进行转发。网络层分为接入网和核心网，主要负责物联网与智能电网专用通信网络之间的接入，实现信息的有效传递、路由和控制，以保证物联网与电网专用通信网络的互联互通。

在智能电网应用中，考虑到对数据安全性、传输可靠性及实时性的严格要求，物联网的信息传递、汇聚与控制主要借助于电力通信网实现，特殊情况下也可依托公众电信网。其中，核心网主要由电力骨干光纤网组成，并辅以电力线载波通信网、数字微波网。而接入网则以电力光纤接入网、电力线载波通信网、无线数字通信系统为主要手段，从而使得电力宽带通信网为物联网技术的应用提供了一个高速的双向信息网络平台。

3. 应用层

应用层主要包含应用支撑平台子层和应用服务子层。应用支撑平台子层用于支撑跨行业、跨应用、跨系统之间的信息协同、共享、互通的功能；应用服务子层主要为智能交通、智能农业、智能林业、数字医疗等各种领域的应用。

应用层为物联网应用提供信息处理、计算等通用基础服务设施、能力及资源调用接口，并在此基础上实现物联网的各种应用。面向智能电网的物联网的应用涉及智能电网生产和管理中的各个环节，通过运用智能计算、模式识别等技术来实现电网相关数据信息的整合、分析、处理，进而实现智能化的决策、控制和服务，最终使得电网各应用环节的智能化水平得以提升。

6.1.3 智能电网实施案例及分析

1. 智能抄表

智能抄表系统采用通信和计算机网络等技术自动读取和处理表计数据。发展智能抄表技术是提高用电管理水平的需要，也是网络和计算机技术迅速发展的必然趋势。在用电管理方面，采用智能抄表技术不仅节约人力资源，而且可以提高抄表的准确性，减少因估计或誊写造成的账单出错，使供用电管理部门能及时、准确地获得数据信息。由于电力用户不再需要与抄表者预约上门抄表时间，还能迅速查询账单，因此这种技术越来越受到用户欢迎。

目前，我国有不少智能抄表系统已投入运行，但尚未规模化应用，涉及的智能抄表技术也需在应用中不断改进完善。采用载波通信技术通过输电线路实现通信，是电力系统特有的通信方式，它具体又分为电力线载波通信、配电线载波通信和低压用电线载波通信等。这种通信方式的突出特点是能进行双向通信。在这样的智能自动抄表系统中，每个用户室内装设的电子式电度表采用就近原则，与相邻交流电电源线相连接，电度表发出的调制脉冲信号经交流电源线送出，设置在抄表中心站的主机则定时通过低压用电线路以载波通信的方式收集各用户电度表所测得的电能数据信息。这类系统中比较有代表性的是英国远程自动抄表公司开发的低压电力线载波通信系统(POWERNET)，该系统具有自动抄表(AMR)、用户管理(DSM)和配电自动化(DA)等功能，包括中央控制器局域控制器、网络耦合器、调制解调器、数据集中器和专用电度表等。

智能抄表系统是一个完整的水、电、气自动抄表和管理系统，具有自动化程度高，计量集抄准确，不受用户计量表类型、负荷大小的限制，兼容性强等特点，在国内乃至国际上都有较好的发展前景。国家电网公司 2010 年年初已完成全网电表厂家的集中采购工作，明确了 20 个电表供货商，自 2010 年开始全网大规模的统一电表改造计划。以北京电力公司为例，到 2013 年年中总计已改造 90 万部电表。

1) 智能抄表系统架构

现有的智能抄表系统主要有以下两种解决方案：

(1) GPRS 集中器的解决方案。GPRS 集中器按照分散控制、集中监视的原则；系统采用模块化、分层分布式开放的结构，包括数据采集器(智能电表内置)、M2M 无线抄表终端(内置 WMMP 通信模组)、移动通信网络、M2M 终端管理平台、无线抄表数据中心。GPRS 远程抄表系统组网的结构框图如图 6-2 所示，其部分结构模块分述如下：

① M2M 无线抄表终端：集中采集本地电表的用电信息，并通过 M2M 专用通信模组与电力公司无线抄表数据中心进行交互。

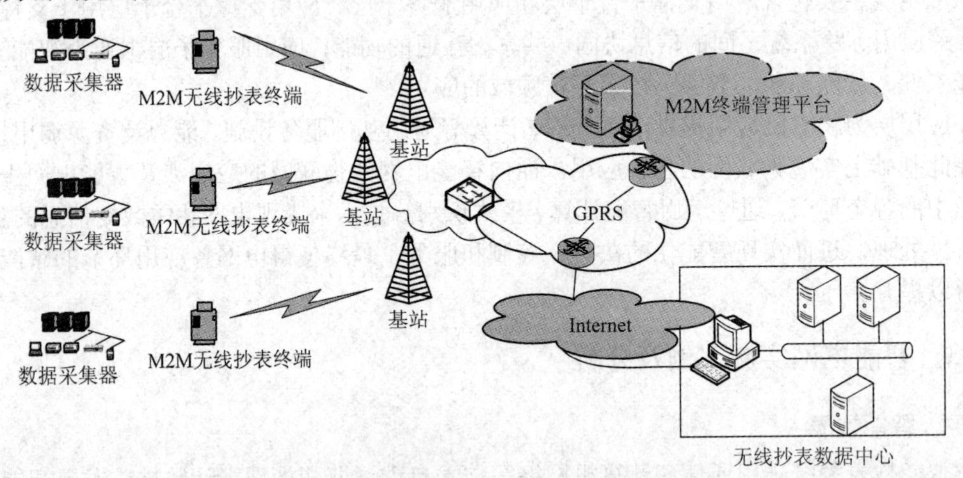

图 6-2　GPRS 远程抄表系统组网的结构框图

② 移动通信网络：由电信运营商提供广域通信网络，包括GPRS/TD/WCDMA等。

③ M2M终端管理平台：通过专用移动通信协议和M2M终端进行交互，具备终端查询、终端配置、远程控制、软件升级等功能，同时可为电力公司提供业务监控、故障处理等支撑服务。

④ 无线抄表数据中心：电力公司后台应用系统，实现用电信息采集和分时计价处理。

(2) 无线自组网的解决方案。无线自组网主要采用无线传感器网络(WSN)技术，将无线自组网通信模块(WSN终端节点)嵌入或外接到智能电表，构成无线自组网电表，无线自组网电表与集中器之间数据的采集采用星型拓扑结构。无线自组网电表集抄系统的总体架构如图6-3所示。

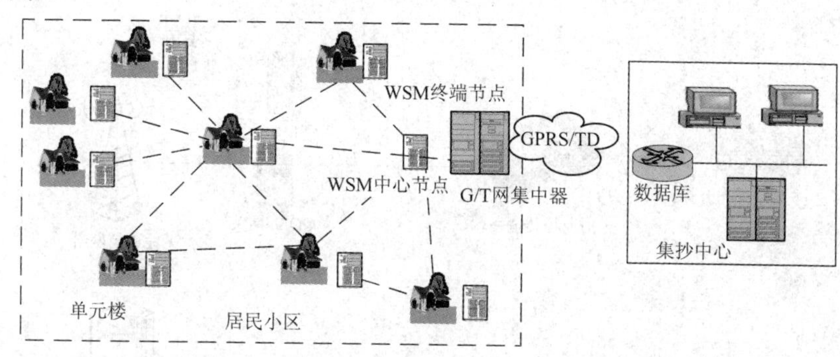

图6-3 无线自组网电表集抄系统的总体架构

2) 智能抄表系统设计功能

智能抄表系统采用GPRS/3G + M2M系统专用通信技术，实现了从集中器到电力无线抄表数据中心的远程数据传输，体现了移动通信系统便于部署、使用及管理成本低的特点，同时该技术提高了通信保障能力。同时，也可采用无线WSN通信技术，实现小区域范围内的末端电表的电量数据向集中器自动汇聚，具有自组网、链路自愈保护、成本低、功耗小、便于集成等特点。

2. 电力终端智能监控管理

随着电力行业智能电网应用的深入推广，电力公司在生产系统中计划或已经部署了大量具有移动通信能力的电力自动化设备，但是在系统集成、终端部署、终端管理、终端维护等方面又提出了新的要求，主要有以下几个方面：

(1) 通信及通信管理标准化：电力公司要求物联网电力终端具有标准化的通信协议和管理接口，能够实现后台应用系统与终端设备的标准化通信模式和统一管理能力，实现通信设备的标准化及互通互换，降低系统侧通信管理成本。

(2) 终端部署简单化：要求实现终端即插即用，以提高终端部署的效率，降低人为操作的差错率。

(3) 提供对通信系统运行状态集中、实时的监控：要求对应用系统的通信状态实时感知，为维护管理人员提供实时监控手段，包括设备的通信状态、无线网络状态、应用中心的通道状态等，以满足电力公司集中监控、集中管理的要求。

(4) 终端可远程管理：由于电力终端部署分散、人员到达不便、设备排障时间要求短，需要终端具备远程管理的能力。其主要包括配置管理、告警管理、软件版本升级管理、应急处理管理、运行统计管理等，可提高系统的管理能力。

1) 电力终端监控管理系统设计

电力终端监控管理系统采用分散部署集中管理的实施方式。系统结构可分为电力终端设备、传输网络、电力终端监控管理平台和应用系统，其分述如下：

(1) 电力终端设备。电力终端设备可采用符合 M2M 系统专用通信标准终端设备，用于承载电力应用数据的传输，同时接入电力终端监控管理平台，实现对终端通信状态的管理。电力终端监控管理系统的网络拓扑图如图 6-4 所示。典型的设备有配网终端、抄表终端、卡表一站式服务终端等。

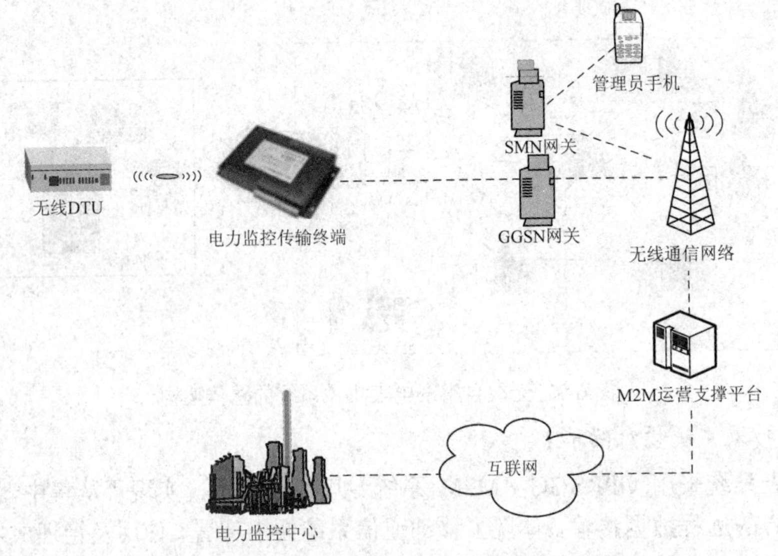

图 6-4 电力终端监控管理系统的网络拓扑图

(2) 传输网络。电力终端监控管理平台与 M2M 专用通信标准终端之间的传输方式多种多样，可以采用 2G、2.5G 和 3G 等无线通信方式传输。

(3) 电力终端监控管理平台。一方面，传输电力公司用户的应用数据，提供基础通道的服务；另一方面，为电力公司提供终端管理相关的服务。

(4) 应用系统。电力公司内部的应用系统。一方面，实现其电力专业应用功能；另一方面，通过 B/S 或 C/S 的方式，接入电力终端监控管理平台，实现对终端的管理。

2) 电力终端智能监控管理系统设计功能

通过规范电力终端智能监控管理的通信终端底层通信协议及应用接口规范，建设物联网终端管理平台，实现对电力终端的远程监控管理。电力终端智能监控管理系统的终端硬件及通信参数自动配置管理，可实现即插即用；对终端通信状态可进行远程监控、远程配置管理、远程激活；有终端故障时可实时告警通知，并进行故障原因预判、故障分级分类、通信日志数据包捕获；可对终端运行的历史及实时状态进行分析；可按照终端型号、厂家、单位、地域等多维度自动提供运营统计报表。

3. 卡表一站式服务

为了应对人口老龄化、农村购电难等社会问题及缺乏支持现场抄表、IC 电卡读写操作等电力专业要求的终端等技术问题，电力行业需要实现“销售到户、抄表到户、收费到户、服务到户”的“四到户”一站式服务，通过统一的“抄、收、核”规范用电秩序。因此，业内借鉴金融行业无线POS机业务模式，结合电力自身的业务特点和需求，推出“电力一站式服务系统”，将原有“先用电，后收费”提升到“边收费，边用电”，然后再平滑过渡到“先缴费，后用电”，运用高科技手段，提升电费回收水平，解决收费问题。

1) 卡表一站式服务系统设计方案

卡表一站式服务系统的设计方案如图6-5所示，其各个组成部分分述如下：

(1) 一站式服务终端。采用符合统一的通信标准要求的设备，承载电力应用数据的传输，同时接入电力终端监控管理业务平台，实现对终端通信状态的管理。

(2) 传输网络。电力终端监控管理业务平台与通信终端之间的传输方式多种多样，可以采用2G、2.5G和3G等移动通信方式传输。

(3) 电力终端监控管理平台。一方面，透传电力公司用户的应用数据，提供基础通道的服务；另一方面，为电力公司提供营销终端专用机具的终端管理，实现通信行为的控制和通信日志的统计及审计。

(4) 电力公司后台营销MIS系统。它管理电力业务的日常营销。

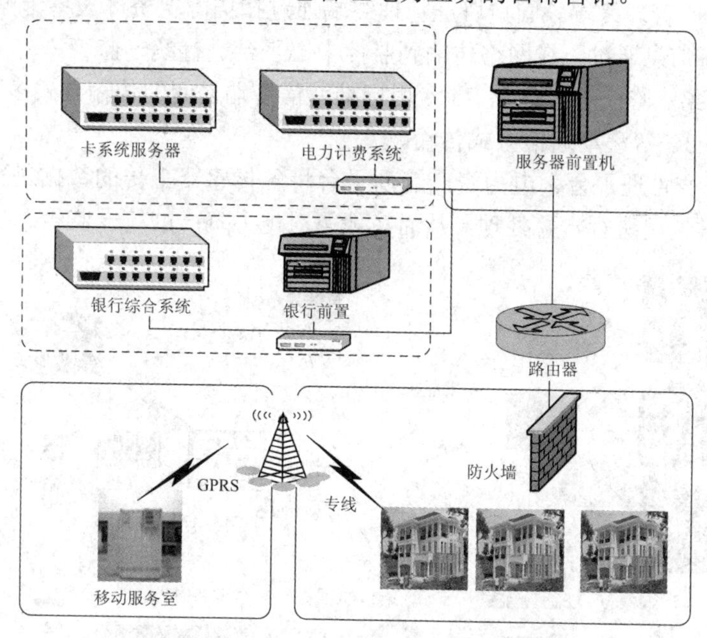

图6-5 卡表一站式服务系统的设计方案

2) 卡表一站式服务系统设计功能

卡表一站式服务系统中的电力专用无线POS机具备基本的无线POS机功能，支持现金交易和刷卡交易，支持现场打印交易凭证；支持红外、230 M 电力专用频段等短距离通信方式，抄送电表号及电量值后送电力公司后台营销MIS系统核算；支持IC电卡的读/写操作，支持用户用电量查询和应缴费金额查询。

卡表一站式服务系统利用无线通信网络，为电力营销无线POS机终端与电力公司后台营销MIS系统提供安全网络通道。电力营销无线POS机终端内置标准无线通信模块，可限制其不能与电力公司后台营销MIS系统之外的服务器进行通信，同时将上网日志实时上传至电力终端监控管理平台，实现对其通信行为的记录及审核。

4. 电力资产管理

电力公司存在大量放置在客户侧的固定资产。目前采用人工方式实现固定资产的盘点、追踪、折旧等，无法实时、准确掌握设备的整体信息，存在设备闲置及固定资产流失的风险，造成针对电力设施的盗窃案件频发。一方面，给电力公司造成了大量的经济损失；另一方面，由此造成停电投诉、人身伤害(如由于井盖丢失造成的人身伤亡事故)等社会问题。电力公司迫切希望获得信息化的固定资产管理手段。

1) 电力资产管理系统设计方案

电力资产管理系统的设计方案如图6-6所示，其各个组成部分分述如下：

(1) 小型监控模块。通过连接到各监控点的特种传感器，可实时监控井盖的开闭状态及井下浸水、温度、烟感、设备电池电量等信息，并将相关信息通过标准无线传输技术发送到小型监控模块，由小型监控模块把异常情况通过无线网络传输到监控中心平台。小型监控模块可内置追踪器，对被盗设备进行位置追踪。

(2) 固定资产管理终端。固定资产管理终端通过扫描固定资产设备上贴附的 RFID 标签，将相关设备信息通过无线网络传输到监控中心平台进行统一监管。

(3) 传输网络。监控平台与M2M专用标准通信终端之间的传输方式多种多样，可以采用2G、2.5G和3G等移动通信方式传输。

(4) 电力资产管理平台。电力资产管理平台将各传感器上传的数据进行汇总、统计、分析，并对异常情况进行告警处理，从而实现了对电力资产的统一监管。

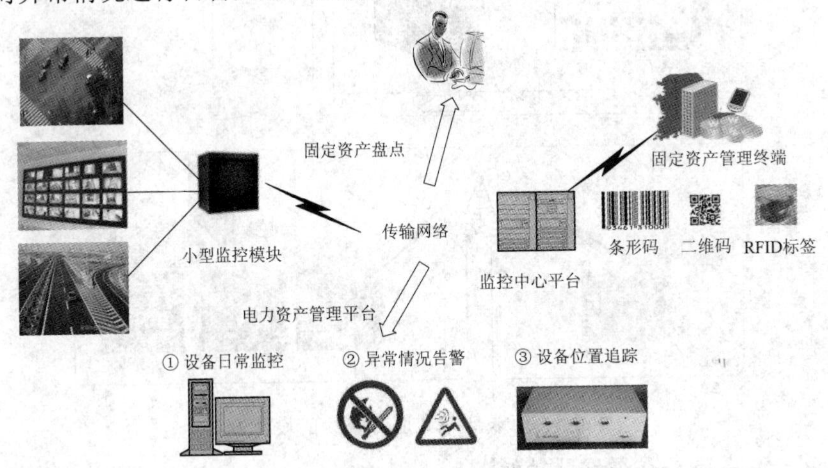

图6-6　电力资产管理系统的设计方案

2) 电力资产管理系统设计功能

电力资产管理系统通过在电力井内部署监控设备，可实时监控井盖的开闭状态及井下浸水、温度、烟感、设备电池电量等信息，可为后台监控人员提供集中监控界面，实时解决问题；在设备上隐蔽放置小型设备追踪器，可实现电源通断感知、位移感知、GPS/LDS位置追踪，在设备非法断电、发生位移等情况下，实时告警并提供一段时间内的连续位置追踪。还可在固定资产设备上贴附 RFID 标签，利用 RFID 标签非接触读/写的特性，在机房或设备集中布放的区域放置 RFID 读写器，定期对区域内的固定资产进行盘点。同时，为维护人员配置 RFID 标签，在其进入区域进行维护操作时记录操作行为，维护人员通过手持设备，在现场从管理平台下载工作任务，并通过 RFID 标签逐项对任务相关物体进行确认。

6.2　智能交通应用

随着我国城镇化步伐的加快，城市人口不断增加，城市道路交通需求急剧增长。虽然已经加强对城市交通硬件设施的建设，但依然无法有效地解决交通堵塞、公共交通压力大等问题，使得交通网络的信息化成为了必然趋势。城市交通网络是一个动态而复杂的大系统，而物联网作为新一代信息技术的代表，兼具“信息”和“智能”两大特征，其在城市交通网络中的应用，必将引领城市交通的管理和服务发生革命性的变革。

智能交通系统(ITS)起源于欧美，广泛应用且发展成熟于日本。ITS 将先进的信息技术、数据通信传输技术、传感技术、电子控制技术以及计算机处理技术等有效地集成运用于整个交通运输管理体系，从而建立起一种大范围、全方位发挥作用的，实时、准确、高效的综合运输和管理系统。ITS 为交通领域物联网的典型应用，是未来全球道路交通的发展趋势和现代化城市的先进标志。未来的基于物联网技术的城市交通网络与现有的智能交通系统相比，对信息资源的开发利用强度、对信息的采集精度、覆盖度、对商业模式的重视程度都将更进一步。其对城市交通参与要素更透彻地感知，使得城市交通相关信息进一步互联互通。同时对城市交通网络更深入的智能化协同控制，推进了城市交通领域的信息化、智能化水平以及物联网核心技术的发展和产业化。

6.2.1　智能交通需求、存在问题及发展趋势

1. 智能交通需求

工业化国家在市场经济的指引下，大多经历了经济的发展促进汽车产业的发展，而汽车产业的发展又刺激经济发展的过程，从而使得这些国家尽早实现了汽车化。汽车化社会带来的诸如交通阻塞、交通事故、能源消费和环境污染等社会问题日趋恶化，交通阻塞造成的经济损失巨大，使道路设施十分发达的美国、日本等也不得不从以往只靠供给来满足需求的思维模式转向采取供、需两方面共同管理的技术和方法来改善日益尖锐的交通堵塞问题。这些建立在汽车轮子上的工业国家在探索既维护汽车化社会又要缓解交通拥挤问题的办法中，旨在借助现代化科技改善交通状况达到以“保障安全、提高效率、改善环境、节约能源”为目的的 ITS 概念便逐步形成。

物联网的概念一经提出，就立刻受到了交通领域业内人士的广泛关注。1994 年我国部分学者参加了在法国巴黎召开的第一届智能交通系统(ITS)世界大会，为中国智能交通系统的发展揭开了序幕。各级交通管理部门相继颁发了一系列宏观性指导文件，交通信息化发展的政策环境进一步改善。发展智能交通系统是 21 世纪交通运输体系的大趋势。我国十分重视智能交通系统的研究和发展，2001 年在科技部的组织下，全国近百名学者联合完成了《中国智能运输系统体系框架研究》，在总体上构建了我国智能交通系统的组成，对不同运输领域的服务功能分类、数据流程以及系统间的接口等提出了指导性的意见。

2003 年 9 月 16 日，国家标准化管理委员会批准成立“全国智能运输系统标准化技术委员会”(TC-ITS)。“十五”期间，科技部又组织了智能交通系统国家科技攻关重大专项的研究，对我国智能交通系统的优先领域关键技术进行联合攻关，并在十多个城市开展了示范工程研究。截至 2009 年年底，全国已有 390 个城市主干道实现了交通信号智能控制。

城市是各种交通运输系统的结合点，城市交通是各种交通运输方式实现平滑衔接不可缺少的关键环节，各种交通运输系统的信息也需要在城市信息平台中进行整合、发布。只有建立城市智能交通系统，才能充分发挥我国智能交通系统的整体作用，有助于提高交通系统综合效率。

2. 智能交通系统存在的问题

智能交通系统作为新一代交通运输系统，对于缓解城市交通压力，方便交通出行及促进社会经济发展等方面起到了巨大的促进作用，但随之也出现了以下一些问题：

(1) 协调力度差，缺乏统一部署。目前国内的智能交通系统尚缺乏统一的行业标准和部署，协调力度差，各省、各地区自成体系，缺少配合和协作，各下属交通运输部门标准不统一，各自为战，造成了资源的极大浪费。因此，务必要建立全国统一的智能交通建设领导机构，建立健全相关标准规范，有效整合行业资源构，建立相关标准规范，有效整合行业资源。

(2) ITS 系统综合性不足。目前的智能交通系统是以道路和车辆为主要研究对象，以提高道路的通行能力、利用效率与安全性为研究目标的新一代交通运输系统，其研究重点是公路交通问题。目前尚缺乏将 ITS 应用于包括铁路、水运、公路、航空等综合交通体的研究计划，综合交通 ITS 的基本框架尚未形成。道路交通 ITS 先行虽然可行，但综合运输系统的智能化程度(包括规划、运营、管理等方面)直接影响道路交通 ITS 的发展和科技含量作用的水平。因此，研究开发综合交通 ITS 是实现道路交通 ITS 的保障环节，也是从根本上解决交通难题的研究途径。

(3) ITS 的应用应符合我国的国情。我国的 ITS 应用环境与国外有很大不同。一方面，城市规模的不断扩张使智能交通设施的安装与使用都受到了一定的影响。例如，不断膨胀的城市规模与不断变化的路网结构使得基本信息缺乏完整性与准确性。发达国家的城市一般比较稳定，路网结构基本确定，只需应用新技术即可。而在我国，随着城市化的到来，大量人口涌入城市，加之私家车数量的不断增长，智能交通是不能完全解决交通问题的；另一方面，非机动车辆日益增多，混合交通的特点使得 ITS 的应用受到一定的影响。非机动车流是我国交通流的重要组成部分。与国外不同，在开发 ITS 技术和研制 ITS 产品时，还要兼顾步行者、自行车骑行者等无车族的利益。由于我国混合交通的特点，使得很多在国外应用效果较为良好的系统不一定就完全适合。所以，我国在引进国外技术时，一定要适合中国的特点，不能完全照搬。

(4) 公民交通意识淡薄。我国公民交通法规意识淡薄，交通违规行为非常普遍，严重阻碍了 ITS 的效应发挥。只有加强公民交通法规法律教育，提高全民交通安全意识，才能最大限度地发挥智能交通系统的功效。

3. 智能交通系统的发展趋势

目前智能交通系统的发展主要有两种模式：自上而下模式和自下而上模式。其中，自上而下模式开展研究的组织形式由政府有关部门研究决定，并确定管理方式及政策条件，开展研究的项目一般由该部门确立，并分解为若干子课题交由相关研究机构去研究开发。整个研究计划由该部门统一制定，各研究机构参与研发，各研究机构之间是竞争与协作的关系。

美国的ITS研究主要采取自上而下的模式。1993年9月，美国政府与四个研究机构签署了发展ITS的协议，即Hughes Aircraft、Loral Fedral Systems、Rockwell International和Westinghouse Electric，每个研究机构的成员既有政府部门，又有企业联合会和学院的科研机构，这种组合使得政府、企业、学者能够亲密地协作起来，各自发挥其优势，相互促进，取长补短，有助于ITS这样一个跨学科的综合性高科技领域的研究开发及应用。

在自下而上模式中，开展研究的组织形式基本是独立的研究实体，缺乏政府部门或更高层次的直接领导，开展研究的项目一般由各研究机构内部确定，研究成果一般也仅限于内部使用。研究计划与方向由各研究机构独立确定，研究机构之间缺乏共识。

欧盟对ITS的研究主要采取自下而上的模式，这与它的政治体制是非常相关的。由于欧盟目前还是一个相对松散的主权国家联合体，因此，ITS的研究一般是由各个国家独立承担，欧盟只能提出一些不具有约束力的构想。但是因为各个国家都对ITS在交通运输行业的发展前景达成共识，因此，欧盟对ITS的研究也同样取得了较为辉煌的成就。

无论是自上而下还是自下而上模式，都有其一定的局限性。自上而下模式是由政府部门指导，统一规划，这样使得各个子课题具有较强的统一性和协调性，但是由于信息的不完全性和计划实施的相对稳定性，使得政府的指导有时过于理想化，不能够动态适应实际情况的变化。自下而上模式的优点在于其研究开发工作是由各组织独立进行的，它掌握的信息比较全面，决策及时，灵活性比较大，这样有利于在不断变化的环境中开展研究；其缺点是各个子系统之间的相互协调十分困难，不利于ITS向更高更完善的层次发展。因此，未来智能交通系统的发展将会把两种模式结合起来，综合两种模式的优点，从根本上解决城市交通问题。

为逐步实现与经济快速增长相适应的交通运输体系，我国政府已将智能交通系统作为中国未来交通发展的一个重要方向。根据国家未来的发展规划，在城市智能交通系统建设方面将继续加大力度发展。首先将在50个左右的大城市推广交通信息服务平台建设，提供交通信息查询、交通诱导等服务；在200个以上的城市发展城市智能控制信号灯系统，形成智能化的交通指挥系统；在100个以上的大城市推进城市公共交通区域调度和相应的系统建设，加大电子化票务的建设与应用。随着智能交通系统的日益发展，城市交通综合信息平台、全球定位与车载导航系统、城市公共交通车辆以及出租车的车辆指挥与调度系统、城市综合应急系统都将迎来大的发展机遇。

6.2.2 智能交通系统体系结构

基于物联网技术的智能交通系统具有典型的物联网三层架构，即由感知互动层、网络传输层、应用服务层三个层次构成。其中，感知互动层主要实现交通信息流的采集、车辆识别和定位等；网络传输层主要实现交通信息的传输，一般包括核心层和接入层，这是智能交通物联网中较为独特的地方；应用服务层中的数据处理层主要实现网络传输层与各类交通应用服务间的接口和能力调用，包括对交通数据进行分析和融合、与GIS系统的协同等。

1. 智能交通感知互动层

实时、准确地获取交通信息是实现智能交通的依据和基础。交通信息分为静态信息和动态信息两类，静态信息主要是基础地理信息、道路交通地理信息(如道路网分布等)、停车场信息、交通管理设施信息、交通管制信息以及车辆和出行者等出行统计信息。静态信息的采集可以通过调研或测量来取得，数据取得后，存放在数据库中，一段时间内保持相对稳定；而动态交通信息包括时间和空间上不断变化的交通流信息，包括车辆位置和标志、停车位状态、交通网络状态(如行车时间、交通流量、速度)等。

智能交通感知互动层通过多种传感器、RFID、二维码、全球卫星定位、地理信息系统等数据采集技术，实现车辆、道路和出行者等多方面交通信息的感知。其中不仅包括传统智能交通系统的交通流量感知，也包括车辆标志感知、车辆位置感知等一系列对交通系统的全面感知功能。

2. 智能交通网络传输层

网络传输层通过泛在的互联功能，实现感知信息高可靠、高安全性的传输。智能交通信息传输技术主要包括智能交通系统的接入技术、车路通信技术、车车通信技术等。专用短程通信(DSRC)技术是智能交通领域为车辆与道路基础设施间通信而设计的一种专用无线通信技术，也是一种针对固定于车道或路侧单元与装载于移动车辆上的车载单元(电子标签)间通信接口的规范。

DSRC 技术通过信息的双向传输，将车辆和道路基础设施连接成一个网络，支持点对点通信。点对多点通信具有双向、高速、实时性强等特点，广泛应用于道路收费、车辆事故预警、车载出行信息服务、停车场管理等领域。

除车路通信技术外，车车通信技术也是智能交通物联网的重要通信技术。其主要是依赖于移动自组织网络技术或车载自组织网络。车车通信在几十到几百米的范围内，车辆之间可以直接传递信息，不需要路边通信基础设施的支持。

3. 智能交通应用服务层

智能交通感知互动层所采集到的未加工过的交通数据可能是视频也可能是蜂窝网的基站信号或者 GPS 的轨迹数据，尚不能表达任何交通参数，应用服务层从采集的这些原始数据中提取出有效的交通信息，进而为交管部门、大众或其他用户提供决策依据。

智能交通应用服务层主要包括各类应用，既包括独立区域的独立应用，如交通信号控制服务和车辆智能控制服务等，也包括大范围的应用，如交通诱导服务、出行者信息服务和不停车收费等。

6.2.3 智能交通实施案例及分析

1. 特种车辆监控

特种车辆运输管理是智能交通服务的一个重要内容。尤其是在危险品的车辆运输上存在很多安全隐患，运输安全事件时有发生。针对特种车辆监控方面，其的主要方向是对运输集装箱的开关货箱及其箱内温度、湿度、压力、震动等情况进行实时监控，及时发现并消除危险隐患。同时，特种车辆的管理部门可通过所设计的系统对行车记录进行监控。

1) 特种车辆监控系统架构

特种车辆监控系统是在现有车辆监控系统架构基础功能上，通过在系统终端加装传感器的方式实现对特种车辆状态的监控，其结构框图如图 6-7 所示。

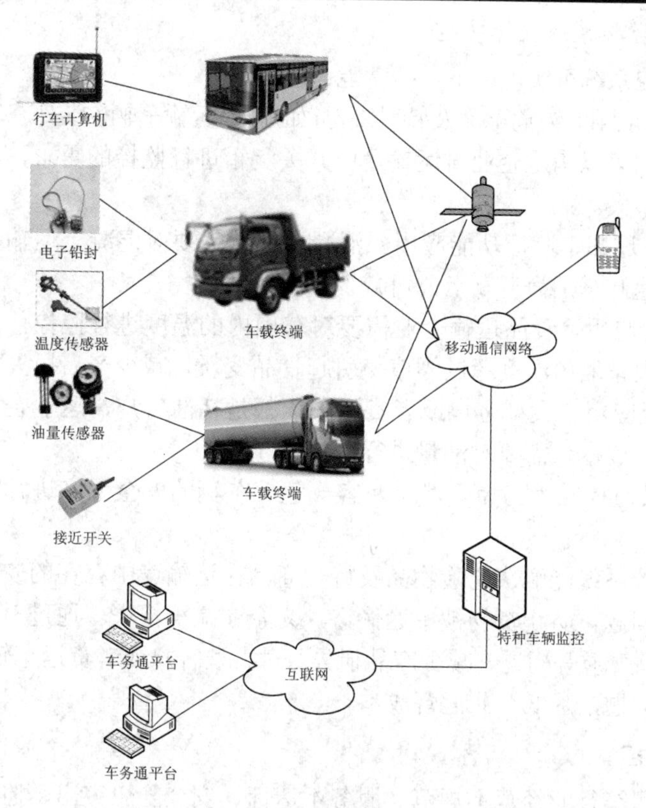

图 6-7 特种车辆监控系统的结构框图

(1) 车载终端：带有 GPS 的车载终端对车辆位置信息进行实时监控，并可以与车辆内部相连的电子铅封、油量传感仪、温度传感器、接近开关等传感器相连接，将监控数据通过无线通信网络上传到特种车辆监控系统平台。

(2) 电子铅封：使用 RS-232 接口与车载终端相连接，将电子铅封开、关状态通过车载终端上传到特种车辆监控平台。

(3) 温度传感器：使用 RS-232 接口与车载终端相连接，将温度值通过车载终端上传到特种车辆监控平台。

(4) 油量传感器：使用 RS-232/RS-485 接口与车载终端相连接，将油量值通过车载终端上传到车务通平台。

(5) 接近开关：使用数据线与车载终端相连接，将罐车正反转状态通过车载终端上传到车务通平台。

(6) 行车计算机：可以采集车内行车数据，包括方向盘转向、刹车动作等，与终端相连接，将行车数据上传到车务通平台。

(7) 移动通信网络：系统监控平台与车载终端之间的传输方式可以采用 GPRS 或者短信等数据传输方式，确保数据传输的稳定性和可靠性。使用移动网关(GGSN、短信网关)与车务通平台之间建立专线数据连接。

(8) 车务通平台：用户通过互联网登录车务通平台，及时了解车辆位置信息及车辆状况。车务通平台采用图形界面，简单明了且易于操作。同时其内置告警机制，通过短信，在车辆报警时通知相关人员。

2) 特种车辆监控系统设计功能

特种车辆监控系统可实现以下一些功能：

(1) 电子铅封应用。为危险品及特种商品(如烟草)运输车辆安装车务通终端，并在货厢上加装电子铅封，可以满足企业对运输途中开关货箱进行监控的需求，防止货物被中途偷盗，为企业减少损失。

(2) 混凝土中途卸车监控功能应用。混凝土行业需要对混凝土运输车辆进行正反转监控，防止司机中途卸车，为混凝土公司减少损失。

(3) 温度监控应用。食品运输企业需要对车厢内的温度进行监控，防止由于运输途中司机工作疏忽导致车厢内温度超过阀值，引起食品变质，减少产品损失。

(4) 油量监控应用。大型客户或者货运车辆都是耗油大户，运输企业为了防止司机偷油，降低企业运营成本，需要对油量进行监控。

(5) 行车记录监控应用。为了对“两客一危”车辆的安全生产进行管理，需要对行车记录进行监控。

特种车辆监控系统能解决危险物品及特种商品在运输途中存在的安全隐患以及“两客一危”等突出性问题，防止货物被中途偷盗，为企业减少损失。通过对货箱内食品的温度监控，可解决食品变质等问题，减少产品损失。对大型客户或者货运车辆等耗油大户来说，能解决司机偷油问题，降低企业运营成本。

2. 出租车监控

针对目前出租车行业经营不规范、服务不达标、安全隐患突出、监管制度不健全等问题，需要进行规范化管理，切实保障乘客及其驾驶员人身和财产安全。同时，现有出租车运营管理方式信息化程度不高，需提升整体效率。

1) 出租车监控系统架构

在电信运营商车辆调度系统基础上，通过深入了解出租车行业的需求，从出租车公司或者出租车管理部门的个性化需求着手，开发出了一套专业出租车管理系统。该系统具备通用车辆调度系统的基本管理、监控、统计分析功能，并增加了出租车运营数据管理、载客不打表检测、图片抓拍、LCD 流媒体播放等功能，满足了出租车公司的日常管理需求，提升了出租车智能化管理水平。出租车监控系统由以下几个部分组成：

(1) 车载终端：带有 GPS 的车载终端对车载位置信息进行实时监控，并可以与车辆内部的计价器、广告发布终端(LED/LCD)相连接，将计价器数据通过无线通信网络上传到车辆调度系统平台，接收系统编辑的广告信息。

(2) 计价器：使用 RS-232 接口与车载终端相连接，将计价器数据上传到车辆调度平台。

(3) 广告发布终端：通过车载终端相连接，接收平台发布的广告信息，同时也发布广告信息。

(4) 数据传输网络：出租车管理系统与车载终端之间的数据传输可以采用 GPRS 或者短信方式，确保数据传输的稳定性和可靠性。使用移动网关(GGSN、短信网关)与出租车管理系统之间建立专线数据连接。

(5) 出租车监控系统：用户通过互联网登录出租车管理系统，及时了解车辆位置信息及车辆状况。该系统采用图形界面，简单明了且易于操作。同时平台内置告警机制，通过短信方式，在车辆报警时通知相关人员。同时，可以提供电招和广告发布服务。出租车管理系统的结构框图如图6-8所示。

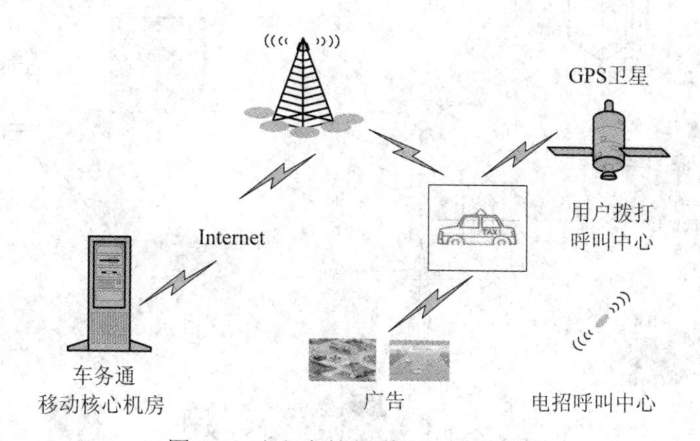

图6-8 出租车管理系统的结构框图

2) 出租车监控系统设计功能

出租车监控系统可实现以下一些功能：

(1) 为客户提供招车服务。通过CTI接入出租车公司的调度系统，由调度人员录入客户信息，并根据客户的需要进行指定的招车预约业务，包括招车业务、定时预约、用户投诉、车辆管理等。

(2) 提供统计查询功能，包括司机积分查询统计、集团车辆类型及业务量分布统计、电招结果类型统计、车辆抢答成功率统计、电招违章及投诉统计、招车派单统计、坐席业务统计、车辆业务类型统计、车辆计价器数据统计、车辆计价器数据明细查询。

3. 公交车智能监控调度系统

城市公交是城市交通系统的主体，通过对车辆的动态位置信息的采集、客流量的统计、路面状况信息的收集及各类信息的发布等手段，实现对车辆的实时监控和调度、车内自动报站、车内发布广告信息、电子站牌等功能、改变公交系统现有的运营模式，达到运营的智能化、高效性和安全性，具有良好的经济效益和社会效益。

1) 公交车智能监控调度系统架构

公交车智能监控调度系统采用一个数据中心、多个调度客户端的架构模式，根据公交公司的管理方式，采用二级调度(集中调度)或三级调度(线路调度)的模式进行智能化调度。该系统由6个部分构成：公交车车载GPS终端，电子站牌，公交车IC打卡器，公交车前、后、腰牌系统，无线通信网络和公交车智能监控调度平台，其结构框图如图6-9所示。其各个部分分述如下：

(1) 公交车车载GPS终端。车载GPS终端被安装在所监控的车辆上，具有数据采集、信息交互、信息显示、连接控制其他设备的功能。

(2) 电子站牌。公交车智能监控调度系统根据车载GPS终端上报的实时运行状态，及时更新电子站牌中公交车辆到站距离信息。

(3) 公交车IC打卡器。公交车IC打卡器与车载GPS终端通过标准接口(RS-232/485、Can 2.0、USB 2.0)连接，打卡信息通过无线网络上传。

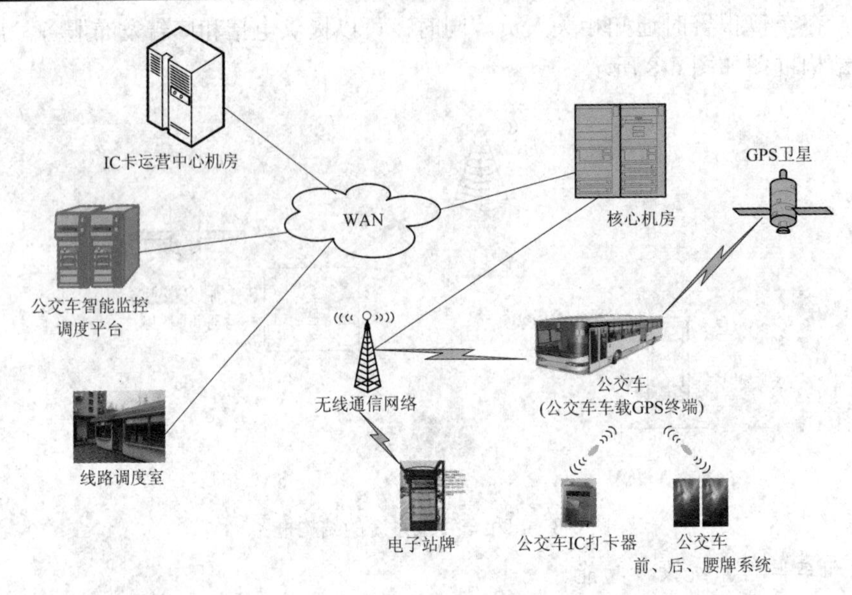

图 6-9　公交车智能监控调度系统的结构框图

(4) 公交车前、后、腰牌系统。公交车前、后、腰牌系统与车载 GPS 终端通过标准接口(RS-232/485、Can 2.0、USB 2.0)连接，实现远程自动更新或切换公交车路线信息的功能。

(5) 无线通信网络。公交车智能监控调度系统与车载 GPS 终端之间采用 2G、2.5G 或 3G 无线通信网络实现数据交互，确保数据传输的稳定性和可靠性。

(6) 公交车智能监控调度平台。将车载 GPS 终端上报数据进行分析处理，并连接地理信息系统(GIS)，实现了车辆监控、数据信息统计管理、车辆运营调度、自动排班管理、电子站牌信息更新等功能。可通过互联网随时随地访问公交车智能监控调度平台。

2) 公交车智能监控调度系统设计功能

公交车智能监控调度系统可实现以下一些功能：

(1) 公交车辆排班。系统通过对公交车辆忙/闲时段的统计分析，并结合公交人员管理信息，自动生成运行计划，生成排班计划。

(2) 公交车辆监控和调度。通过公交智能监控调度系统，实现区域调度。调度中心可同时对多条公交线路实施调度，实现营运车辆跨线路营运、线路之间资源调配(人员调配、车辆调配)，通过电子站牌、车内自动报站，对车辆运行实现过程监控。

(3) 电子站牌。电子站牌是公交信息、媒体信息的重要展现部分，其示意图如图 6-10 所示。

图 6-10　电子站牌示意图

(4) IC 卡无线传输。IC 卡刷卡机通过标准数据传输协议与车载 GPS 终端连接，实时传输 IC 卡刷卡机的数据，并实时更新 IC 卡刷卡机的黑名单、同步 IC 卡刷卡机的时间等。IC 卡无线传输示意图如图 6-11 所示。

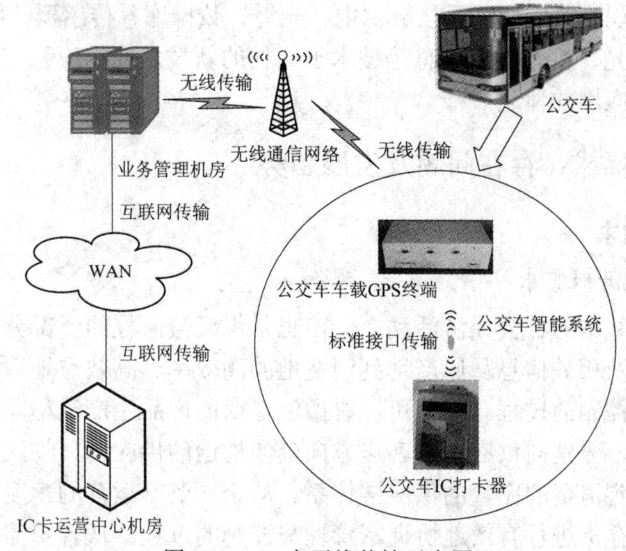

图 6-11　IC 卡无线传输示意图

(5) 公交线路自动切换。公交车前、后、腰牌系统通过标准数据传输协议与车载 GPS 终端连接，当公交车线路需要更换时，监控调度中心通过远程操作，可实现公交车前、后、腰牌，语音报站，电子工单考核等系统的自动变更，其智能控制示意图如图 6-12 所示。

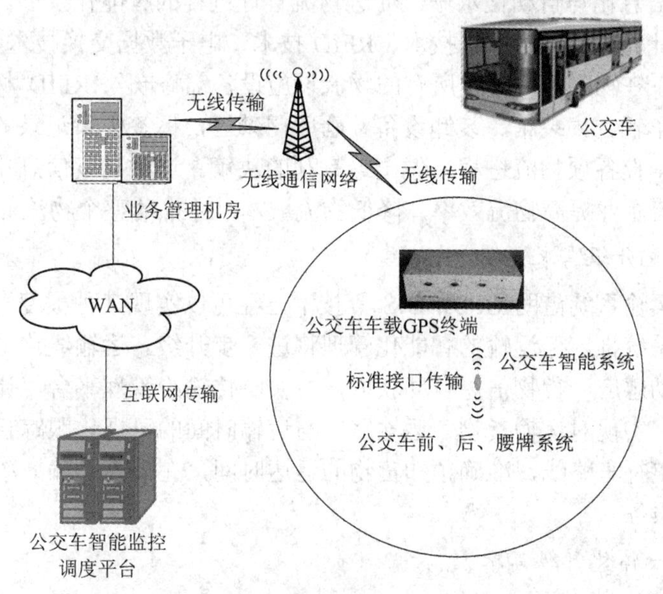

图 6-12　公交车前、后、腰牌系统的智能控制示意图

6.3　智慧物流应用

物流业是物联网很早就实实在在落地且最有现实意义的应用领域之一，很多先进的智

慧物流系统已经具备了信息化、数字化、网络化、集成化、智能化、柔性化、敏捷化、可视化、自动化等先进技术特征。很多物流系统和网络也采用了最新的红外、激光、无线、编码、认址、自动识别、定位、无接触供电、光纤、数据库、传感器、RFID、卫星定位等高新技术，这种集光、机、电、信息等技术于一体的新技术在物流系统的集成应用就是物联网技术在物流业应用的体现。

6.3.1 智慧物流需求、存在问题及发展趋势

1. 智慧物流需求

1) 物流信息化升级需求

物流是人类最基本的社会经济活动之一，也是供应链流程的一部分，它是指为了满足客户对商品、服务及相关信息从原产地到消费地的高效率、高效益地双向流动与存储而进行的计划、实施与控制的过程。物流可以看做制造商的产品生产流程，通过物料采购与实物配送这两个活动，分别向供应商与客户方向延伸构造的供应链。物流是对企业与客户的整合，也是从供应到消费的完整的供应链体系。从企业资产运营的角度看，物流是对供应链中的各种形态的存货进行有效地协调、管理与控制的过程。从客户需求的角度看，物流是要以尽可能低的成本与条件，保证客户能够及时地得到自己所需要的商品。物料采购、实物配送与信息管理功能整合，就形成了现在所说的物流的概念。

目前，我国物流业信息化已进入信息和资源的整合时期，物联网的应用将进一步提高物流设施设备的信息化与自动化水平，促进物流管理过程的智能化发展。现有的物流信息技术主要融合了计算机技术、条码技术、RFID 技术、电子数据交换技术、全球定位系统、地理信息系统等。在物联网时代，所有的物流设施设备都将嵌入 RFID 标签，小到托盘、货架，大到运输车辆、集装箱、装卸设备、仓库门禁等，标签中所记录的信息会帮助物流管理系统实时地掌控各项物流进程，做出最有利的决策。这种高度信息化、智能化的物流管理将有助于物流企业提高物流效率，降低物流成本，并推动整个物流业的发展。

2) 运输智能化升级需求

现行的物流运输系统借助 GPS、GIS 等技术已经可以实现某种程度上的可视化智能控制。随着物联网系统推广，运输的智能化管理将进一步升级。运输线路中的某些检查点将能够实现车辆自动感应、货物信息自动获取，并实时传输给管理平台，让企业实时了解货物的位置与状态，实现对运输货物、运输路线与运输时间的可视化跟踪管理，并可以根据实际情况实时调整行车路线，准确预知货物的运达时间，在提高运输效率的同时也为客户提供更有质量的服务。

3) 配送中心一体化升级需求

物联网技术的应用将极大地提高配送中心的运行效率，降低配送中心的管理成本。进入配送中心的每一个货物或托盘都附有感知节点，配送时所记录的与货物或托盘唯一对应的相关信息将成为该货物或托盘在整个物流配送环节的身份标志，借助于感应器所形成的无所不在的感应网络，配送中心将可实现出、入库的一体化智能管理。

当货物通过配送中心的入库口门禁时，附着在货物上的感知节点会自动读取所有储存在节点芯片中的数据，完成对货物的清点并将货物信息输入主机系统的数据库，与订单进

行对比，并更新库存信息，整个收货过程不需要人工对货物数量进行清点。然后，货物被直接送上传送带，入库储存或送到拣货区。库区的货架上装有存储器，可以记录下储存在货架上的货物信息，在对感知节点扫描后进入配送中心的商品管理系统。这样所有货物的储存位置和数量便一目了然了。

在货物出库时，货物被直接送上装有可读取感知节点的传送带后，配送中心按照各个零售店面或客户所需要的商品种类与数量进行配货，无需人工调整商品的摆放朝向。

借助于物联网节点感知技术可以避免传统盘点投入大、效率低的弊端。在货物的整个在库过程中，配送中心内的 RFID 阅读器会实时监控货物的库存量，可以随时得知货物的数量及每件货物所在的货架位置，根本不用清点商品，最多只需要工作人员将货架上混乱的商品进行整理即可。此外，当货物的库存量下降到一定水平时，系统会自动向供应商传送订单需求，实现自动补货。

2. 智慧物流存在的问题

进入新世纪以来，虽然我国物流行业的信息化水平得到了稳步提升，总体规模快速增长，服务水平明显提高，发展的社会大环境不断改善，但与发达国家相比智慧物流还存在以下一些突出的问题：

(1) 全社会智慧物流的运行效率与智能化水平还普遍偏低，社会物流总费用与 GDP 的比率高出发达国家一倍左右，在物流过程中存在着较为严重的资源浪费现象。

(2) 社会化的物流需求不足与物流供给能力不足的问题同时存在，“大而全”、“小而全”的企业物流运作模式还相当普遍。

(3) 物流基础设施能力不足，尚未建立布局合理、衔接流畅、能力充分、高效便捷的综合交通运输体系，物流园区、物流技术装备等能力有待加强。

(4) 地方封锁和行业垄断对资源整合和一体化运作形成障碍，物流市场不够规范。

(5) 物流技术、人才培养和物流标准还不能完全满足需求，物流服务的组织化和集约化程度不高。

3. 智慧物流的发展趋势

物联网发展推动着中国智慧物流的变革。随着物联网理念的引入、技术的提升、政策的支持，物流物联网的建设将能够极大地加强物流环节各单位之间的信息交互，实现企业间有效的协调与合作，推进物流行业的专业化、规模化发展。未来的物流物联网将从以下几个方面着手，为客户提供优化的物流解决方案和增优服务。

1) 智慧物流网络开放共享

物联网是聚合型的系统创新，必将带来跨行业的网络建设与应用。例如，一些社会化产品的可追溯智能网络就可以方便地融入社会物联网，开放追溯信息，让人们可以方便地借助互联网或物联网终端，实时便捷地查询、追溯产品信息。这样产品的可追溯系统就不仅仅是一个物流智能系统，它将与货物智能跟踪、产品智能检测等紧密联系在一起，从而融入人们的生活。物流渗透在人们生活的方方面面，不仅是产品追溯系统，今后其他的物流系统也将根据需要融入社会物联网络或与专业智慧网络互通，如智慧物流与智能交通、智慧制造，智能安防、智能检测、智慧维修、智慧采购等系统融合，从而为社会全智能化的物联网发展打下基础，智慧物流也将成为人们智能生活的一部分。

2) 智慧供应链与智慧生产融合

随着 RFID 技术与传感器网络的普及，物与物的互联互通将给企业的物流系统、生产系统、采购系统与销售系统的智能融合打下基础，而网络的融合必将产生智能生产与智慧供应链的融合，企业物流完全智慧地融入企业经营之中，打破工序、流程界限，打造智慧企业。

3) 多种物联网技术集成应用于智慧物流

目前在物流业应用较多的感知手段主要是 RFID 和 GPS 技术，今后随着物联网技术发展，传感器技术、蓝牙技术、视频识别技术、M2M 技术等多种技术也将逐步集成应用于智慧物流领域，用于智慧物流作业中的各种感知与操作。如温度的感知用于冷冻、侵入系统的感知用于物流安全防盗、视频的感知用于各种控制环节与物流作业引导等。

4) 物流领域物联网创新应用模式将不断涌现

物联网带来的智慧物流革命不仅只有以上几种模式。随着物联网的发展，更多的创新模式会不断涌现，这才是未来智慧物流大发展的基础。目前就有很多公司在探索物联网在物流领域应用的新模式。如给邮筒安上感知标签，组建网络以实现智慧管理，并把邮筒智慧网络用于快递领域；将物流中心与电子商务网络融合，开发智慧物流与电子商务相结合的模式等。

6.3.2 智慧物流系统体系结构

智慧物流系统体系是物流系统建设的指导方针，由一系列观念性的战略和策略性结构体系共同组成，是物流企业按照组织远景目标所制定的总体发展规划、实施方法和策略，带有一定的思想、观念和哲理性。这些战略和策略围绕着一个中心来制定和实施。这个中心就是：根据目标客户的需求，进行价值沟通、价值创造和价值传递。虽然对于每个具体的物流企业来说，其管理方式、运作模式、组织形式、机构大小、工作习惯、经营策略都各不相同，并且随着社会的变革、企业的发展、技术的进步，对物流系统的适应性提出了较高的要求。

智慧物流系统体系结构是在全面考虑企业的战略、业务、组织、管理和技术的基础上，着重研究物流系统的组成成分及组成成分之间的关系，建立起多维度的、分层次的、集成的开放式体系结构，并为企业提供具有一定柔性的运作系统及灵活有效的实现方法。智慧物流系统体系结构的设计要构造能够实现低成本、高效的物流服务功能的服务平台，实现动态地寻觅不同的 TPL 伙伴，进行物流资源的优化配置，既可以独自为客户提供完整的物流服务，也可以在必要(如业务饱满)时寻求合作伙伴，共同完成。

智慧物流系统体系结构应该是多维度、分层次、高度集成化的模型。单一的、片面的模型不足以描述物流系统的全部丰富内涵。物流系统体系从物质基础、知识决策层、业务运作层以及应用接口层四个角度加以构建，整个结构包括四个层次、六个平台：第一层是物质基础层，包括信息平台和技术装备平台；第二层是知识决策层(或者智能枢纽层)，是物流系统运作的灵魂和首脑，主要内容是知识平台的建设；第三层是业务运作层，不仅可使物流作业的正常运转，而且可以组织保障；第四层是应用层，是物流系统对外部环境的应用、输出功能，即功能平台，与客户进行交互的接口。在这个平台上，能够满足客户对货物的运输、储存、包装、信息查询等多项需求。

这六个平台分别执行不同的职能，彼此之间相互依存，相互支持，共同形成一个有机联系的统一整体。平台的设计应注重于客户价值的让渡和企业活力能力的提高，以实现物流系统整体效益和效率的长期最大化。智慧物流系统的体系结构如图 6-13 所示。

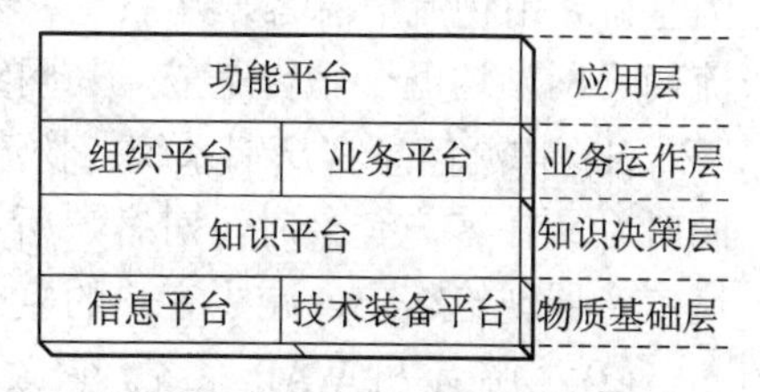

图 6-13　智慧物流系统的体系结构

6.3.3　智慧物流实施案例及分析

1. 物流信息平台

物流信息平台的目标是成为一个抽象的“配货站”，通过物联网形成物流货物资源与运力资源信息的“集中池”，彻底消除物流信息不对称的现象，其对第三方物流市场中的各类生产企业(供货方)、运输企业(第三方物流企业)、收货方及配货站具有非常重要的使用价值。

对于供货方(生产企业)：由于成本控制的诉求不得不选择压低运费，从而在一定程度上丧失了大量的车源，因此需要通过把货源上传到物流信息平台，委托平台找到“回程车”或绕过配货站直接与车主交易，节约运输成本。

对于物流运输企业：一方面在市场淡季，生产企业对物流的需求大幅降低。物流运输企业需要在需求缩紧、车源趋于饱和、运价低的情况下尽量保证企业车辆的充分利用甚至找到好的货源；另一方面，当车辆被发往外地需要返程时，物流运输企业在外地需要克服获取货源的信息面窄、返程时间要求的限制等因素，在短时间内找到合适的货源。

对于“配货站”：物理的配货站为需求双方提供面对面交易的场所。然而交易成功量的直接影响因素就是各种需求信息的汇聚程度。需要使得这些信息都统一的流向“配货站”，从而使之成为各种物流信息的枢纽。

1) 物流信息平台系统设计

物流信息平台是一个信息汇聚与信息服务的平台，如图 6-14 所示，其业务的组成总体上分成以下两个部分。

(1) 信息的收集：供货方(生产企业)在货物没有找到合适的运输企业时，向物流信息平台提供货物信息及运力需求；或者取货方需要寻找车辆取货时，向物流信息平台提供取货地信息及运力需求。同时物流企业(运输企业)在车辆闲置时将运力信息及对目的地的要求等提供给物流信息平台。

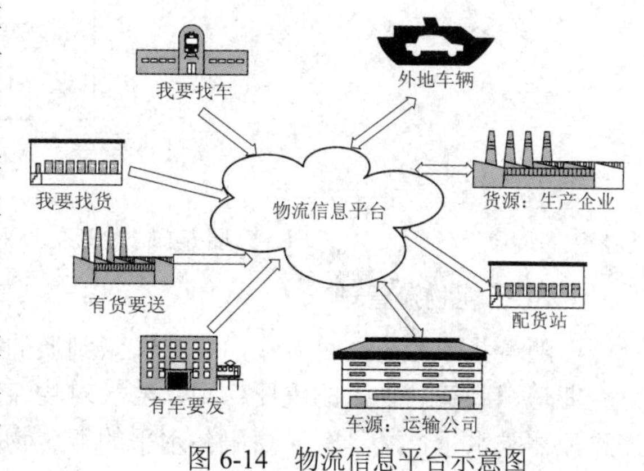

图 6-14　物流信息平台示意图

(2) 服务的提供：“配货站”按条件将收集的各方需求转换为资源进行分配，如将供货方的运输需求作为对物流企业的资源，两者进行匹配，然后与供求双方达成交易共识。

2) 物流信息平台设计功能

“一库五平台”是物流信息平台的功能概括，主要功能是以现有的物流信息网站数据库为基础，由物流信息客户端系统、物流手机 WAP 系统、物流短信系统、位置服务系统、物流门户网站这五个平台组成，其网络拓扑图如图 6-15 所示，其各个部分分述如下：

(1) 物流信息客户端系统。物流信息客户端系统可使客户更为直观地查看和查询信息。同时系统在客户登录时，对客户所在地进行判断，自动将数据库中与之相匹配的地域性物流信息展现给客户，减少客户的复杂操作，并压缩查询时间。

(2) 物流手机 WAP 系统。它改变以往很多物流客户获取信息的传统途径，让物流客户无论在哪里都能发布和查询物流信息。客户可通过手机 WAP 系统在车辆快要到达另一城市时与货主预先沟通，从而达到卸完货就装车的目的，既节省了费用，又提高了运输效率。

(3) 物流短信系统。物流短信系统通过定制关系实现物流信息共享。其主要包含使用手机短信实现物流信息的发布和收集、短信到货通知、运单追踪、短信车辆调度、车 / 货短信智能配对、运管信息查询等功能。

(4) 位置服务系统。将全球定位系统(GPS)、基站定位系统(LBS)、物流信息、物流追踪功能相整合，保证车主、货主对车辆或货物的实时监控、调度，并可随时在定位终端上获取需要的物流信息保证了运输安全性的同时，也降低了车辆的空载率。

(5) 物流门户网站。物流门户网站是在互联网上搭建的免费物流信息交互和管理平台。物流信息平台无线通信专网物流信息平台无线通信专网是将呼叫中心、移动总机、VPMN、集团彩铃相结合，为物流企业、车主和司机提供物流信息发布、查询功能的语音服务专网系统。

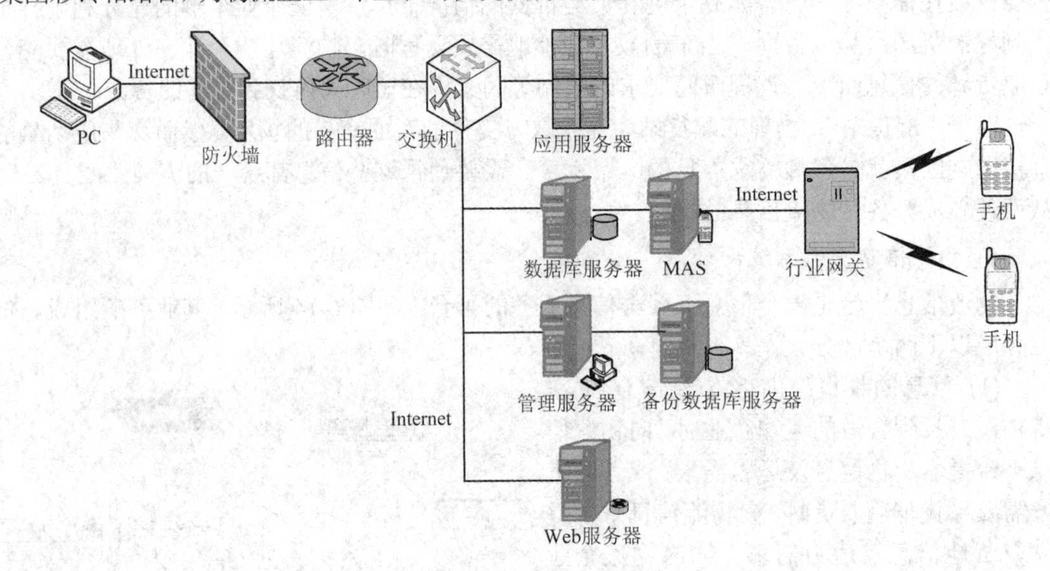

图 6-15　物流信息平台的网络拓扑图

2. 智能物流管理

随着我国经济增长方式由量的扩张到质的提高，市场竞争环境日趋激烈，越来越多的企业认识到智慧物流的重要作用，要求对物流系统采取优化管理，逐步建立起既满足当前物流需求水平，又具有较高服务水平的智慧物流管理体系，使得在未来的物流管理体系中实现对物流车辆的运力分析、订单管理、车辆调度及线路规划，并实现对货物及物流车辆的 GPS 定位监控、车辆状态采集、货品监控、货品铅封、告警管理，满足客户对于货品位置查询、货品状态查询的需求。

1) 智能物流管理系统设计

智能物流管理系统由车载终端硬件设备和控制中心系统软件两部分组成，具有运力分析、订单管理、调度管理、线路规划、在途监控、货物查询等功能，其结构框图如图6-16所示。

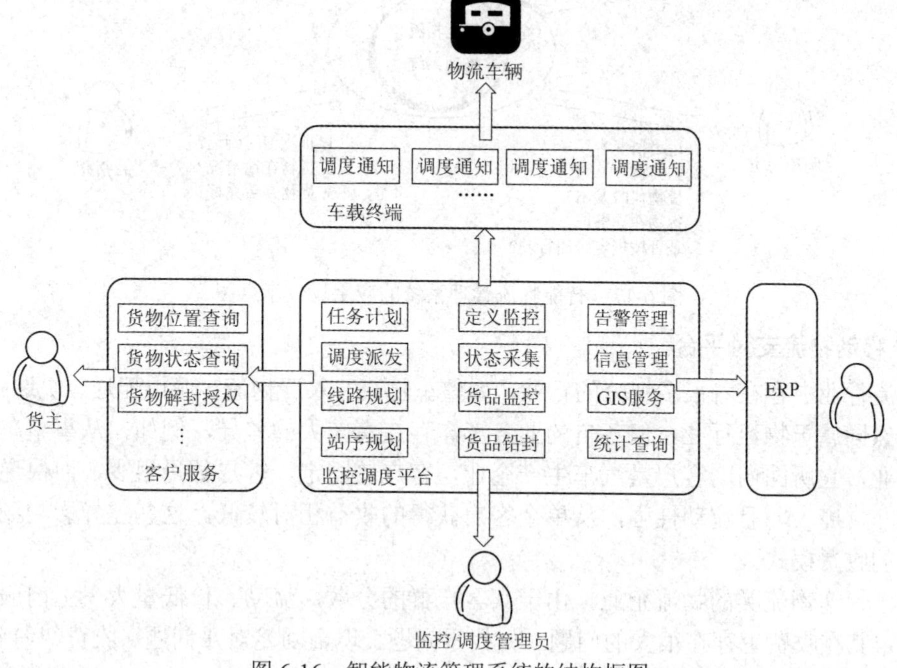

图6-16 智能物流管理系统的结构框图

(1) 智能物流管理系统与物流企业及制造厂的ERP软件有数据接口，能够获取订单信息等数据。

(2) 利用GPRS网络将车载终端采集的车辆数据(位置数据通过GPS和LBS获取、状态数据由扩展传感器获取)返回监控调度中心，并可通过监控调度中心向车载终端发起业务请求且得到数据。

(3) 智能物流管理系统采用复合架构方式，通过多种门户(Web、客户端软件、手机WAP、手机USSD等)以用户名和密码进行登录，可实现物流实时调度、车辆监控、货物配送、货物追踪、铅封管理、地图展示、实时货单查询、统计报表等功能。

2) 智能物流管理系统设计功能

智能物流管理系统以物流企业内部运输计划、调度、发运、在途监控和风险控制等为主要的功能实现点，但同时也兼具为生产企业或客户提供增值服务的能力。

生产企业将销售订单(即需要运送的货物清单)提供给物流企业，物流企业统计订单量，并利用系统完成未来三天的运力统计。根据时间、目的地和货物类型的要求，物流企业将订单分别分派给各个可用的运力(承运商或者自营车辆)，并同时安排库房出货。承运商或自营车辆在接收任务后，立即派遣车辆前往装货地装货，其间智能物流管理系统监督其进场准时率和发运的及时率。当车辆启运后，物流企业对其进行在途的监控和风险预警控制，同时也为生产企业和取货客户提供在途查询服务。车辆抵达目的地后，系统通过短信渠道与收货客户进行收货验证。智能物流管理系统的应用场景示意图如图6-17所示。

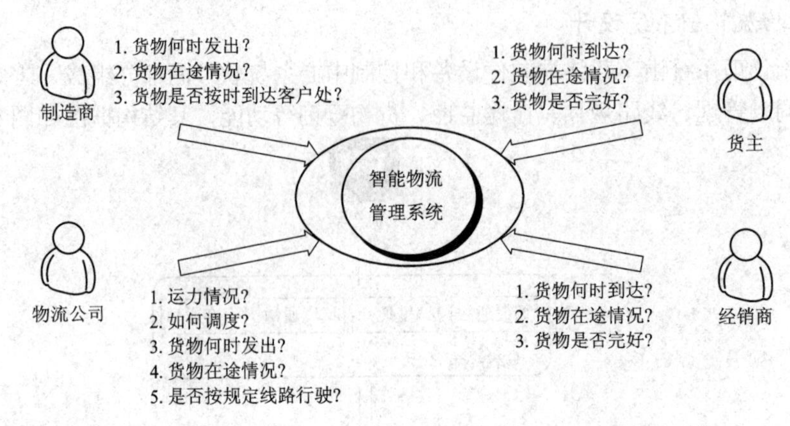

图 6-17　智能物流管理系统的应用场景示意图

3. 移动物流支付平台

物流行业中存在着很多细分的行业，如整车物流、入厂物流、城市配送、快递物流等。它们虽然同属于物流行业，但各自的业务形态存在着较大的差异，例如，从事整车物流的物流企业，它所面向的客户是汽车生产企业，客户较固定，客户数量很少，而快递物流的客户群非常庞大，且流动性强，从单个客户获得的收益相对较低。这些差异影响到不同物流企业的收费模式。

对于快递物流类的物流企业，由于其客户群的分散、流动、价低量大、上门服务等特点，注定其在收费上存在很大的问题。如找零问题、现金回笼对账问题、收费纠纷问题等。

移动物流支付平台针对这类物流配送企业或企事业单位内部的配送部门，为其提供服务费用及物流费用的实时安全收取、货物物流信息及揽货信息的实时上传和信息的集中管理。

1) 移动物流支付平台设计

移动物流支付平台以移动通信网络为空中通道，以无线 POS 机为支付终端，可实现支付和管理两大功能，其网络拓扑图如图 6-18 所示。

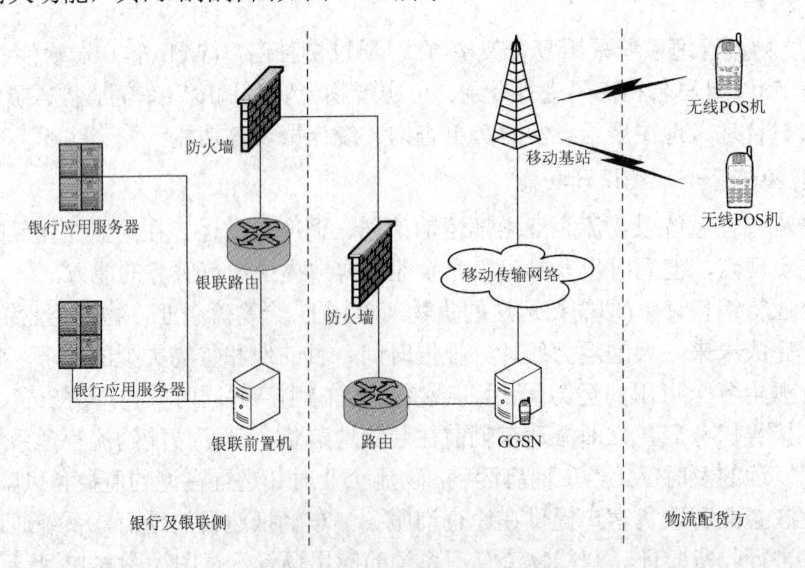

图 6-18　移动物流支付平台的网络拓扑图

2) 移动物流支付平台设计功能

移动物流支付平台可满足零散客户直接凭银行卡刷卡支付费用的需求，并为企业型客户发放特殊IC卡。该IC卡可作为支付卡或者仅仅作为结算的历史凭证，平时记录物流收单，按月用银行卡进行刷卡支付。移动物流支付平台还可实现管理功能：利用无线POS机建立客户资料、查询客户黑名单、进行结算管理、对物流业务员工作记录进行跟踪，另外，物流企业员工每天上班时，使用无线POS机进行联机签到。移动物流支付平台经过身份验证并将当天任务(上门揽收或上门配送等)下发给该员工，员工根据任务列表开始逐个执行，当借助无线POS机完成揽收或配送任务时，无线POS机将收费记录或配送记录自动上传给移动物流支付平台，任务完成后，员工使用无线POS机为客户打印揽收凭证或配送凭证。移动物流支付平台的应用场景示意图如图6-19所示。

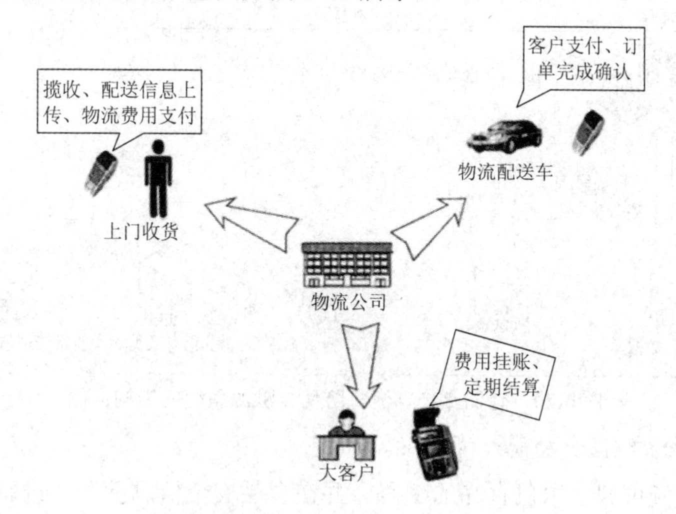

图6-19 移动物流支付平台的应用场景示意图

4. 仓储货物物流、防伪、溯源管理系统(简称仓储管理系统)

物流、防伪和溯源作为相辅相成的三个环节，应当在产品的生产、流通和使用过程中发挥至关重要的协同作用。目前来看，暂时没有有效的技术手段，可以实现对产品生产、加工、质检、销售、消费环节的一体化物流监管，并对产品信息做到有效的防伪与稽查。而二维码仓储货物溯源防伪应用系统将物流、防伪、溯源三者联系在一起。打通了从生产到物流到销售的各个环节，满足了仓储物流企业以及执法机构对物流管理、信息防伪、溯源稽查的信息化需求。

1) 仓储管理系统设计

仓储管理系统以二维码为产品的唯一身份识别标志，在产品生产、仓储、运输、销售、使用的全生命周期，均由二维码作为该产品在该环节中信息记录的载体系统。通过对二维码码号的管理及信息的编/解码支持前端设备，实现二维码的打印、扫描、识别等各种应用过程，其系统的结构框图如图6-20所示。

二维码作为信息查询、录入入口。厂商、监管机构和消费者通过扫码，进入系统或者WAP页面，完成信息录入或查询。业务管理系统承载物流、防伪、溯源的应用，提供产品物流、防伪、溯源信息存储、管理和查询服务。手持设备、识读头和手机均可作为二维码的识读及信息录入终端，使得终端选择灵活且广泛。

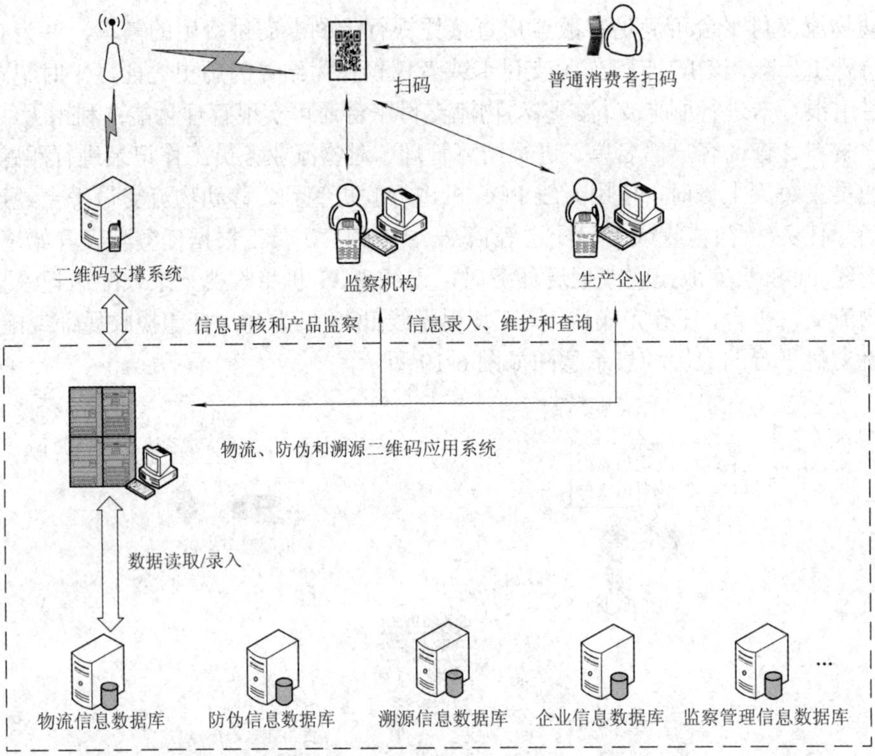

扫码
普通消费者扫码
二维码支撑系统
监察机构
生产企业
信息审核和产品监察
信息录入、维护和查询
物流、防伪和溯源二维码应用系统
数据读取/录入
物流信息数据库
防伪信息数据库
溯源信息数据库
企业信息数据库
监察管理信息数据库
…

图 6-20　仓储货物物流、防伪、溯源系统的结构框图

2) 仓储管理系统设计功能

仓储管理系统可用于绿色食品的赋码，并在食品安全信息溯源二维码管理系统中录入绿色食品基本溯源信息、生产详细信息、加工包装信息、质检信息和物流信息等。同时，企业可利用食品安全监管机构赋予的权限，使用二维码溯源管理系统对二维码的码号进行二次编辑，录入企业宣传信息。

对于食品安全监管机构而言，该系统可以核实食品生产企业录入的溯源信息，管理溯源二维码的发放。同时，利用二维码稽查上架产品的溯源信息。消费者可使用手机终端扫码或者输入码号，查看溯源信息，同时可以随时举报虚假、错误信息。其应用场景示意图如图 6-21 所示。

针对物流、防伪和溯源方面存在的问题，二维码可以有效地打通生产和销售环节中的物流信息流通渠道，提高防伪功效，并将溯源信息有效地传递给消费者。具体来说，仓储货物物流、防伪、溯源管理系统具有以下一些特点：

(1) 使用便捷。它不需进行烦琐操作，只需通过手机扫码，即可有效完成对产品信息的溯源查询和方便处理产品相关信息。

(2) 整合各流通环节。从产品生命周期中各角色的切身需求出发，对产品生命周期各个相关环节做到有机结合，形成真正的产品解决方案。

(3) 应用广泛。可以用于粮、油、蛋、菜、熟食、水产、食品半成品等各类产品生命周期管理，应用范围十分广泛。

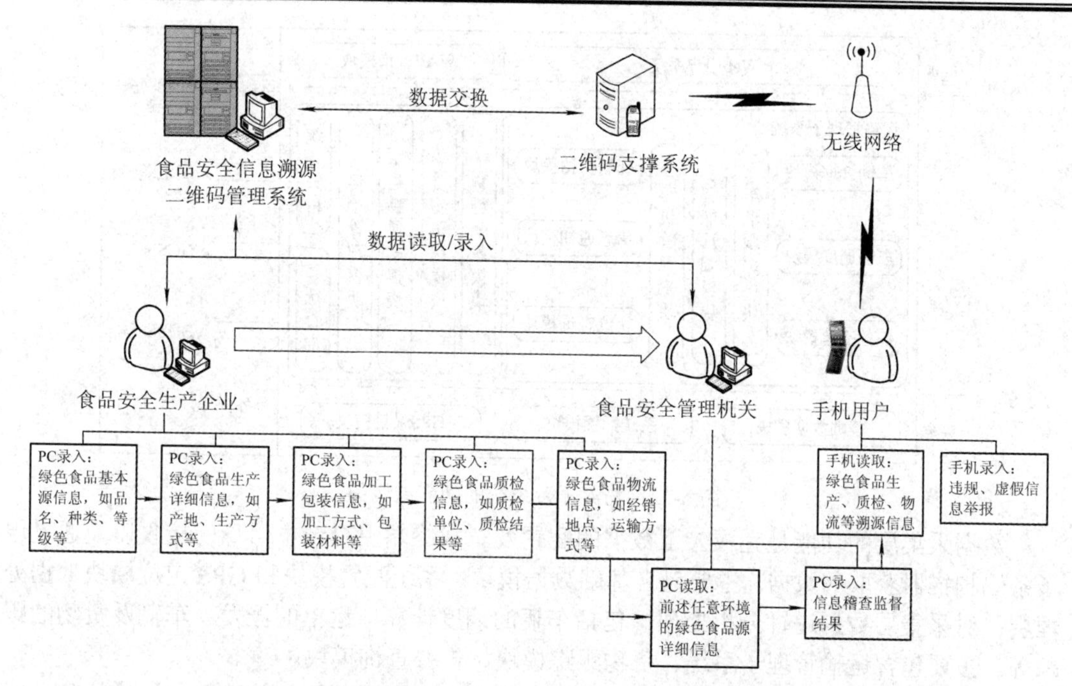

图 6-21　仓储货物物流、防伪、溯源管理系统的应用场景示意图

(4) 扩展性高。由于产品生命周期的最终环节关系到产品的普通消费者，整个流程是完整的链状关系，各个环节联系紧密，在此物流、防伪、溯源的基础上，可衍生出多种围绕产品标志二维码的应用。

5. 物流平台

在第三方物流的主要业务中，可以大致分为仓储和运输两个部分，长久以来大中型的第三方物流企业在这两个领域分别引入了仓储管理系统(WMS)和运输管理系统(TMS)以提高其物流管理水平。而运输管理过程中的很多不确定因素导致传统的 TMS 不能完全发挥作用，这使第三方物流企业对运输配送过程提出了更精细化管理的需求。

运输过程中货物信息、车辆跟踪定位、运输路径的选择、物流网络的设计与优化等服务，是传统信息系统无法实现的。必须引入新的解决方案对物流企业进行高效管理，降低运营成本，提高车辆运输调度与监控管理水平，增强智慧物流企业综合竞争能力。物流企业需求分析表如表 6-2 所示。

表 6-2　物流企业需求分析表

主要功能 企业类型	运输管理系统	车辆定位	货物跟踪	网站查询	WAP 查询	SMS 通告
大型物流企业	定制	急需	急需	急需	急需	急需
中型物流企业	需要	急需	急需	需要	需要	急需
小型物流企业	需要	急需	需要	需要	需要	急需

1) 物流平台设计

物流平台系统的功能结构图如图 6-22 所示。

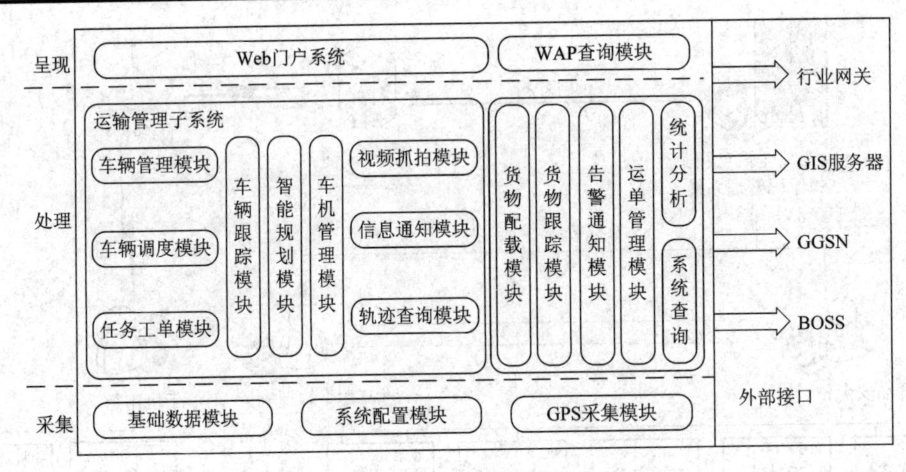

图 6-22　物流平台系统的功能结构图

数据采集层的功能是完成人工数据的配置及车载终端卫星定位信息的接收以及通过电子条码扫描器获取的数据。主要包含基础数据模块、系统配置模块和 GPS 定位模块数据处理层：对采集层数据进行分析处理，包括车辆的调度计算、运单的派发、车辆及货物的跟踪等。主要包含运输管理子系统、货物跟踪模块、告警查询模块。

数据呈现层的功能是为销售企业、物流企业和终端客户提供查询手段。它包含 Web 服务子系统和 WAP 查询模块。

物流平台组网的结构框图如图 6-23 所示，分述如下：

(1) 管理服务器：部署运输管理子系统及货物跟踪、运单管理等模块的功能，完成数据处理层的功能。

(2) 数据库服务器：记录系统业务日志、操作维护日志等。

(3) 数据同步服务器：对已有 ERP 等其他企业信息管理系统的客户提供 Web Service 数据导入和导出功能。

(4) Web 服务器：向客户、管理人员提供 Web 和 WAP 访问入口。

(5) 接口服务器：实现对行业网关、GIS 服务器、GGSN、BOSS 的访问。

(6) Radius 服务器：实现对接入终端的鉴权。

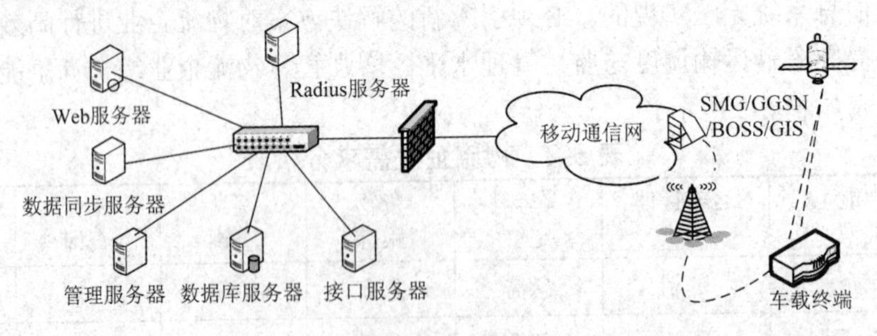

图 6-23　物流平台组网的结构框图

2) 物流平台设计功能

物流平台的功能包括系统管理、基础资料管理、车辆管理、托运管理、调度管理、报表查询与统计、车辆定位、货物状态跟踪、短信服务功能模块、摄像监控、报警监控、客户账户管理(在线查车、在线查货)等功能。物流平台的应用场景示意图如图 6-24 所示。物流平台的实现功能表如表 6-3 所示。

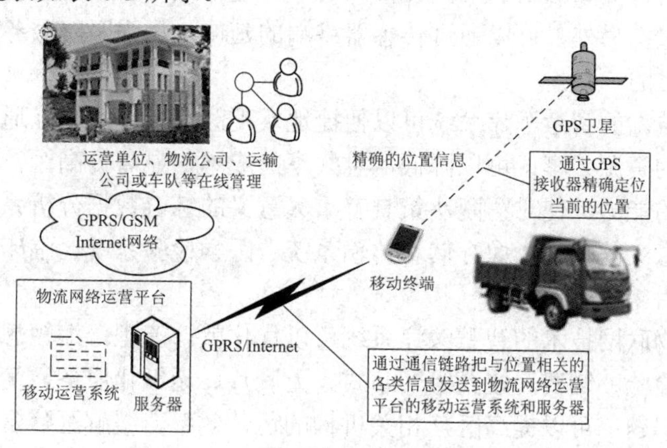

图 6-24 物流平台的应用场景示意图

表 6-3 物流平台的实现功能表

基本功能	具体业务功能
报价及托运管理	报价模块提供针对客户报价信息的管理，包括运输报价录入、运输报价确认及报价常用维护和计价等功能。对各种运输类型进行不同的报价设定，同时可以进行手工价格录入。托运模块对托运业务进行管理，包括托运单录入、回签单录入、托运单批价、托运单查询、托运单打印、托运结账及托运关账等功能
车辆跟踪	客户可随时在电子地图上查看被监控车辆当前位置信息，并可使用按车辆类别定位、按区域定位、轨迹回放、文字描述车辆位置及车辆行驶状态等功能
货物跟踪	通过选配的扫描枪扫描货物托运单和运输状态单进而可以使用对货物运输状态进行跟踪等功能(运输状态包括出车、提货抵达、提货完成、卸货抵达、卸货完成、签收完成)
调度管理	通过托运单录入、运输车辆派遣等方式使用车辆调度管理功能，管理人员通过移动 e 物流平台和车机选配的调度屏，与司机之间进行调度等信息交流
报警信息	包括跨区域报警、超速行驶报警、超时行驶报警、超时停车报警、车机掉电报警、人工报警等功能，另通过选配相关传感器可以使用开关门报警、温度报警、混凝土搅拌车卸料报警等功能
短信交互	当物流企业车辆出车、提货抵达、提货完成、卸货抵达、卸货完成时，通过车辆带的扫描枪进行状态条码扫描，可以通过短信通知发货方、收货方，同时还可以通报货物运输状态信息和各种报警信息
系统管理	可以对车队信息、车辆类型、系统日志、短信发送情况等进行统计、分析及管理。对车辆信息(司机资料、车辆维修、车辆交费、车辆保险、车辆交税)等情况进行录入和管理。还能实现对车辆的运行情况、行车里程等信息进行统计分析

6.4 智慧医疗应用

医疗卫生体系的发展水平关系到人民群众的身心健康和社会和谐，也是社会关注的热点。伴随着物联网技术的发展，发达国家和地区纷纷大力推进基于物联网技术的智慧医疗应用。物联网技术可以使得智慧医疗系统实时地感知各种医疗信息，方便医生准确、快速地掌握病人的病情，提高诊断的准确性；同时，方便医生对病人的病情进行有效跟踪，提升医疗服务的质量；另外，可以通过传感器终端的延伸，加强医院服务的效能，从而达到有效整合资源的目的。

基于物联网技术的智慧医疗系统可以便捷地实现医疗系统互联互通，方便医疗数据在整个医疗网络中的资源共享；可以降低信息共享的成本，显著提高医护工作者查找、组织信息并做出回应的能力，使对医院决策具有重大意义的综合数据分析系统、辅助决策系统和对临床有重大意义的医学影像存储和传输系统、医学检验系统、临床信息系统、电子病历等得到普遍应用。

同时，基于物联网技术的智慧医疗系统可以优化就诊流程，缩短患者排队挂号等候时间，实行挂号、检验、缴费、取药等一站式、无胶片、无纸化服务，简化看病流程，有效解决群众看病难问题；可以提高医疗相关机构的运营效率，缓解医疗资源紧张的矛盾；可以针对某些病历或某些病症进行专题研究，智慧医疗系统可以为他们提供数据支持和技术分析，推进医疗技术和临床研究，激发更多医疗领域内的创新发展。

目前智慧医疗应用部署最多的是信息/通信和监测类应用，监控和诊断应用的普遍性次之。美国在移动医疗服务应用的部署和规划方面处于全球领先地位。全球一半以上的相关应用部署在美国，欧洲约占 20%，非洲和拉美占 12%，亚太地区占 4%。美国是医疗健康方面最大的市场，特别是在信息/通信应用方面。这与美国的私立医疗系统快速筹集资金的能力有关，这使得其有能力部署高级通信和数据服务，而且在计费管理和数据管理方面具有较大的灵活性。

欧洲的应用主要集中在监测方面，医疗卫生部门的目标是希望通过基于物联网的解决方案节约成本。监控类应用部署的地区主要集中在欠发达国家，因为这些地区传染病的爆发比较常见。然而，由于极端恶劣气候对环境的影响以及新传染病的出现，发达国家对此类业务的部署力度也在增加。

我国医疗卫生事业面临着许多与社会发展不协调的地方，如医疗服务不够完善、医疗资源相对匮乏、医疗区域发展不平衡等。面对我国医疗卫生事业存在的种种问题，除了加强政府职能、增加社会投入、完善医疗保障制度外、还必须利用先进的科学技术手段，完善我国的医疗卫生服务、弥补医疗资源的不足、增强智慧医疗水平、提高医疗机构的效率和能力、促进医疗卫生在区域之间的平衡发展。

6.4.1 智慧医疗需求、存在问题及发展趋势

1. 智慧医疗需求

2009 年 4 月新医改方案出台，首次提出“四梁八柱”之说，其中，信息化支柱不仅作为支撑深化医药卫生体制改革“四梁八柱”的“八柱”之一，而且还是唯一的技术支柱，并与其他“四梁七柱”密切相关，因为其他必须依托信息化的支持保障才能得以贯彻实施。由于新医改方案中集纳了居民健康档案、电子病历、就医“一卡通”、远程医疗等诸多信息技术手段。因此，信息化也被认为是新医改的突破口。新医改方案中提出，三年内各级政府预计投入 8500 亿元用于医疗改革。

由于新医改方案的发布实施，原本就蕴涵着巨大商机的智慧医疗市场迅速沸腾起来。

无论是世界级的企业还是本土企业，无论是实战经验丰富的企业还是初出茅庐的企业，都嗅到了智慧医疗的商机，IBM、西门子、思科、通用电气、微软等众多跨国企业已提前在中国医疗市场布局抢位。智慧医疗有以下几个方面的需求。

1) 远程医疗

新医改方案中提出要积极发展面向农村及边远地区的远程医疗。随着互联网的普及和3G时代的来临，远程医疗已经成为各级医疗单位的强烈需求。远程医疗包括远程诊断、专家会诊、信息服务、在线检查和远程交流五大内容，主要涉及视频通信、会诊软件、可视电话三大模块。据悉，2011年有关远程会诊的国家卫生信息网的首期工程建设计划投资超过2亿，加上新医改的支持，远程医疗的前景被看好。

2) 农村和社区智慧医疗建设

兴建乡镇医院和社区卫生服务站是新医改的重点。利用信息技术使农村居民可以享受更快捷、更便利的医疗服务，更进一步地实现社区与三甲医院之间的区域医疗资源共享。新建成的社区医疗服务机构在信息化建设上必然是零起点，其市场规模不可小觑。

3) 电子病历和居民健康档案

电子病历和居民健康档案是智慧医疗的基础信息来源，也是新医改的重要内容之一。电子病历是已执行的病人医疗过程、确定相关医疗责任的重要记录，是将要执行的医疗操作的重要依据，也是智慧医疗建设的一个重要组成部分，其在可靠性、稳定性、安全性等性能上比其他行业要求更高。因此，使用电子病历系统必须建立一套高度可靠的安全机制，在身份认证、分布式权限分配机制、数据库安全性、文档安全性、域安全性和系统加密锁等多个层次进行安全设计，确保医院信息系统的安全运行。而进一步提高电子病历、健康档案的安全性、可靠性、严肃性也就成为智慧医疗相关厂商的重中之重。

4) 区域医疗机构资源共享

新医改方案提出，通过信息化手段建立医院间的资源共享系统，从而实现医疗服务资源的最优化整合和最大协同效应。因此，建立以病人为中心的数字化管理信息系统，实现各业务信息系统的集成是医疗机构的当务之急。因此，医疗物联网系统应当考虑如何帮助医疗机构解决新老系统的兼容问题，帮助各种异构平台实现不同应用之间的信息共享。

2. 智慧医疗存在的问题

目前，我国智慧医疗的发展相对滞后，很多卫生行政部门尚未实现办公自动化、网络化，大多数医院的信息系统没有完全转向以病人为中心的医院信息系统建设上来，仍然是采用以财务为重点的管理模式；医疗管理部门及不同层级医院之间没有构建统一的数据共享平台，以致信息收集出现较为突出的不准确、不及时、不完整，传输渠道不通畅等问题；城市与农村智慧医疗发展水平不平衡，信息化程度较低，多停留于如门诊挂号系统、门诊定价收费系统、住院病人收费系统等基础应用层面上，而没有深入到卫生系统的运行、管理、监管等各个环节，存在以下几个方面的问题。

1) 资源重复配置

当前我国医疗卫生系统已经拥有多条网络信息通道，如中国疾病控制中心传染病直报系统、全国应急指挥系统等，均有相当完备的网络通道用于信息传送、处理、分析等。但是中央层面暂时缺乏各个系统资源共享的平台，各大医疗卫生机构只能根据自身需求定制相应的软件服务，而盲目引进的医疗信息管理系统品种繁杂、兼容性差，并且大多数系统只能运行简单的文字处理程序、财务统计等较低层次的信息处理工作，不仅导致资源配置在一定程度上相互重复，而且给各大信息系统的数据汇聚与统计分析带来了障碍。

2) 信息交互不够流畅

由于各地医疗机构使用的信息管理系统多属各医院依据自身需求自行开发或从外引进，缺乏统一标准和接口，使得各地医疗机构形成了“信息孤岛”。主要体现为：信息来源渠道单一，信息不全面且相互之间共享能力较差，使得信息系统的资源潜力得不到充分发挥；系统对接困难，无形中给医院间的交流合作和科研工作带来了很大阻力。实现一定区域范围内医院信息系统的信息交互、资源统筹与共享以及各个系统之间的有效集成，可以提高信息的传输能力，从而为病人提供高质量的医疗服务。

3) 信息利用率较低

各大医院保存的大量患者既往病史、治疗方案、反馈信息等材料为医疗科研人员总结发病原因、治疗方案、治疗成功率、疾病死亡率等提供了宝贵的科研素材。因此，应深入分析、充分利用这些材料分析病人的来往地、生活水平、生活习惯、工作类型、工作强度等，以调整医疗服务的发展方向，满足病人的需求。新医改方案中对健康档案的建设将在全国范围内逐步开展，而目前较低的数据汇总和统计分析水平导致大量数据难以得到充分利用，无法挖掘隐藏在数据中的隐含信息，影响了智慧医疗的推进进程。

4) 城市、农村之间区域发展不平衡

随着信息技术的深入广泛应用，城市中各大医院均增加了对于智慧医疗建设的投入，许多医院都建立了门诊和住院医生工作站，个别医院正在努力实现电子病历和医学影像的数字化，逐步完成数字化医院的构建。而受限于经济发展水平，农村智慧医疗的开展存在很多困难，如没有建设覆盖全市各乡镇的农村医疗保障信息交换平台。而且在地、县级和西部地区没有完全实现计算机辅助管理、辅助医疗，也没有实现农村医保信息的数字化、网络化管理以及各医疗机构之间的信息共享等。城市、农村智慧医疗发展不平衡，严重阻碍了智慧医疗的全面推广。

5) 智慧医疗法规缺乏统一

目前医院信息系统建设自由度过高、缺乏统一规范，严重制约了智慧医疗的应用。各个医院都有各自的一套系统，药物名称、检查方法、诊断名称、手术名称都不一样。特别是在数字影像的采集、显示、远程医疗等方面尚缺乏标准，因而数字化医疗在工作中的可靠性和安全性难以得到保证。标准体系的缺失致使各医院的系统自成体系，为信息交互与共享带来很大困难。

3. 智慧医疗的发展趋势

1) 建立医院信息系统

当前主要是建立以病人为中心的医院信息系统(HIS)。该信息系统可对医院的主要业务部门(包括门急诊、住院、药库、药房、辅助科室等)进行较为全面的医疗管理和财务管理。HIS 是医院信息化的基础，也是医院信息化热点，由于受经济发展水平及国家政策影响，各地区医院信息化建设水平与投资水平不同，但建立新型的可共享资源、服务及经验的医院信息系统是基于物联网的智慧医疗应用的必然趋势。

2) 引进大型数字化医疗设备及医疗图像信息处理系统

近年来，由于我国的医院纷纷引进先进的数字化医疗设备，这些独立的系统虽然已经对医疗行业的发展起了很大的作用，但如能进一步通过网络与计算机系统实现互联互通，则能发挥更大的作用。目前，国内外已研制出了一些系统，目前已投入使用，并将迅速地发展成熟。

3) 远程会诊系统

由于我国各级医院的医疗水平有着较大的差异，为了充分利用现有的医疗资源，使病人得到更好的诊治，远程会诊系统应运而生，并迅速在众多医院开始投入实施。但目前存在的远程会诊系统水平参差不齐，联网方式多种多样，组织较为混乱。导致远程会诊系统之间交互能力较差。因此，远程会诊及今后的远程医疗是未来的发展趋势，应组织技术及资金积累较为雄厚的相关物联网设备厂商及研究机构对其进行完善的规划，并会同相关部门制定统一的标准，采用各种先进的技术及管理措施来实施。

6.4.2　智慧医疗系统体系结构

智慧医疗技术是先进的信息网络技术在医学及医学相关领域(如医疗保健、医院管理、健康监控、医学教育与培训)中的一种有效的应用。维基百科认为，智慧医疗技术不仅仅是一项技术的发展与应用，它是医学与信息学、公共卫生与商业运行模式结合的产物。智慧医疗技术的发展对推动医学信息学与医疗卫生产业的发展具有重要的意义，而物联网技术可以使医院管理、医疗保健、健康监控、医学教育与培训成为一个有机的整体。医疗卫生信息化包括医院管理、社区卫生管理、卫生监督、疾病管理、妇幼保健管理、远程医疗与远程医学教育等领域的信息化。其中医院信息系统和远程医疗是整个智慧医疗的基础与重要组成部分。

1. 医院信息系统

随着信息技术的快速发展，国内越来越多的医院正加速实施基于信息化平台的医院信息系统(HIS)的整体建设，以提高医院的服务水平与核心竞争力，从而为患者提供更舒适、更快捷的医疗服务。对医院进行信息化改造不仅能有效提升医生的工作效率，更能提高患者满意度和信任度。因此医疗业务应用与基础网络平台的逐步融合正成为国内医院，尤其是大中型医院信息化发展的新方向。

随着我国市场经济体制的确立和全国医疗保险机制的实施，医疗卫生体系正面临着内、外部环境的变化，一些制约医疗卫生事业发展的深层次矛盾和问题日益显现。医疗卫生体系要适应形势的变化，唯一的出路是：改革医疗卫生体制和加速医疗卫生信息化进程。推进智慧医疗的目的是以先进的信息技术为依托，充分利用有限的医疗卫生资源，提供优质的医疗服务，提高医疗卫生管理水平，降低医疗成本，满足广大群众基本的医疗服务要求。

目前，国内大多数医院都采用传统的固定组网方式和各科室相对比较独立的信息管理系统，信息点较为固定、功能较为单一，这严重制约了 HIS 发挥更大的作用。如何利用物联网相关技术，构建可靠、高效的医院信息系统，从而更有效地提高管理人员、医生、护士及相关部门的协调运作能力，提高医院整体信息化水平和服务能力，是当前医院迫切需要考虑的问题。

HIS 是现代化医院运营所必需的技术支撑环境和基础设施，是以病人的基本信息、医疗经费与物资管理为主线，通过涵盖全院所有医疗、护理与医疗技术科室的管理信息系统，并接入互联网以实现远程医疗、在线医疗咨询与预约等服务。医院信息系统是由医院计算机网络与运行在计算机网络上的 HIS 软件组成的，其结构框图如图 6-25 所示。

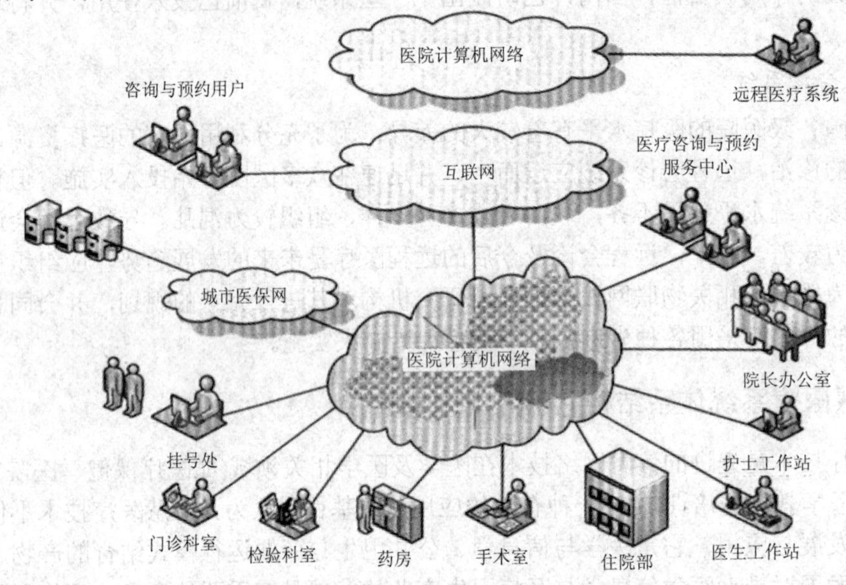

图 6-25　医院信息系统的结构框图

HIS 一般由以下几个子系统组成：

(1) 门诊管理子系统：主要完成患者身份登记、挂号与预约、电子病历与病案流通管理、门诊收费与门诊业务管理功能。

(2) 住院管理子系统：主要完成住院登记、病案编目、医务管理等功能。

(3) 病房管理子系统：主要完成病人入住、出院与转院管理、护士工作站与医生工作站管理等功能。

(4) 费用管理子系统：主要完成收费价格管理、住院收费、收费账目管理与成本核算。

(5) 血库管理子系统：主要完成用血管理、血源管理、血库科室管理。

(6) 药品管理子系统：主要完成药库管理、制剂室管理、临床药房管理、门诊药房管理、药品查询管理与合理用药咨询。

(7) 手术室管理子系统：主要完成手术预约、手术登记与麻醉信息管理。

(8) 器材管理子系统：主要完成医疗器械管理、低值易耗品库房管理、消毒供应室管理。

(9) 检验管理子系统：主要完成检验处理记录管理、检验科室管理与检验器材管理。

(10) 检查管理子系统：主要完成检查申请预约管理、检查报告管理、检查科室管理。

(11) 患者咨询管理子系统：主要完成医院特色科室与主要专家介绍、接受患者或家属通过互联网的在线咨询或提供电话咨询、接受患者预约服务。

(12) 远程医疗子系统：主要完成通过互联网实现多个医院的专家在线会诊、在线手术指导与教学培训服务。

2. 远程医疗

远程医疗是一项全新的医疗服务模式。它将医疗技术与计算机技术、多媒体技术、互联网技术相结合，以提高诊断与医疗水平，降低医疗开支，满足广大人民群众健康与医疗的需求。广义的远程医疗包括：远程诊断、远程会诊、远程手术、远程护理、远程医疗教学与培训。

在远程医疗领域，主要包括健康监护、急救服务、远程诊疗，其需求如下：

(1) 人们希望通过尽可能便捷、有效、成本低廉的健康监护系统，对个人的健康体征信息进行监护和跟踪，实现预防在先。

(2) 在急救模式上，改变目前以呼叫受理与病人双向转运为主、院前车内救助与入院救治相互独立的状况，建设紧急医疗救援中心和各区急救分站，逐渐实现救援中心—急救分站—急救网络医院一体化，争取急救时间，完成信息共享，提高救治效率。

(3) 改变目前患者与医生必须面对面进行基本体征监测的状况，实现对院内患者体征信息的提前远程检查，以缩短诊疗时间，从而高效利用医疗资源。

基于物联网的远程医疗信息系统可以根据监护终端类型、医疗事件发生场景及业务流程的不同划分为远程健康监护、远程诊疗和远程急救三个子系统。其对应的典型业务场景分别为家庭(包括室内和户外)、医院、车载(急救车)。

在家庭的远程健康监护子系统中，通过家庭用血糖仪、血压计、心电监测仪等传感设备，监测、汇集、整理测量数据，并将数据经汇聚节点或网关设备发送到卫生健康监测业务服务平台。专业医疗卫生人员可对所得数据进行分析，结合患者健康信息档案对患者病情进行初步诊断，并酌情进行健康指导，同时监测服务平台装载有专家知识库进行辅助诊断。该系统结合短信中心、呼叫中心等系统对被监护者进行诊断告知、病情提醒。

在医院的远程诊疗子系统中，需要在住院部病房内或门诊部候诊区对患者的生物体征信息实现远程监测，使得医生在诊疗前获取患者第一手真实性较高的体征监测信息，节约患者就诊时间，提高救治准确率。

在车载的远程急救子系统中，主要针对在急性心肌缺血、严重心率失常或梗死风险患者的救助过程中，为了缩短救治时间，提高救治效率，需要实现在院前救治过程的诊疗信息与院中、院后诊断治疗信息协同共享。在急救车内对患者基本信息(病史)、体征信息、车内视频信息与急救中心(站)、医院多方实现实时共享。

6.4.3　智慧医疗实施案例及分析

1. 视频探视

现今医院对 ICU/CCU 病房的探视有明确的时间和频率限制，而病人家属却希望能随时对病人进行探视，以了解病人的病情变化。因此如何能便捷安全地探视在医院 ICU/CCU 病房接受治疗的病人，一直是医院和病人家属之间亟待解决的矛盾。而视频探视系统则可以解决这一问题，让病人家属可以随时随地探视在 ICU/CCU 病房中接受治疗的病人。

病患者家属可通过远程探视电话、互联网预约或通过视频探视亭与病人进行远程视频通话。视频探视系统的应用场景示意图如图 6-26 所示，它满足了病人家属随时随地能对病人进行探视的愿望，并减小了 ICU/CCU 病房的探视压力。

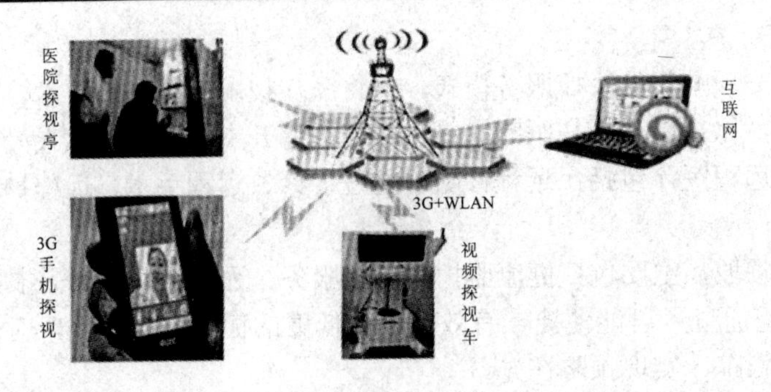

图 6-26　视频探视系统的应用场景示意图

1) 视频探视系统架构

视频探视系统充分利用了 3G 网络的特性，针对核心网的分组交换业务域(PS 域)和电路交换业务域(CS 域)均提供了相应的解决方案，从而为用户提供了多种选择方式。视频探视系统的结构框图如图 6-27 所示，其技术方案如图 6-28 所示。

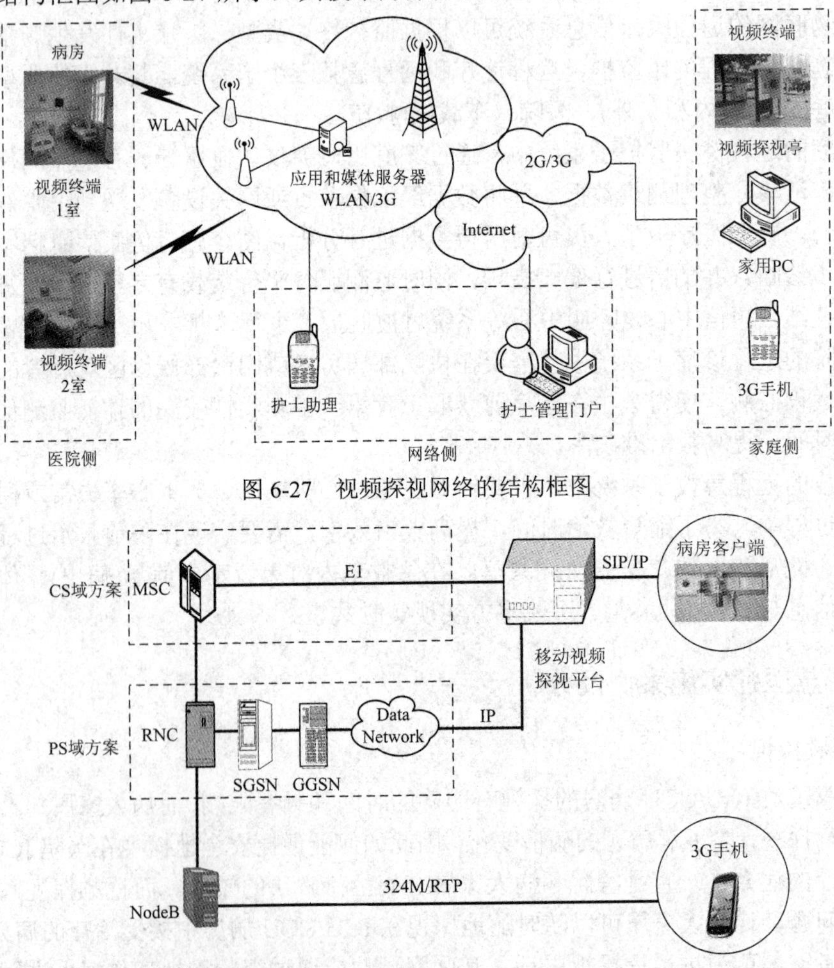

图 6-27　视频探视网络的结构框图

图 6-28　视频探视系统的技术方案

2) 视频探视系统设计功能

视频探视系统能通过设在医院的探视亭、具有互联网连接的计算机和 3G 手机进行视频探视。对于通过3G手机进行探视的方式，提供基于CS域和PS域两种解决方案。

视频探视系统与以下设备之间存在接口：

(1) 医疗行业综合应用网关：病人家属进行预约以及探视密码的发送，依赖于短信/彩信，因此系统需要与医疗行业的综合信息应用网关进行通信。

(2) MSC：如果采用CS域的探视方案，移动视频探视系统将与MSC采用E1进行连接。一条E1线路最多可以支持30路并发视频通话，因此需要综合考虑系统的容量来决定E1接口的数量。

移动视频探视系统设为一个独立的局域网，局域网通过防火墙与Internet相连，防火墙上可以设置必要的安全控制策略，由防火墙负责过滤所有进出移动视频探视系统平台局域网的访问请求。

局域网包含无线 Wi-Fi 接入点，在病房等不便于布网线的区域通过无线方式接入探视系统。Wi-Fi需要支持IEEE 802.11n/g/b支持100 M带宽，局域网提供100 M带宽以支持远程(手机、家用 PC)和本地(电话亭)接入。与 Internet 的连接带宽应不小于 36 M，以支持手机用户和家庭PC用户远程接入探视系统。

基于 3G 网络的移动视频探视系统在病人及其家属之间架设了无缝的视频沟通平台，为病人家属提供了对ICU/CCU病房的远程探视功能。病人家属在病房外的任何地点，都可以通过 3G 手机、互联网等多种途径对病人实现远程视频探视，无需再前往医院病房，彻底解决了对ICU/CCU病房中的病人探视不便的矛盾，在为医院提升服务水平的同时，也极大地方便了病人家属。

2. 远程会诊

基层医疗单位大多存在设备简单、医疗水平较差的问题，迫切需要借助高等级医院的实力提升自身医疗服务水平，因此远程会诊系统应运而生。远程会诊系统为基层人群提供高级医院的专家医生的诊断和治疗建议，提高基层医疗水平，为病人提供更好的服务。从目前情况看，移动式远程会诊增强了远程医疗的灵活性，降低了会诊成本，实现了专家资源的远程共享。

远程会诊系统通过无线网络提供宽带视频、多人电话会议功能，保证参与远程会诊的医生和专家能及时、快速、全面地交流信息。用户通过移动无线网络接入远程会诊系统，接受专家在线诊断服务，并可以通过远程会诊系统提前预约相应专家。远程会诊系统的结构框图如图6-29所示。

图6-29 远程会诊系统的结构框图

远程诊断终端通过移动通信网络与应用平台连接，应用平台与医院内部的远程会诊系统相互关联，共同实现远程会诊功能。远程会诊系统的技术方案如图 6-30 所示。用户注册移动远程会诊系统后，随时可以预约远程会诊服务，灵活安排远程会诊的地点和时间，极大地方便了用户使用，避免了疾患延误，使发达城市的医疗诊断服务能够深入到基层医疗资源欠发达地区。对于参加远程会诊项目的医院，该系统在解决医患矛盾，提高基层疾患诊断质量的基础上，也相应地推广了医院的品牌，提高了医院的知名度。

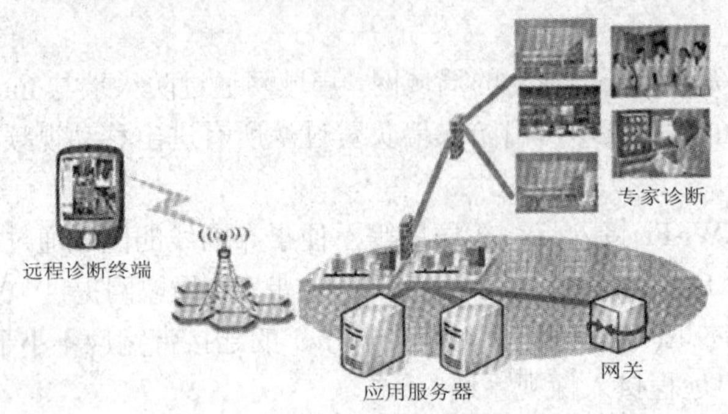

图 6-30　远程会诊系统的技术方案

3. 远程健康监护

目前国内各大医院都在加速实施信息化平台、医院信息系统(HIS)建设，以提高医院的服务水平与核心竞争力。智慧医疗不仅能够有效提升医生的工作效率，减少疾病患者的候诊时间，还能够提高病人满意度和信任度，树立医院科技创新服务的形象。

心脏病是突发性死亡率最高的疾病，临床医学的实践证明 98％的心源性猝死患者在发病前多则几个月、少则几天都会出现心律失常，如采取适当措施，早期就诊，将极大地减少突发性心源性猝死的悲剧的发生。在中国和发达国家，占总人口 20%～25%的人群患有高血压，但世界卫生组织专家指出：尽管心血管疾病是头号杀手，但如果积极预防，每年可挽救 600 万人的生命，因此，降低心血管疾病的发病率和死亡率的唯一有效方法是对心血管患者等高危人群进行早期诊断、预防，并加强日常管理。

据《中国心血管病报告 2008—2009》估计，全国心血管病患人数至少为 2.3 亿，但具备心血管疾病诊断的大型医院数量非常有限，且人满为患，远远不能满足诊断需求。另外，每个城市的社区医院数量庞大，以重庆为例，其社区(乡镇)医院的数量为 1 万多家。如果通过医疗远程监护系统将个人、家庭、社区、医院四个层次结合为一个有机医疗救助体系，为患者提供在社区、乡镇实现心血管病预防监控和日常管理的手段，将能极大缓解我国医疗资源紧缺的局面。

1) 远程健康监护系统架构

远程健康监护系统包括远程健康监护终端、移动无线网络、监控服务中心及后台专家处理系统，其结构框图如图 6-31 所示。远程健康监护终端包含用户心脉等参数的采集处理模块和通信模块，其中通信模块由模组和专号段的 SIM 卡组成。远程健康监护终端采集的数据通过移动无线网络传输到监控服务中心，中心将用户身体参数发往专家处理系统，由医学专家进行实时诊断，并给出诊断结果及建议。诊断结果存储在监控服务中心，同时通过移动通信网络及时反馈给用户，使得用户能够及时了解自己的病情，便于决定是否采取进一步治疗措施。

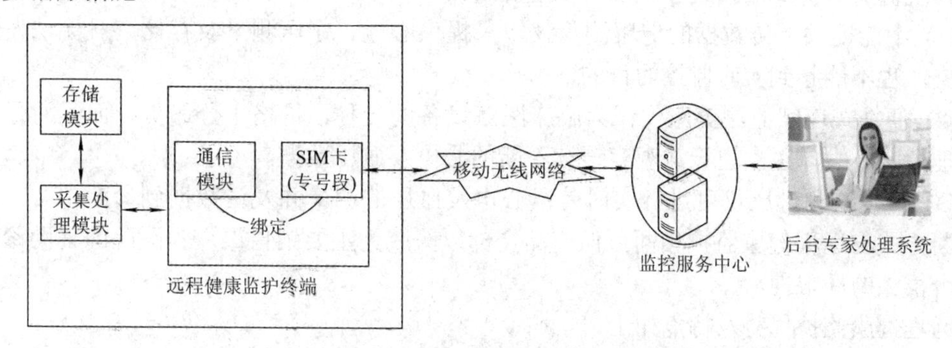

图6-31　远程健康监护系统的结构框图

远程健康监护系统与以下设备之间存在接口：

(1) 医疗行业综合应用网关：检测情况数据的发送以及监控服务中心处理报告的反馈，依赖于短信/彩信，因此系统需要与医疗行业的综合信息应用网关进行通信。

(2) 远程健康监护终端到监控服务中心之间：远程健康监护终端与监控服务中心之间需要通过移动无线网络通道进行通信。

(3) 移动计费接口：诊断和会诊费用，由移动计费系统按照远程健康监护系统终端的短信上传记录进行计费，并生成账单。

远程健康监护系统流程如下：

(1) 当用户在日常感到不适时，使用远程健康监护终端进行血压、心电测量，并将测量数据立即发送到监控服务中心服务器。

(2) 会诊医院医生登录监控服务中心，对测量数据分析结果和治疗建议以短信方式发送回用户的远程健康监护终端，同时按症状的严重程度短信分别通知用户及其绑定的亲友、医师；在用户出现需紧急处置的症状后，经用户授权，将协调医疗机构参与救助。

(3) 监控服务中心将用户一定时期内的测量数据自动生成变化曲线，用户长期绑定的医生可查看用户血压等数据的变化曲线，帮助医生充分了解和分析用户每次测量时其服用的药物对病情控制的效果。

用户只需在家或附近社区医院现场检测血压、心电等状况，远程健康监护系统会将检测的状态数据发送到后台监护服务中心的数据库。专家进行分析诊断，并得出诊断结果和建议，社区医院通过授权账号登录后台系统查看分析报告。对病情严重、难于控制的使用者，系统将提供24小时监护、专家会诊、直至要求使用者到医院就医等措施。

2) 远程健康监护系统设计功能

远程健康监护是指运用物联网、医疗、通信、计算机等技术，通过各种医学传感器采集使用者身体状态信息，将所得数据、文字、语音和图像资料进行远距离传送，实现远程诊断、远程会诊及护理、远程探视、远程医疗信息服务等。

为降低心血管疾病的发病率和死亡率，对心血管患者早期诊断、预防和完善的日常管理，远程健康监护可以着重于远程血压监护和远程心电监护，在此基础上可扩展到其他疾病甚至传统医疗服务(如专家咨询、健康评估、健康干预等)或信息化增值服务(如健康讲座、远程挂号、导医等)。

传统健康监护产品模式存在以下一些弊端：

(1) 不能提供上传数据的健康测量仪，只提供心电、血压测量及存储，且无法发送测量数据，也不能起到实时监控的目的。

(2) 便携式连续监测健康仪作为临床医疗设备的一种，价格十分昂贵，而且对日常健康管理意义不大，医生也无法观察连续不断的心电及血压数据。

(3) 片段监测健康仪可进行实时片段心电及血压的测量并发送数据到诊断中心，监测和诊断方式与远程健康监护相同，但产品全部以医院为主要销售渠道为医院的辅助诊断手段，有很大的局限性。

远程健康监护优势及特点如下：

(1) 就医便利。通过家庭自检或社区医院进行远程健康监护，省却使用者去医院的时间，缓解了大型医院拥堵排队看病的现象。

(2) 服务专业。将远程健康监护系统检测后的数据远程提供给大型医院的专业医生进行分析，使用者可在社区医院或者家里享受专业治疗。

(3) 治疗及时。远程健康监护系统可充分采集数据，并可长期绑定获取有经验的医生的医疗服务，大大提高了对高血压、心血管疾病诊断的准确性和治疗的有效性，确保使用者得到及时的治疗。

6.5 智能家居应用

创造健康舒适的家居环境是人们对幸福生活的追求。30 年来的高速经济发展，使我国人民的生活水平和居住环境有了质的飞跃。生活设施日渐齐全、家居设备种类也愈加丰富。然而，家居能耗过大、安全系数低、家电操作不便等问题在环保理念普及和人们追求高品质生活的今天愈发凸显。基于物联网技术的智能家居系统能够利用传感器、无线通信和智能控制技术。为人们提供舒适、便捷、安全、环保的家居生活环境，对于构建环境友好型、资源节约型的和谐社会具有重要意义。

6.5.1 智能家居的背景概述

不断改善居住条件、创建宜居的生活环境是人们对美好生活的坚韧追求。早在石器时代，人类祖先便开始使用石头和泥土堆砌房屋遮风避雨，并用泥土烧制陶器制作各类生活用品；进入农业文明后，人们又发明了砖瓦结构的房屋，并学会制作青铜制品作为家用器皿；工业文明的发展和电气技术的出现带来了诸如微波炉、冰箱、空调等各类家用电器和自动化生活设施。家居设施的更新一直追随着科学技术的发展，永远跟随人类文明的进步。

1. 当前家居环境亟待改善

未来学家沃尔夫曾经说过，“人类在经过农耕、工业、电气化等时代后，将进入关注梦想、精神和生活情趣的新社会”。随着我国经济的持续发展，居民生活水平的不断提高，居民的家居设施有了很大的改善，家庭消费正在由生存型消费向健康型、便利型、享受型消费转变。

居民收入的提升和房地产业的快速发展，使我国居民家庭的人均住房使用面积逐步增加。国家统计局的数据显示，1978—2008 年城镇人均住房建筑面积从 6.7 m^2 提高到 28 m^2

以上，而且都配备了完善的水、电、气等生活设施。住房条件的改善带动了家居设施的消费，各种高科技电子家居消费品，如数字化大屏幕液晶彩电、大容量冰箱、全自动洗衣机等，正逐步占领家庭消费市场，统计数据表明，2008 年数字家电产品在城镇的平均普及率已经超过了 90%。居民住宅已由原来遮风挡雨、吃饭睡觉的生存场所，演变成生活、学习、娱乐甚至居家网上办公的多功能活动场所。

然而，一方面随着环保意识的增强和可持续发展理念的深入，发展“低碳经济”正在成为世界各国迈向生态文明的必由之路；另一方面，人们对家居环境的追求，也从早期的环境、位置、户型等方面上升到了对整个家居安全、智能、健康、舒适等更高层面的要求。这使得当前的家居环境存在的一些问题逐渐凸显出来。

1) 家居能耗过高

根据西门子公司的研究报告，欧美等国家的能源消耗，有相当大一部分是来自于建筑物本身。在英国，高达 6 成以上的 CO_2 排放量来自于建筑物的耗电与热排放，即便是在老旧建筑较少的美国，其建筑物能源消耗比例也高达 4 成。这是由于一方面，人均收入的增加和用户本身的能源使用习惯会导致能耗增加；另一方面，建筑物本身对能源的消耗缺乏有效率的主动管控措施，也是造成这种结果的因素之一。

有关统计数据显示，我国建筑能耗已经占到国家每年总能耗的 30%以上，且每年平均以 1%的速度递增。目前我国城乡的建筑总面积约为 400 亿平方米，其中 95%以上达不到节能标准，属于高耗能建筑，在同等气候条件下能耗要比发达国家高出 2～3 倍。其中又以照明设备、空调、采光设备以及其他电器设备为主，这些设施的耗电占全国建筑总能耗的 46%，单是照明耗能就占到了整个建筑电量能耗的 25%～35%。按发达国家经验，如果我国建筑都能实行高水平的节能改造，至少能节能 20%以上。

2) 家庭安防手段落后

家居安全问题主要分为两类：一类是由于意外或疏忽导致的家居设施事故问题，包括煤气泄漏、水管破裂、发生火灾等。据公安部消防局公布的火灾统计数据，2008 年 1～10 月居民住宅共发生火灾 4.3 万起，死亡 771 人，受伤 267 人，直接财产损失 1.9 亿元，其中 79.7%的住宅火灾是由违反电气安装使用规定、用火疏忽等原因引起的；另一类是非法闯入，包括入室抢劫和盗窃等。由于流动人口增加、社会贫富差距扩大等原因，社会治安状况更趋复杂，入室盗窃、抢劫、杀人等犯罪日益猖獗。2009 年，全国公安机关共立入室盗窃案件 50.2 万起、入室抢劫案 1.3 万起。

传统的家居安防系统通常也会提供一部分火灾报警、燃气泄漏报警等功能，但由于采集的信息有限，误报率较高，而且只能实现就地报警，不能实现实时远程报警以减少损失和抢救生命。对于防卫非法闯入，传统的家庭防卫装置，如普通的防盗窗、防盗网等，在实际使用中存在很多问题，包括影响城市市容、影响火灾时的逃生以及为犯罪分子提供攀爬条件等。此外，这些简单的防盗系统不能记录犯罪证据，以协助公安部门迅速捕捉嫌疑犯。

3) 家用电器使用不便

近年来，各种不同用途的电子电气产品陆续进入了普通百姓家，成为了人们生活中的日常家居设施。洗衣机、电视机、电冰箱、热水器等在家庭中已日益普及。这些电气或电子产品的开关和运行控制依赖于手工机械按键(如照明灯具或微波炉等)或依赖于独立的无线电遥控器。这些设施虽然给人们的生活带来了方便，但随着家用电器及遥控器的增加，以及对生活舒适度的进一步追求，这种控制方式仍然显得不够便利。

2. 物联网技术与智能家居

20 世纪 80 年代初，随着家用电器进入千家万户，开始出现了住宅电子化的概念。首座公认的智能建筑是 1984 年在美国康狄格州由美国联合科技集团建设完成的 City Place 大楼。20 世纪 80 年代末，随着通信技术的快速发展，在美国出现了利用总线技术对住宅中各种通信、家电、安防设备进行监视、控制与管理的商用系统，这就是“智能家居”概念的原型。随后，欧洲发达国家及韩国、日本、新加坡等国家的住宅智能化也得到飞速的发展。

物联网的发展为早期的智能家居概念注入了新的内涵，作为物联网应用的一个领域，智能家居利用先进的计算机技术、网络通信技术、综合布线技术、智能控制技术将与家居生活有关的各种设施有机地结合在一起。具体来说就是利用信息传感设备与家居生活有关的家电、安防和水电气等设施集成，并通过公众通信网络(互联网)互联起来进行监控、管理信息交换和通信，以构建高效的住宅设施与家居管理系统，提供安全、舒适和环保的居住环境。

智能家居的发展目前还处于物联网应用的雏形阶段，现在已经出现了部分“智能”的家居设备，如远程抄表系统、自动窗帘等，实现了初步的“家庭自动化”，但离真正的智能家居还有不少的距离。建造全球首个智能家居的比尔·盖茨表示，独立的智能家居设备和软件早晚会被取代，未来的智能家居最大的特点是“整合”，即将各种家具设施包括灯光、安防、多媒体、采暖等通过网络和服务整合在一起，这正是物联网技术应用在智能家居中需要解决的问题。

可以大胆畅想一下未来使用物联网技术的智能家居将呈现的面貌：每天回家时，智能家居会打开灯光并调到合适亮度，并打开空调，它能自动感知气候变化、主人情绪和喜好，判断人的意图并调整家居设施，以帮助人们提高工作和生活质量。一旦发生非法入侵、失火、水淹等意外情况，它会实时拍照和录像，并在现场鸣笛警告，然后将警告信息发送到主人的电子邮箱或手机上，同时报告小区的保安或警察采取必要的措施使用物联网技术关联与管理家居设施，在易用性与智能化等方面，对于现有的家居安防系统有着革命性的意义。具体来说，它包括以下一些优势：

(1) 高效节能。各种家用电器、照明灯具等能源消耗设施可以在不需要时自动关闭，或以最低能耗运行。

(2) 使用方便。智能家居将所有家居设施通过公众通信网络互联，用户可以通过远程和更加灵活的交互方式控制家居设施的运行，既可以通过广泛普及的移动手机，也可以直接在互联网上操作。

(3) 安全性高。智能家居中的安防系统可以有效防范非法入侵或在意外事故等紧急情况下报警，而且用户可以随时随地监控家庭安全状况。

我国政府大力支持智能家居产业的发展，在《2000 年小康型城乡住宅科技产业工程项目实施方案》中，已将建设智能化小康示范小区列入重点发展方向。根据国家物联网技术研究中心公布的《2009—2015 中国智能家居产业发展趋势与投资机会研究报告》预测：2015 年我国建筑总面积将达到 632.7 亿平方米，智能家居市场规模将达到 1240 亿元。

6.5.2 智能家居系统体系结构

基于物联网的智能家居系统包括有家庭环境感知层、信息网络层和信息处理应用层。家庭环境感知层由带有有线或无线功能的各种传感器节点组成，主要实现家庭环境信息的采集、主人状态的获取以及访客身份特征的录入；网络层主要负责家居信息和主人控制信息的传输；信息处理应用层负责根据环境参数调节家居设备工作，改变家居环境至用户的定制状态，此外还负责家居安防的报警。

基于物联网的智能家居系统是基于感知层的传感器技术，网络层的组网转发技术和应用层的智能信息处理技术，实现人与家居环境、家居设备与自然环境的和谐共处。

智能家居系统主要由智能灯光控制、智能家用电器控制、智能安防报警、智能娱乐系统、可视对讲系统、远程监控系统、远程医疗监护系统等组成。智能家居系统的结构框图如图6-32所示。

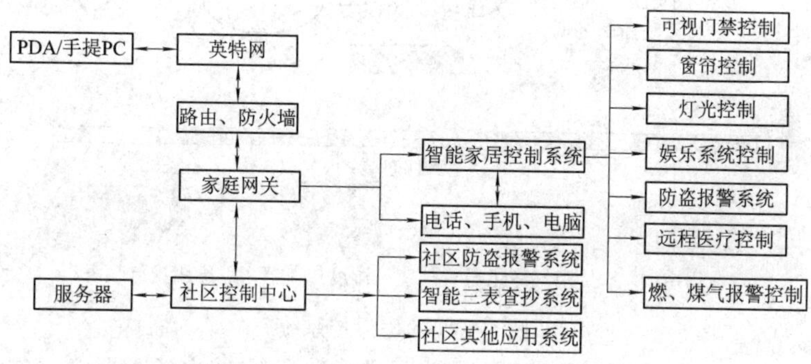

图6-32 智能家居系统的结构框图

6.5.3 智能家居中的物联网应用案例

智能家居物联网的应用层可以为用户提供多种舒适、安全、节能环保的服务，本小节将从智能家电、家庭节能、智能照明、家庭安防这四个方面对物联网技术在智能家居领域的创新型应用进行介绍

1. 智能家电

近年来，随着人们生活水平的提高，无论是在家中还是工作场所，都会用到大量家电设备。家电市场竞争愈加激烈，各类新颖且功能强大的家电设备被陆续投入市场，高度智能化与能量高效化已成为目前家电产业界竞相追逐的目标。

基于物联网技术研发的智能家电具备信息感知、信息共享与信息处理能力，相比现有的智能家电仅仅对电器内部元器件做改进与协调来说，是一种革命性的创新。目前在国内外，已有部分厂商开发出了基于物联网技术的智能家电系统或是一些概念性产品，其中家庭智能温控系统和智能冰箱系统是最具代表性的两类产品。

1) 家庭温控系统

传统的家庭温控一方面需要由用户设定房间空调的工作温度、风速和工作模式，设置程序较繁琐，用户还需要不断地根据当前舒适程度变更空调设置；另一方面，空调的制冷或制热是一个相对缓慢的过程，当用户由外界返回房间时，大多需要等待环境温度的调节，造成了诸多不便。在使用空调的密闭房间中，空气不流通、干燥还会带来各式各样的“空调病”，这些弊端又需要人们购置空气加湿器等设备来改善环境。

基于物联网技术的家庭温控系统能将调温、调湿、通风等多项功能集成在同一系统上，根据当前环境调节各项系统参数，以使家居环境舒适宜人。美国某智能家居公司设计了如图 6-33 所示的家庭温控系统，包括有温湿度调节设备、空气净化设备和控制终端，这些设备上集成有温湿度传感器及 X10 通信模块等。温控设施和家庭控制终端通过 X10 协议连接到家庭网关并接入互联网，用户可以通过个人计算机访问公司提供的网页平台或通过手机短信对系统进行设置与调整。

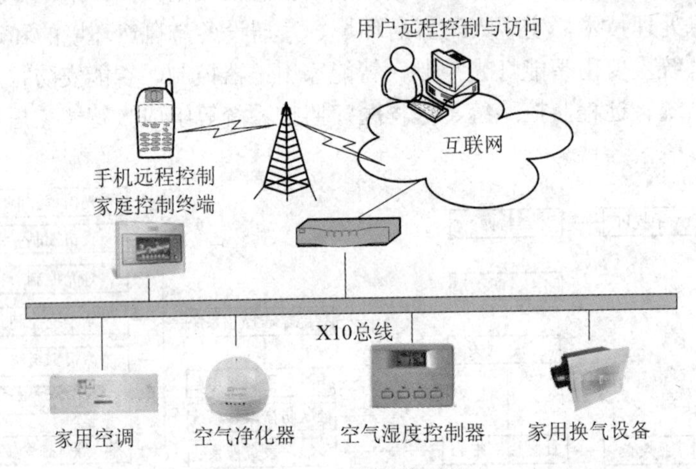

图 6-33　家庭温控系统

在家庭温控系统中，用户可以以描述性语言定制所需要的舒适程度，如温暖潮湿、凉快干爽等，也可以自行修改参数配置，当参数配置完毕后由控制终端协调空调、加湿器工作改变家居环境以达到预期目标。针对一天中的不同时间段或是不同工作日与节假日，用户还可以根据需要选择系统的休眠与工作时间，减少不必要的家庭能耗。此外，用户还可以通过手机短信与互联网方式对家庭温控系统进行临时性调节。

在家庭温控系统中，空气加湿除湿设备协同空调设备工作，可以减少单设备的过度消耗，降低系统能耗，此外还能起到改善室内空气质量，预防空调病的作用。

2) 智能冰箱

在日常生活中，人们将大量食品或饭菜放入冰箱以节省采购时间。但是由于现在冰箱的容量越来越大，食品种类也越来越多用户经常忘记已储备的食物种类和生产保质期，导致大量食物过期造成了不必要的浪费或者是没有及时增加库存不得不重新安排菜谱或采购。基于物联网技术的智能冰箱引入了 RFID 技术，能够准确识别当前库存、显示库存、为主人提醒食品过期信息，还能根据各类食材的库存量从互联网上下载健康食谱供用户参考。

图 6-34 是智能冰箱，其系统组成包括 RFID 监控模块、食品管理模块和 GSM 无线通信模块这三个部分。RFID 监控模块通过食品上的 RFID 标签读取食品的属性，如生产日期、生产地点、保质期等；食品管理模块是智能冰箱系统的核心，实现了家庭食品库存显示等主要功能，同时食品管理模块还可以通过互联网获取食谱搭配、食品营养成分等信息，为健康食谱搭配等功能提供工作依据无线通信模块负责将冰箱内的食品状况通知用户。

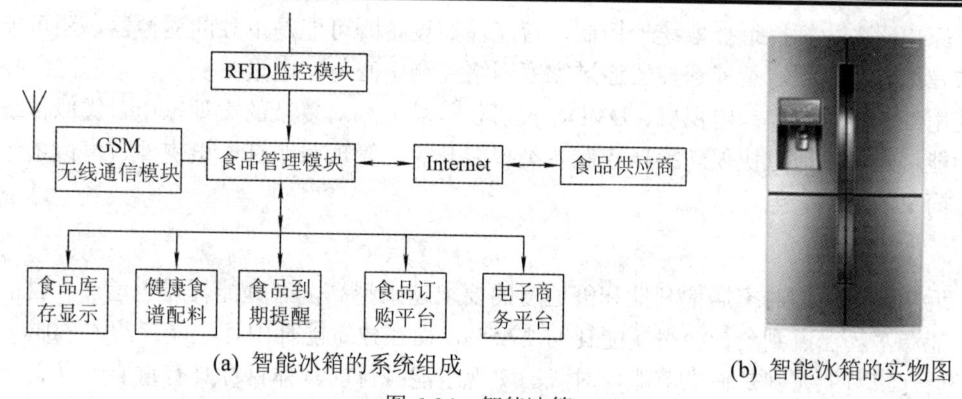

(a) 智能冰箱的系统组成　　(b) 智能冰箱的实物图

图6-34　智能冰箱

在食品管理模块中，冰箱可以根据用户每日从冰箱中所取食物的营养成分含量、食物数量等确定其摄入的营养成分搭配是否合理，通过使用者的身体状况，如体重、身高、性别、疾病史等，自动搭配每日的食谱及该食谱所需要的食物，通过其液晶显示屏提供烹调方法，也可以通过家居物联网送至厨房的显示设备中。智能冰箱由家庭网关接入互联网，下载各类食谱信息，用户也可以在手机上远程查看当前冰箱内的食物储备情况，为食品采购提供更多的参考。

3) 物联之家

"物联之家"是一套完整的智能家电解决方案，具备了上述家庭智能温控系统和智能冰箱的多项基本功能，并在家庭照明、家居娱乐等方面加以扩展，包括智能家电、智能窗帘、智能灯光、故障显示、网络监控等多个应用子系统。图6-35是"物联之家"的系统组成。

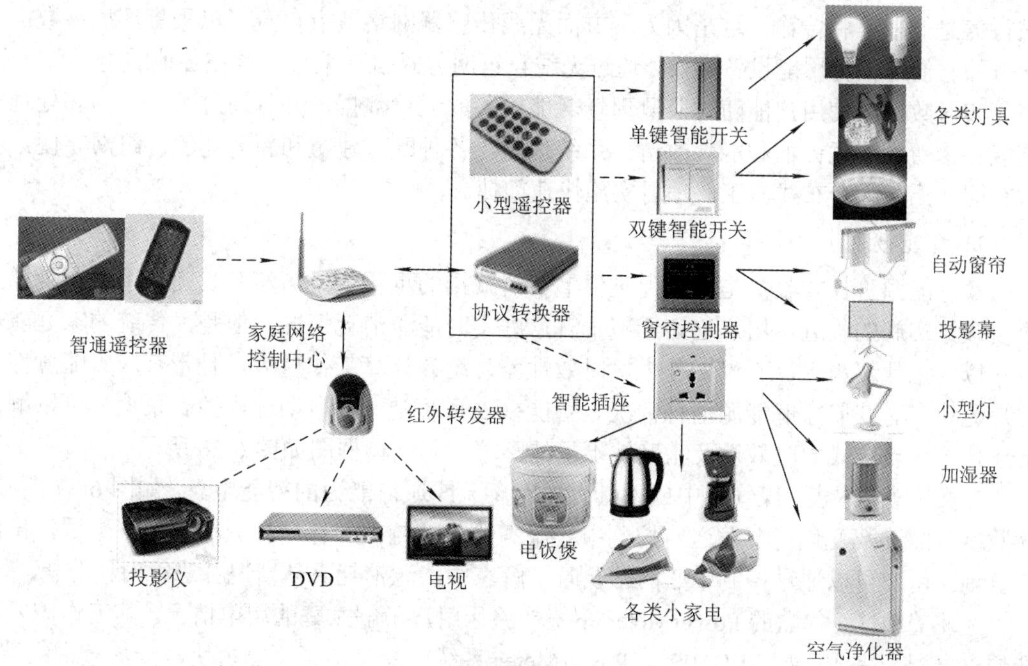

图6-35　"物联之家"的系统组成

在"物联之家"系统中，家庭影院、环境调节、灯光控制设备以及各类小型家电设备(如电熨斗、电饭煲等)，都通过家庭网络连接在一起，家庭网络使用以太网及 WLAN 技术。

所有家电设备由智能遥控器统一控制，智能遥控设备既可能是单独的遥控器，还可能直接集成在用户手机上。智能遥控器通过家庭网络控制中心与家电设备交互。家庭网络控制中心使用红外转发器控制电视机、DVD、投影仪等功能相对复杂的大型家电，类似传统的遥控功能，还可以通过协议转换器控制各类智能开关、管理照明灯、电熨斗、电饭煲等功能相对简单的小型家电。

2. 家庭节能

近年来，人们对家居便利性和舒适度的要求越来越高，家庭能耗显著增加。目前我国建筑能源消耗已占到全社会终端能耗的 27.5%，而在建筑能耗中住宅能耗约占 60%，在我国开展建筑节能尤其是住宅节能，对我国实现节能减排的具体目标具有重要的意义。

针对小区建筑的节能减排工作，住房和城乡建设部出台了《建筑节能监测体系实施方案》等相关配套文件，文件规定居住建筑的建筑用电、供水、供热和暖通空调设计必须采取节能措施，在保证室内生活环境的前提下，将能耗和资源消耗控制在规定的范围内。居住建筑的节能设计应符合国家现行有关标准的规定。

建筑所必需的电梯动力、照明、空调、消防、通风、高低压配电等用能信息的传递是建筑节能和工业节能的基础，高效地实现建筑节能信息化的关键问题之一是解决这些信息的传输问题。在建筑大楼中，遇到的最大问题是需要综合布线，它不仅工程量大、成本高昂，而且还对对大楼环境具有破坏性。因此对建筑大楼最佳的信息传递方式是通过无线方式，传统的 GSM、WLAN 等无线系统存在功耗高、设备和运行成本高、组网不灵活等局限，而无线传感器网络技术正是解决这一难题的最佳解决方案。

在基于无线传感器网络技术开发的建筑能耗监测系统中，一般利用无线传感网技术来进行信息的采集和传输。这是因为一方面无线传感器网络节点自身可以采集环境参数；另一方面它们与各种用能设备连接，通过无线自组网方式自动采集分散在各地的电、水、冷、暖等实时数据，使用户能随时监测现场耗能设备的运行数据，并且通过数据存储和处理实施能耗诊断、能耗评估和能耗改造。系统适用于各种既有建筑和新建建筑，组网方便，不占空间，无需综合布线施工，项目实施快速简捷。

1) 智能抄表

实行能源阶梯式收费是国家促进住宅节能减排的重要手段，随着我国家用能源阶梯式收费政策实施的临近，用户迫切希望了解家庭实时能源消耗情况。但是，传统的家庭能耗方式以人工计算为主，不仅误差大、时效性差、统计计算工作量大，且带有人为随意性，用户无法实时获取家庭能源消耗情况。智能抄表系统是一种自动远程抄表系统，可以解决上述传统抄表方式中时效性及精确性不足的弊端，其结构框图如图 6-36 所示。

在数字表、水表、煤气表中嵌入具有短距离无线通信能力的智能电表，如图 6-37 所示，将数字表的读数变化情况发送给控制中心服务器。控制中心存储和分析数字表数据，供用户查询。用户可以通过控制中心网站及时了解家中能源消耗具体情况并进行对比分析。

在北美地区，谷歌的 PowerMeter 系统能够让用户了解家庭的用电情况。其工作需要特殊的电表配合完成，如 TED5000。PowerMeter 系统由能量消耗监测模块、能耗查询终端、用户智能终端(手机、PC)、家庭网络、Google PowerMeter 服务器组成，如图 6-38 所示，其中能耗监测模块是系统中最重要的部分，负责监测与其串联的电器设备的实时能耗情况。

能耗监测模块通过家庭网络与无线路由器相连，每隔10min将家电的实时能耗情况传送到Google PowerMeter服务器，其用户界面如图6-39所示。用户可以随时通过手机客户端软件或者PC客户端软件访问Google提供的服务器，查看家庭的能耗情况。用户还可以配备一个无线终端，通过ZigBee协议与能耗监测模块通信，了解到更加及时的家庭能耗情况。

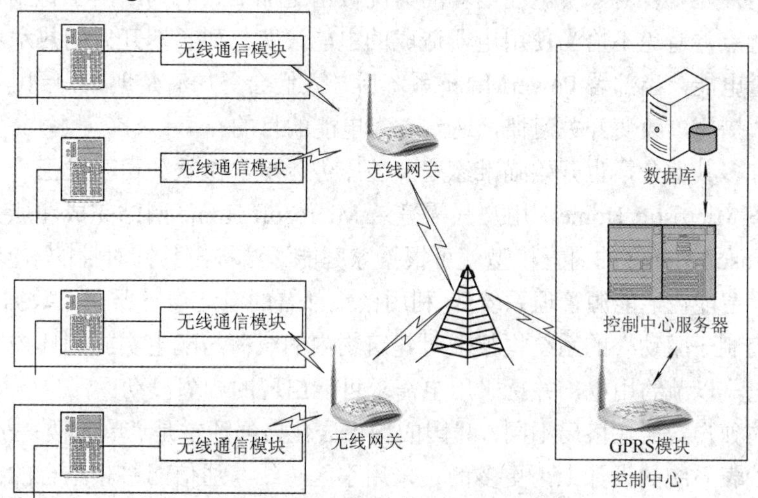

图6-36　智能抄表系统的结构框图

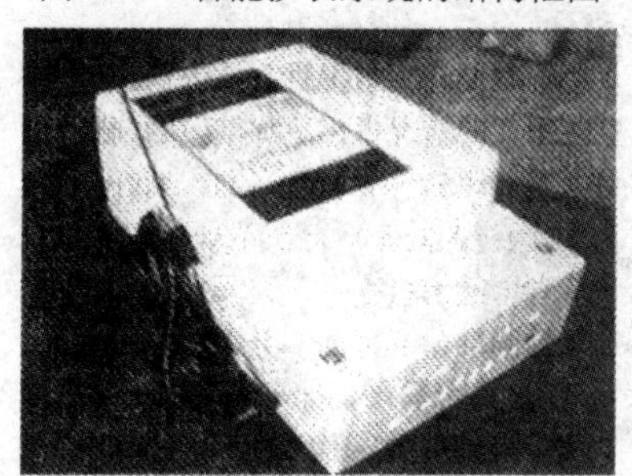

图6-37　具有短距离无线通信能力的智能电表

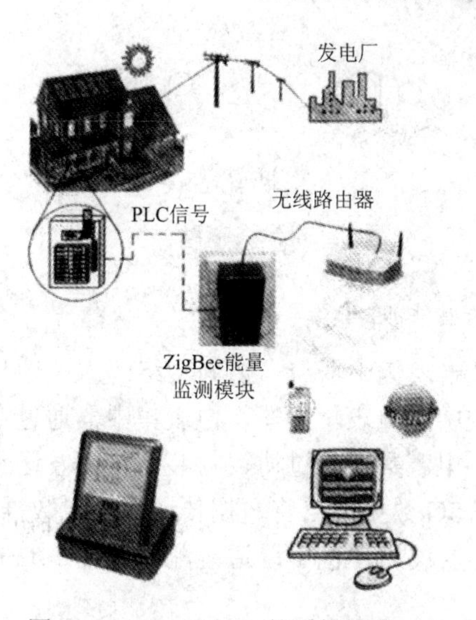

图6-38　PowerMeter的系统组成

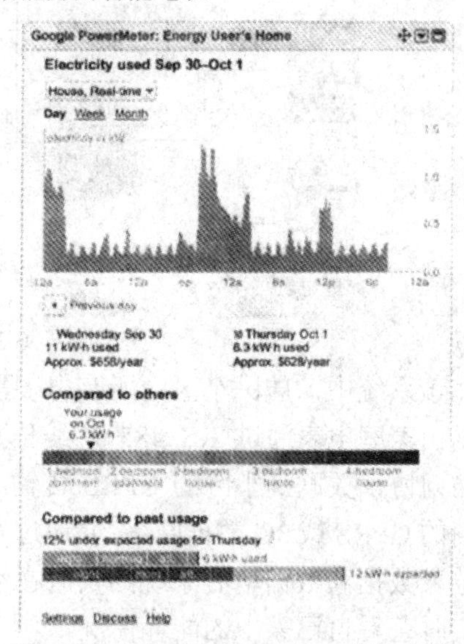

图6-39　Google PowerMeter的用户界面

基于 PowerMeter 软件，用户不仅可以查看家庭实时和历史的耗电情况，还能够查看到自己家庭与其他家庭的电量消耗对比。用户可以得到一个对自家在过去一段时间内用电变化情况的统计分析结果，为节能方案设计决定提供有效依据。通过在家中部署了多个能耗监测模块，用户还可以对家中电能消耗的情况做出更加细致的判断，了解到家中各类电器的电能消耗特点，避免不恰当使用电器造成的电能浪费。如长期开启的热水器或饮水机可能会消耗大量电能，当部署 PowerMeter 系统后，人们会更加清楚地认识到电能浪费程度，从而采取补救措施，改变开关习惯，达到节省电能的目的。

此外，许多其他公司也开始瞄准家庭节能服务领域。微软公司开发了一个类似的家庭能源管理服务 Microsoft Home，用户只需登录 Microsoft Home 网站完成注册并填写家庭能源信息，Microsoft Home 的内置模型就可根据家庭能源结构出具针对性的节能及省钱建议。Intel 开发了“智能住宅能源管理系统”，利用密集部署的电能传感器获取数据，并基于“测量—推理—控制—驱动”的系统框架，对建筑物内的载荷与配电实施闭环控制，均衡地进行发电与用电，以节约用电，并抚平用电需求可能出现的剧烈波动。

与美国的独户式居住格局不同，我国的城市居住格局通常是“单元楼＋小区”的模式，因此在智能抄表系统的设计上，更多的是采用小区总线与通信网络相结合的模式，这样可以降低系统布设成本，节省无线通信带宽资源，也更加便于管理。图 6-40 是国内某公司设计的集中式 GPRS 智能抄表系统。

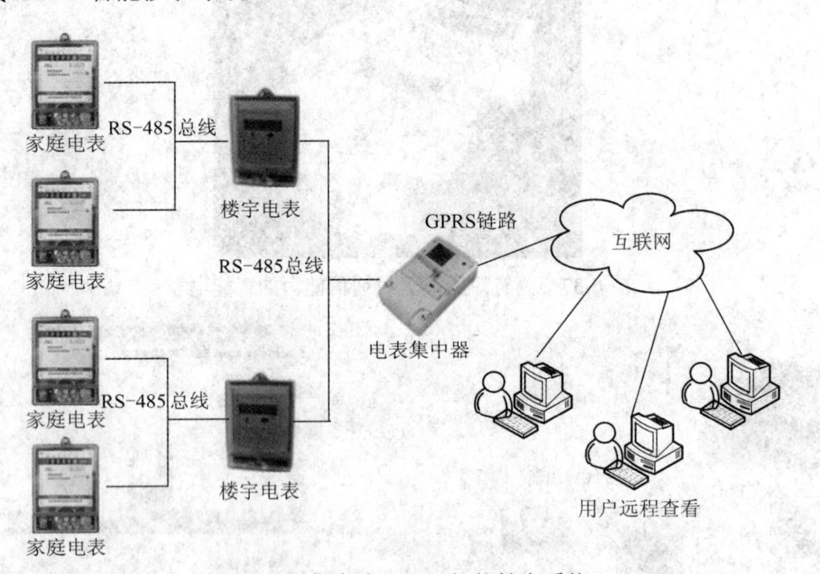

图 6-40　集中式 GPRS 智能抄表系统

在该系统中，居民小区的所有电表需要通过电表集中器统一访问网络。居民用户的用电数据由家庭电表通过 RS-485 总线传到单元楼中的电表集中器，电表集中器通过短距离无线访问协议关联到小区的 GPRS 传输终端上，电表数据经过协议封装后将被发送到通信运营商的 GPRS 或 3G 数据网络，并通过 GPRS 或 3G 数据网络将数据传送至配电数据中心，实现电表数据和数据中心系统的实时在线关联。居民用户也可以通过配电数据中心的网站平台实时查看自己家中的能耗情况。

2) 智能供暖

在家庭能量消耗中，除去各类家用电器的电能消耗，用于家庭供暖的热能消耗也是家庭能耗的重要组成部分。近年来，我国城市的集中供热发展迅速，全国近300个城市已有集中供热设施，北方地区集中供热普及率为29.08%。但是我国当前的集中供暖系统还存在着许多弊端：首先，供暖管道的开关不受用户控制，在住户外出时供暖照常进行，造成大量热能的浪费；其次，供暖温度不受用户控制，如果供暖温度过高，住户只好开窗调节室温；第三，取暖费收取不合理，各住户所消耗的热量不等，但收取供暖费标准一般按住房面积收取。

智能供暖系统能够根据当前家居环境自动调节供暖系统的供热强度。图6-41是一个典型的智能供暖系统的结构框图，该系统由温度监测系统、供暖调节装置和流量监测装置组成。在温度监测系统中，温度传感器一般散布在房间内部，获取房间的平均温度。供暖调节装置会根据房间内的实际温度和设定温度自动调节供暖阀门的大小，控制热水流量。流量监测装置能够采集供暖热水的流量，作为家庭供暖收费的依据。此外，智能供暖系统还可以引入一些智能化模块实现更多的功能，如引入住户状态识别模块，当住户在家或不在家时，选择开关供暖阀门。

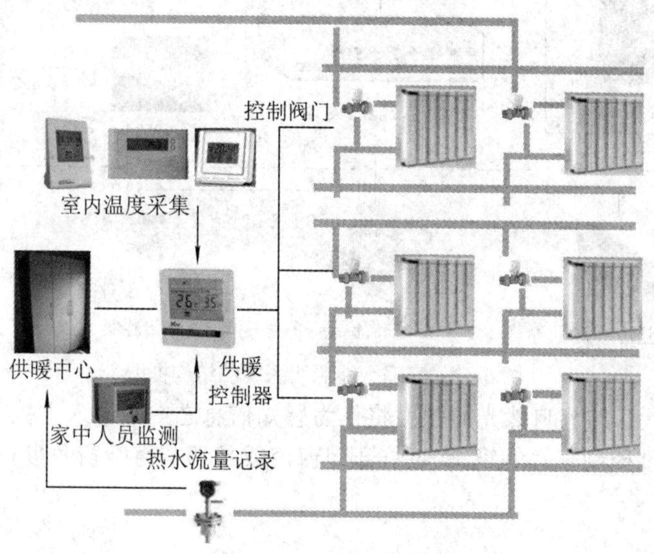

图6-41　智能供暖系统的结构框图

3. 智能照明

目前我国照明所消耗的电能约占电力总消耗量的1/6，而且以低效照明为主。研制节能灯、设计智能照明系统、提高照明产品的能效水平是节约楼宇能耗、缓解国家电力供应紧张局面的重要手段。

控制家庭光照强度是改善家居环境的重要手段之一，在传统的家庭照明控制中，人们需要反复尝试开关各类吊灯、壁灯等来达到理想的光照效果，过程极为繁琐。基于物联网技术的智能照明系统能够通过感知室内光强与光照色度来自动调节家中照明设备的工作状态，并且控制窗帘闭合，达到舒适、节能、个性化的效果。

家庭智能照明系统的结构框图如图6-42所示，它由光强传感器、颜色传感器和红外传感器组成信息感知层，通过总线、ZigBee 等通信手段将环境光照信息发送给智能光照系统的主控节点，光照控制中心比对采集到的光照属性与用户设置的光照模式，以最小能耗的原则调控照明设备工作达到理想的光照效果。该系统可以通过部署红外传感器来获取家中人员位置信息，并预测主人的下一步动作(如从客厅走回卧室)，来自动切换照明模式，以避免“长明灯”现象。

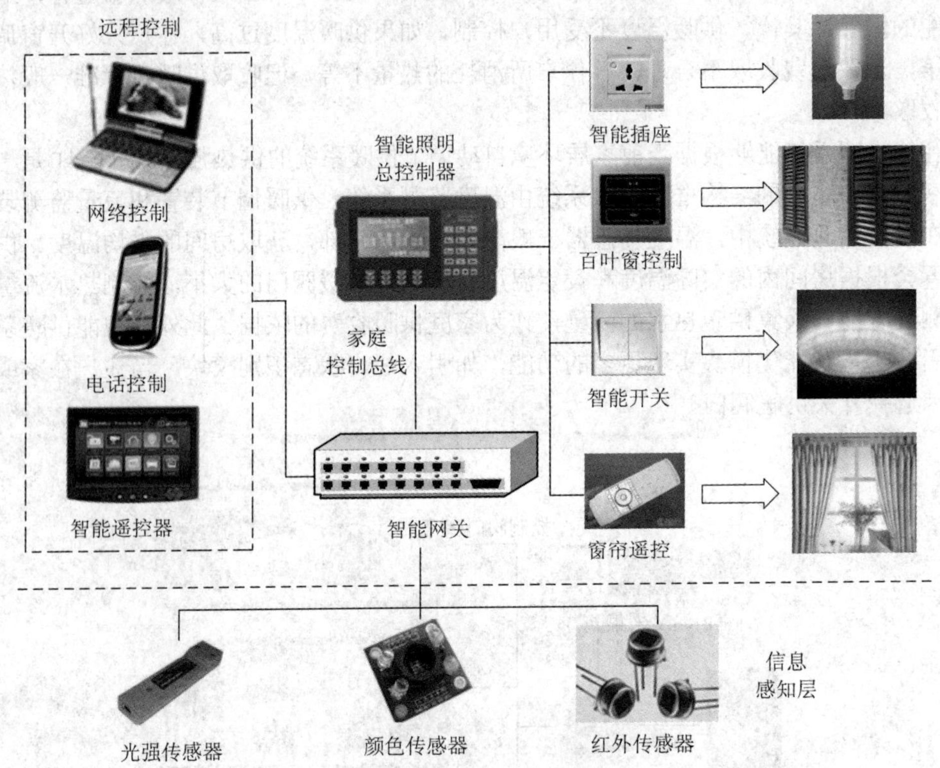

图 6-42　家庭智能照明系统的结构框图

如果是在白天，外界自然光照强度将作为感知信息之一被送入主控节点，家庭智能照明系统还可以通过控制家庭的窗帘开关(开闭窗帘或是调节百叶窗角度)采集自然光，改善家庭照明环境。

4. 家庭安防

在城市生活中，火灾、煤气泄漏、入室抢劫与盗窃是三类最为常见的安全事故。为保障自身的生命和财产安全，许多家庭安装了防盗网或者烟雾报警器等安全防护设备。但是这些设备往往孤立运行，缺乏系统联动性，作用效果极为有限，如用于火灾防范的烟雾报警器，当用户外出时根本无法通知邻居或是小区物业人员协助抢险。将物联网技术应用于家庭安防，能够使小区安防和家居安防结为一体，具有快速响应、判断精确的优势，是未来家庭安防的重要发展方向。

家庭安防系统通常由前端探测探测器、家庭控制器、网络信号传输系统和控制中心的控制系统等构成，分别对应物联网系统的感知层、网络层与应用层，其结构框图如图 6-43 所示。按照前端探测对象的不同，智能家居系统还包括意外事故预防系统、防盗系统、远程监控系统这三个子系统。

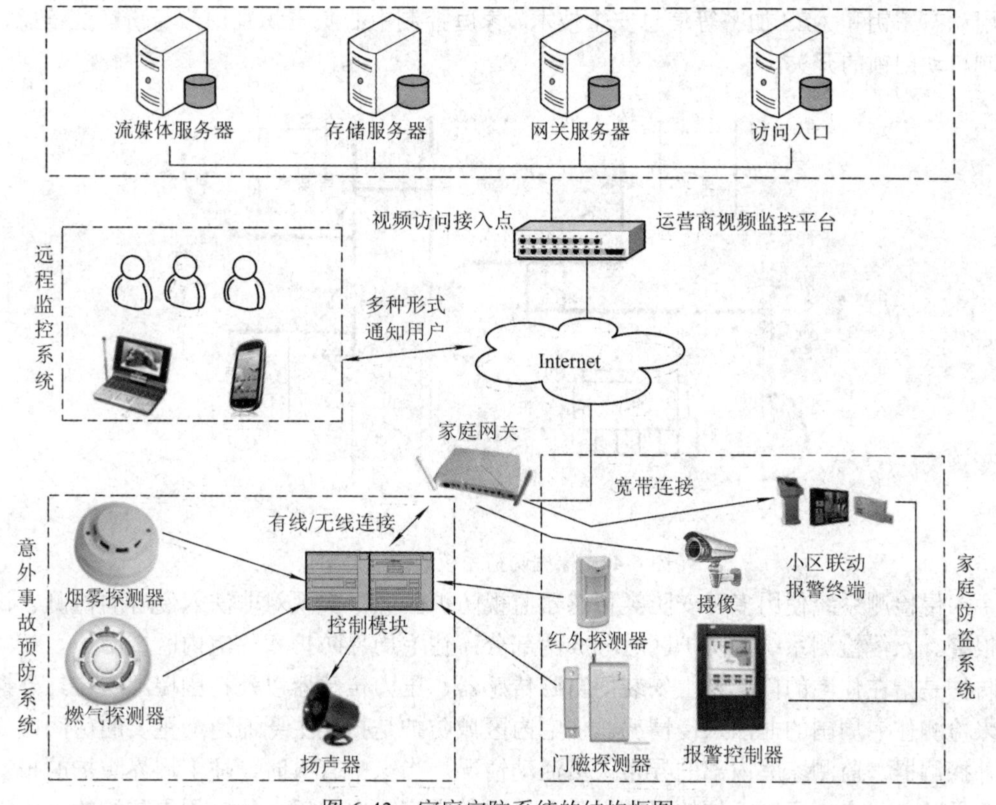

图 6-43　家庭安防系统的结构框图

1) 意外事故预防系统

家庭意外事故预防主要是防火与防煤气泄漏。防火功能需要依赖安装在厨房的温度传感器和安装在客厅、卧室等的烟雾传感器、温度传感器来监视房间内的火灾迹象。如检测到火灾发生后，传感器将异常信号发送给家庭控制器，控制报警设备发出声光报警信号，随着险情的升级，报警信号会被迅速传达至小区安防中心以及消防部门。有害气体监测功能与家庭防火功能类似，通过安装在厨房的有害气体探测器，监视煤气管道、灶具有无煤气泄漏。如有煤气泄漏，家庭服务器会发报警信号并通知相关人员。同时，家庭服务器还会自动关闭燃气管道电磁阀。

2) 家庭防盗系统

家庭防盗系统的结构框图如图 6-44 所示。在家庭防盗系统中，首先需要通过门禁手段控制进入大楼的人员身份，其次还需要使用入侵检测技术确保房间安全。

门禁是一种传统的家庭安防手段其发展经历了从早期的门锁管理到后来的基于 IC 卡的电子门禁系统等多个阶段。将物联网技术引入家庭门禁系统之后，家庭门禁系统变得更加智能化，可以利用更加丰富的感知信息判断人员身份，如基于生物特征的人脸识别。

智能家庭门禁系统由前端的身份认证模块、自动门锁、家庭网络和家庭控制中心这四个部分组成。其中身份认证模块负责识别访客的身份，常用的技术手段有生物特征识别和 RFID 技术。家庭网络主要负责将认证模块的认证信息发送给家庭控制中心，为了减少家庭布线的数量，认证信息主要以无线方式传输。为了保证认证信息的安全，传输过程中还会采用动态密钥和AES加密等信息安全技术。家庭控制中心负责识别用户身份认证信息，并控制自动门锁的开关。

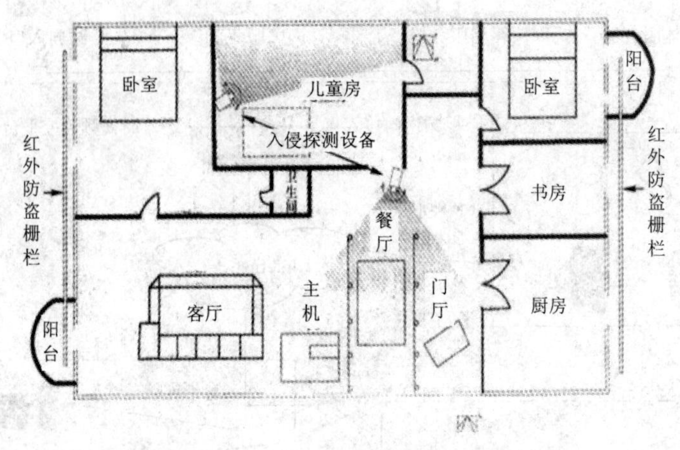

图6-44　家庭防盗系统的结构框图

入侵检测系统使用多种安防类传感器监视防护区域，实现对非法入侵者的检测、识别与报警。入侵检测系统的防护区域分成两部分：住宅周界防护和住宅内区域防护。住宅周界防护是指在住宅的门、窗上安装门窗磁传感器、压力传感器以及在围墙上安装红外探测器来检测住宅周围的非法入侵情况。住宅内区域防护是指在主要通道、重要的房间内安装红外探测器，监测家庭内部的异常人员活动情况。当家中有人时，住宅周界防护的报警设备会设防，住宅内区域防护的报警设备会撤防。当家人出门后，住宅周界防护的报警设备和住宅内区域防护的报警设备同时设防。当有非法侵入时，家庭控制器会发出声光报警信号，通知家人及小区物业管理部门。另外，通过程序还可以设定报警点的等级和报警器的灵敏度。

3) 远程监控系统

通过远程监控系统，用户可以通过互联网实时查看家中状况。家庭的视频监控系统一般由摄像头、家庭监控服务器和小区监控中心服务器组成。家庭监控服务器连接一个或多个摄像头，分别对准特定场景，如门锁、窗口、家庭内的某个房间，采集现场视频信号，同时对视频进行数字化处理，并能够通过网络将实时监控视频发送给用户；利用运动检测技术，可以准确地判断是否有异常事件发生；当夫妻双方都是上班族，家中有小孩、老人需要照看时，主人只要打开手机实时视频监控就可以随时检查儿童、老人的起居情况。

本章小结

智能电网(Smart Grid)是以物理电网为基础，将现代先进的传感测量技术、通信技术、信息技术、计算机技术和控制技术与物理电网高度集成而形成的新型电网。智能电网主要通过终端传感器在用户之间、用户和电网公司之间形成即时关联的网络互动，实现数据读取的实时、高速、双向的效果，从而整体提高电网的综合效率。

智能交通是将汽车、驾驶者、道路以及相关的服务部门相互联系起来，并使道路与汽车的运行功能智能化，从而使公众能够高效地使用公路交通设施和能源。其具体的实现方式是：将系统采集到的各种道路交通及服务信息，经交通管理中心集中处理后，传送给公路交通系统的各个用户，使出行者可以进行实时的交通方式和交通路线的选择；交通管理部门可以自动进行交通疏导、控制和事故处理；运输部门可以随时掌握所属车辆的动态情况，进行合理调度。这样，路网上的交通处于最佳状态，能够改善家庭拥挤，最大限度的提高路网的通行能力及机动性、安全性和生产效率。

智慧物流是指货物从供应者向需求者的智能移动过程，为供方提供最大化的利润，为需方提供最佳的服务，最大限度地保护好生态环境，形成完备的智能社会物流管理体系。包括智能运输、智能仓储、智能配送、智能包装、智能装卸以及智能信息的获取、加工和处理等多项基本活动。智慧物流可以优化物流管理流程，提高工作效率，降低企业运营成本，同时加快物流信息反馈速度，避免信息流中断，提高物流时效性。相信在未来物联网将给中国物流业带来革命性的变化，中国的智慧物流将迎来大发展的时代。

基于物联网技术的智慧医疗对于我国正处于转型阶段的医疗卫生事业来说，能完善医疗服务功能、增强医疗卫生领域的科技水平、提高医疗机构的能力和效率、弥补医疗资源不足、平衡医疗区域差异等具有非常重要的作用，将有力推动我国的医疗体制改革，满足人民群众对于便捷、高效、全方位医疗服务的迫切需求，为构建和谐社会奠定坚实的基础。

智能家居是现代高科技、现代建筑与现代生活理念的完美结合，能够为人们提供更加轻松、有序、高效的现代生活方式。智能家居是一类小范围的，集感知、处理与自动响应为一体的智能网络，初期搭建成本相对低廉，适于能够作为物联网相关技术的验证平台与研发切入点，在物联网研究的初级阶段应受到更多关注。同时，智能家居产业是一个大的社会系统工程，完善的智能家居系统需要宽带网营运商、接入商、物业管理商、智能家居与信息家电厂等各行业商家的合作与配合，要想建立清晰的智能家居产业链还任重道远。

习 题

1. 简述智能电网体系结构。
2. 在智能电网的应用中，网络层主要有哪些技术？
3. 简述智能交通体系结构。
4. 简述智能交通中的关键技术。
5. 什么是智慧物流？
6. 简述智慧物流体系结构。
7. 什么是智慧医疗？
8. 简述智慧医疗体系结构。
9. 什么是智能家居？智能家居有什么特点？

参考文献

[1] 周洪波. 物联网：技术、应用、标准和商业模式. 2 版. 北京：电子工业出版社，2011.
[2] 朱近之，IBM 数据中心. 智慧的云计算：物联网的平台. 2 版. 北京：电子工业出版社，2011.
[3] 吴大鹏，舒毅，王汝言，等. 物联网技术与应用. 北京：电子工业出版社，2012.
[4] 薛燕红. 物联网技术及应用. 北京：清华大学出版社，2012.
[5] 刘海涛. 物联网技术应用. 北京：机械工业出版社，2011.
[6] 刘化君. 物联网技术. 北京：电子工业出版社，2010.
[7] 季顺宁. 物联网技术概论. 北京：机械工业出版社，2012.
[8] 陈海滢，刘昭. 物联网应用启示录：行业分析与案例实践. 北京：机械工业出版社，2011.
[9] 米志强. 射频识别(RFID)技术与应用. 北京：电子工业出版社，2011.
[10] 金发庆. 传感器技术与应用. 3 版. 北京：机械工业出版社，2013.
[11] 王汝言，孙丽娟. 无线传感器网络技术及其应用. 北京：人民邮电出版社，2012.
[12] 刘云浩. 物联网导论. 北京：科学出版社，2010.
[13] 彭力. 物联网应用基础. 北京：冶金工业出版社，2011.
[14] 潘焱. 无线通信系统与技术. 北京：人民邮电出版社，2011.
[15] 杜思深. 无线数据通信技术. 北京：电子工业出版社，2011.